海がやってくる

気候変動によってアメリカ沿岸部では何が起きているのか

エリザベス・ラッシュ
佐々木夏子 訳

Rising

Dispatches from the New American Shore

Elizabeth Rush

河出書房新社

海がやってくる　目次

＊訳註は〔　〕で示した。

海がやってくる

気候変動によってアメリカ沿岸部では何が起きているのか

私の家族、フェリペ、そして散り散りになった私の部族にこの本を捧げる。

注意は、祈りと同じである。

――シモーヌ・ヴェイユ

一人の人間の生涯の間に、地上からものごとが消え、二度と見られなくなることがある。〔メイン州の〕パサマクウォディにあるわれわれの聖なるペトログリフ──何千年も前に岩面に彫られた彫刻──は現在、海面が上昇したため水面下に沈んでいる。われわれはもうずいぶんと長い間、気候変動と侵入生物によって天然資源が減少していくのを見てきた。喪失は緩慢であり、数世代におよぶ。われわれは、自分たちに属するものを手にいれるための精神的・物理的パレットを狭めてきた。けれども物語、古くからある物語には失われた要素が今でも数多く含まれ、伝統が保たれている。たとえばわれわれの儀式と言語には、まだカリブーが残っている。もはやこの地にカリブーは生息していないのだが。同様に、たとえ水の中でもペトログリフがまだ存在していることをわれわれは知っている。変わったのは私たちが認識する方法なのだ。[*1]

──ジョン・ベア・ミッチェル
ペノブスコット研究者ならびにメイン州
マチャイアスポートのペノブスコット族の一員

パスワード

ロードアイランド州、ジェイコブズ・ポイント

私が潮汐湿地の調査にとりかかったのは、ロードアイランドに住み始めてから一週間後のことだった。私のよく知るこのあたりの風景が、海面上昇の最初の兆候を示すのである。自転車でワシントン橋を渡り、イーストプロビデンス下水処理場、ダリ＝ビー・アイスクリームショップ、再利用されている旧鉄道駅を通過し、バリントンを通って、ジェイコブズ・ポイントに到着する。すると予想通り枯木が列をなし、ナラガンセット湾に沿って地平線を形成していた。いくつかの木の幹や枝はやせ細り、分岐し、バラバラに裂けていた。分厚い殻に覆われた体からは、樹皮が剝げ落ちている。

地元のオーデュボン協会の生態学者によると、その枯木はブラック・チューペロ〔ヌマミズキ〕というそうだ。チューペロ……私はその名前を口の中で転がしてみた。すると、その名は私をとらえて離さなくなっていった。私が直接対象に触れながら、考えるためのチャートの中に、チューペロということばが加わったのだ——私はチューペロを目指して動き出す。ことばには、時空を超えて私たちをあちこちに連れ出す力がある。ニューイングランドから旧イングランドへ、二〇〇〇年前のロードアイランドからワンパノアグ族とナラガンセット族が潮の満ちる浅瀬で初めて貝を採集した日へ[*1]、物質世界と紙の上や会話の中の世界を言語がはっきりと結びつけていた日へ。チューペロ

ということばがまさにそうだ。その語源はアメリカ先住民にあり[*2]、クリーク語のitoとopliwaに由来している。この二つの語をぐしゃっと一つにすると「沼に生える木」という意味になる。つまりこの植物の名称そのものに、周期的に水に浸かることへの愛が埋め込まれているのだ。かつてチューペロということばは、この先どのような地形が予想されるか、どこへ行けば比較的高い場所に出られるかを、沼を渡る人々に伝えていたのである。

枯れ木となったチューペロを私が初めて目にすることになる一、二ヶ月前のこと。ブルックリンのアパートを引き払い北へと移る直前、私はアルツハイマー病についての論考の中に見つけたある断片をコンピューターディスプレイに貼り付け、将来何かの役にたつかもしれない、と考えた。そこにはこう書かれていた。「時には錠よりも先に鍵が到来することがある[*3]」私はそれを、周辺環境への注意をうながすことばとして理解した。身の回りのありふれた風景の中に潜んでいる、いつか必要となるだろう鍵を、そうと知らずに見つけると、それがその先重要な一線を越える助けになる。チューペロの木立を目にした時、私は本能的にその名を脳裏に焼きつけ、まだ自分では理解していない将来のために心に留めたのである。

私がプロビデンスに来たのは偶然だったが、この引っ越しはとても幸運な偶然であるように思われた。この土地で、私の強迫観念とすらなった主題にどっぷり浸かることになると考えたからだ。その主題とは、海面が上昇していく速度である。州土全体に対する海岸線の割合が、ロードアイランド州を上回る州は存在しない（メリーランド州だけが僅差の例外である）[*4]。それゆえ、ロードアイランドの一五パーセントが湿地帯に分類されていること自体は驚くことではない[*5]。そしてその一五パーセントのうち約八分の一に潮汐がある[*6]。この生態系は世界でもっとも生気に富んだものの一つであり、かつもっとも危機的な状況に置かれている。過去二〇〇年にわたって、ロードアイランドは開発に伴う埋め立てと干拓のため、潮汐湿地の五〇パーセントを失った。[*7] 現在残されているブラックニードルラッシュ〔イグサ科の植物〕とスパルティナ〔和名ヒガタアシ。汽水域で繁茂し日本では侵入種として警戒されている〕植生地は、高さを増す潮と強さを増す嵐のために消滅し始めている。

二〇一五年にニューイングランドへ戻ることになる、と初めて知った時、少し嫌な気分にもなった。私はそこから北に一一六キロメートル行ったところにある、カラスの飛び回る海辺の小さなコミュニティで育ったからだ。そこは、金が唸っていた世紀にやって来た裕福な人々と、彼らが支配する産業で働く人々の間でまっぷたつに割れていた。中西部出身の私の両親と私自身はそのどちらでもなかった。私たちは町の上品な側に住んでいたが、私はその地区で公立学校に通う唯一の子どもだった。プライベートビーチに行くと、私はいつも自分の笑い声が大きすぎるのではないか、身のこなしが乱暴すぎるのではないか、と感じていた。ある母親が私の母に大声でこう伝えたことを、いまだに覚えている。「エリザベスの遊び方は乱暴すぎるわ」

「あの子の振る舞いに問題があるのなら、本人に直接言ってちょうだい」と、水辺を指して、私の母は返事をした。

この惑星上の他のどの場所よりも多くの時間を、私はこの地域で過ごした。けれどもここに戻って来ることは、一般的な意味での帰郷とは趣を異にしていた。それは、幼少時に過ごしたニューイングランドは、今私が目にしているニューイングランドとは異なっているというのも理由の一つだった。

その日の午前中、私は枯れた木立を見るためだけに、ナラガンセット湾からジェイコブズ・ポイントまでの道を、自転車で下った。木製のフェンスに自転車を停め、だだっ広い沼を歩き回り、幽霊のようなシルエットになったチューペロを白黒の写真に撮影した。むき出しになった木の枝はからまりながら伸びていて、かつて光を求めて費やされたエネルギーの跡がうかがえた。それらが落とした影や、樹脂の香りが漂う中、ショウドウツバメがシンクロナイズドスイミング選手のように一番低い枝から次々と飛び立ち、水面をかすめていた様子を、私は思い浮かべた。

私が思い浮かべるかつてのニューイングランドとは、そのような風景なのだ――氷床が海の中に崩れ落ち始める以前の、海岸線が形を変え始める以前の、イーストベイの岸に繁茂するチューペロが死に始める以前の。

＊

三年前に、私はたまたま海面上昇に関心を持つようになった。インドとバングラデシュを隔てる世界最長の国境フェンスについての雑誌記事の執筆がきっかけだった。取材をしてみると、フェンスは技術的な細事に過ぎなかった。なぜなら人々は柚の下を使って国境を越えていたからだ。本当の問題は水だった。過去五〇年間にわたり、上流の灌漑《かんがい》プロジェクトがガンジス川の水の半分以上を別の流域へと移し、水量が減ってしまったからである。それと同時に、残された空間にベンガル湾が侵出していた。この二つの要因が合わさり、広域におよぶ穀物の不作を引き起こしていたのである。

沈殿物で形成された「チャール（char）」と呼ばれる灰色の隆起が河川内で島のようになっているところを、ファハールという名の少年のあとについて歩いたことを、私はずっと忘れないだろう。ファハールの枯れかけたカラシナ畑の一区画にたどり着くまで、きっかり二時間かかった。一〇年前、この辺りは近隣でもっとも肥沃な土地だとされていた。しかし今では土地は干からび、ひび割れ、その亀裂には乾いた塩が白い線を引いている。ファハールと私がいた場所は、沿岸から二四一キロメートルも離れていたのだけれど、彼が育てるわずかな食物の大半がしおれてしまうのだった。自らの生計手段たる野菜のその葉脈に塩の跡さえなければ、海面が上昇していること、そして遠く離れた場所で起こっている出来事の被害が自分に及んでいることを、ファハール自身が知ることはなかったかもしれない。彼は自分自身の根《ルーツ》を引っこ抜き、一族の土地を離れる可能性について語った。彼のいとこたちはすでにインドへと逃れていた。

この時私は、海面上昇が将来の世代の問題ではないことを理解したのだった。それはすでに起こっており、人間が大地へ介入したことによって深刻さを増しているのだ、と。そしておそらくさらに重要なことに、崩壊する海岸線から離れるための、ゆっくりとした移住がすでに始まっていることを感じたのである。

国境フェンスについての記事では、こういった事柄には一切言及しなかった。字数に制限があったし、「水浸しになるバングラデシュ」というひと昔前の気候変動のクリシェを扱う気になれなかったからである。しかし、この知識を得てアメリカに戻った私はそれまでとは変わった。この問題に取りつかれるようになったのである。沿岸から離れて暮らす人々には見えない海面上昇の初期徴候が、私には見えるようになってきたのだ。ファハールのカラシナのしなびた茎に書き込まれた、惑星規模の巨大で底知れぬ出来事を私は読み取っていた。それはジェイコブズ・ポイントの最果てに生える、骸骨のようになったチューペロにも刻み込まれている。

塩水浸水で枯れた木について述べる上で海岸設計者たちが用いる、rampike ということばがある。[*8] ランダムハウス・ディクショナリーによるとこのことばの第一義的な意味は、自然の力によって白骨のようになったり、幹が裂けたりする木のことだ。[*9] ことば自体は、古めかしく、幾分か深遠な趣のある英語から蘇ったものである。一八八一年刊行の小辞典では rampick と綴られており、「大鴉《おおがらす》についばまれたように、樹皮あるいは葉肉がなくむき出しになっている」状態、という定義が与えられている。確かにむき出し、である——変容する沿岸に並ぶこうした木の身ぶりは、かくもむき出し、かつ素朴なのである。

＊

ロードアイランドでの初めての夏、私はよく沼へと向かった。ある朝、他にも人がいるのに気づいた。彼とすれ違った時、私はできるだけ何気ない感じを装って、チューペロの木がみんな枯れている理由を彼が知っているかどうか聞いてみた。私に見えているもの、かつてこの干潟を特徴づけていた塩水と淡水の絶妙なバランスが乱れていることが、彼にも見えているかどうか知ろうとしたのだ。

するとと「いいや」と、首からぶら下げた双眼鏡で音をたてながら彼は言った。「悪いね」

ジェイコブズ・ポイントに来るまで、ブラック・チューペロとハリエンジュ、そしてニードルラッシュとスパルティナの区別がつかなかったことを、私は先に認めた。私がそれらの名前を覚えることになったのは、その名を口にすると、途方もない喪失に向かっていく（あるいは遠ざかっていく）ということに気づいた時のことだ。そして、私は引きこまれた。なぜなら、デカルトとは異なり私はこう信じるからである。言語には、人間と人間がその一部となっている世界との間の距離を縮めることができる、と。言語には、種族間の親愛の情を、そしてその結果として配慮を育《はぐく》むことができる、と私は信じるのだ。ロビン・ウォール・キマラーはあらゆる生き物を人称代名詞で呼ぶことで生まれる力について「名付けは公正の始まりである」[10]と述べている。もし彼女の言う通りであれば、チューペロと口に出すことで、これらの木々を縁者と認め、その肉に、われわれ人間が保有するものと同じ不可分の権利を与えることに、私は一歩近づくのだ。

過去半世紀のいずれかの時点で、チューペロの主根はこれまでよりも多くの塩水を吸い上げるようになった。[11]チューペロたちは当惑し、生長を妨げられた。そして育つのを止めた。海水は帯水層に入り込み続け、激しさを増す嵐はますます多くの溜り水を沼に送り込み、イーストコーストに並ぶチューペロは死んだ。ジェイコブズ・ポイントのはずれに、チューペロが日陰を作ることはもうない。チューペロの葉の緑色のくさびは消滅した。加えてロードアイランドのイーストベイで最近行われた鳥類繁殖分布調査は、ショウドウツバメも消滅しつつあることを示唆している。[12]

初対面の男に、私はこうしたことを語った。私が引き潮のようなスピードでまくし立てる間、倒れてしまわないように、彼は左右の足に交互に自身の重心を預けていた。チューペロの名前を聞くのは初めてだ、と彼は私に言った。どんどん育つおいしそうなラズベリーと、飛翔する鳴鳥の電気じかけのようなトリルの代わりに、ここ、ジェイコブズ・ポイントの最果てで私たちは、音を立てて迫る温暖化の脅威を感じていた。私たちの上では空洞となった、神託のようなチューペロが枝をきしませている。

現在生息する全米最古のブラック・チューペロは、六五〇年前に芽を出した。[13]その最初の蕾《つぼみ》が開いた時、ヨーロッパの全人口のおよそ三分の一が疫病で命を落としていた。[14]今度はチューペロが大量死する番だ。コオバシギも、アメリカシロヅルも、トゲオヒメドリも。[15]一四〇〇にも上る[16]米国の絶滅危惧種の半数以上が湿地帯に生息し、そこでしか生きられないのである。[17]

地球の歴史上、生命がほぼ消え去ったことが五回ある。壮絶な変化が数多《あまた》重なったため、生存種の大多数が死んでしまったのである。これらの大量絶滅はきわめて例外的であるため、「ビッグ・ファイブ」というキャッチーな名称さえついている。[*18] 現在、科学者が一〇人いたらそのうち七人が、われわれは六度目の大量絶滅のただ中にあると信じている。しかし過去の絶滅と、現在私たちが進めているそれとを区別する事柄が一つだけある。これまではそれについて語る人間がいなかったということだ。私たちは経験を語るために、言語を用いる。そして言語によって、変化は必然であると同時に、現在進行中であるということに気づくことができる。私たちがチューペロということばを口にすると、木それ自体とその木がかつて依存していた、あるいはともあれかつて根ざしていた、とても特別な生態系が消えてしまったこと、その両方が見えてくる。

時には錠よりも先に鍵が到来する。今私は考えている。時には行き止まりよりも先にパスワードが到来することがある、と。これらのことばは口に出されたり書き留められたりすると、かつては想像できなかった気づきへの、扉を開いてくれることがある。海岸、そしてそこに生きるあらゆる生物が根本的に変化している、という気づきに。

＊

ある日、私はジェイコブズ・ポイントにあるオーデュボン環境教育センターを訪れた。到着したのは正午だった。その日の朝、私はチューペロの枯れ木の周辺を歩き回っていたため、顔は陽に焼けて赤く、イラクサやシオデで膝を擦りむいていた。空調の効いた部屋で沼のジオラマを見るのではなく、実際に沼に行くなんて……デスクの向こう側にいる青い髪のボランティアの女性が、狂人を見るような目で私を見た。「ジェイコブズ・ポイントと、そのはずれにある枯れ木について教えていただけませんか」と私は尋ねた。すると彼女は説明用展示物を見学するよう提案した。入場料五ドルのおまけさえしてくれた。

五つの展示室では、一対のソニー製スピーカーから、干潟に海水が流れ込む律動的なフレーズが流れていた。ウールの詰め物で作られたマガモはもちろん動かない。窓のない部屋の奥では、ハコガメたちが小さな水槽の中で小さな円を描いて泳いでいた。私は張り子の洞窟のような展示室から戻ると、再び同じ質問をした。すると今度は地所管理人であり、ジェイコブズ・ポイントで実際に何が起こっているかについてもっともよく知っていそうな人物、キャメロン・マコーミックを紹介された。

キャメロンはボイスメールを使っていないので、センターの秘書に伝言を残すことになった。二日後に彼から電話がきて、翌日に私たちは沼へと向かう道で落ちあった。彼はワイルドかつ用心深い目をしていて、あちこちにヤグルマソウと琥珀のしみをつけていた。綻んだ大工用の作業ブーツを履き、夏場のキャンプ客が捨てていったと思われる胸にオーデュボンと書かれた下手くそな絞り染めのTシャツを着ていた。彼はその日の残りの時間を、背の高さまで伸びるヨシという侵入性植物を伐採して過ごすという。キャメロンは生態学の学位を取得し、過去五年間ジェイコブズ・ポイントを管理してきた。気温や水温、塩分濃度、満潮時と干潮時の潮位など、あらゆる入力項目が変化するため、その作業は日に日に困難さを増していた。彼が計画をたてる。すると塩水が沼の新たな部分に浸入し、生態系全体が変わってしまうのである。

私たちは海岸までの最短ルートを一緒に歩いた。海に着くとキャメロンは、漁網がいっぱい入ったプラスチック製の箱を、そこにいた少年たちに手渡した。元気いっぱいな彼らは八歳くらいだろうか、シオマネキを捕りにきたという。その後、私たちはチューペロの木立に向かった。最初は高地にとどまっていた私たちだが、やがて足を濡らさないようにするという考えを捨て、道を外れ、湿った大地へと向かった。

あらゆる潮汐湿地同様、ジェイコブズ・ポイントも三つの異なる区域を含んでいる。低湿地、高湿地、そして海からもっとも離れたところにある高地だ。低湿地は毎日二回塩水で覆われる。そしてやはり毎日二回、塩水が引く。一方、高湿地が塩水で冠水するのは嵐の時だけである。結果、海に近い方の岬のはずれでは、植物も動物も潮汐とともに生きられるように適応してきた。一方、高地はその逆だ。潮汐湿地を、あらゆる湿地同様、遷移領域と考えてみよう。そこでは境界は曖昧で、完全に湿った世界が、ほぼ完全に乾いた世界へと変わる。それは閾《いき》帯であり、中間的な状態だ。日に四度支配する法則が変わる、端っこにある細く狭い出洲《です》。潮汐湿地はフロンティアであり、ゲイリー・スナイダーが言うように「フロンティアとは燃えさかるはずれ、二つのまったく異なる世界の間の、燃えつきた、奇妙な市場ゾーン」[*19]なのである。一方の世界から他方の世界への移行は、気づくことの難しい、めだたない境界を越えることである。けれどもそれは淡水が海水に出会う重要な境界なのだ。

チューペロに向かって歩くにつれ、私たちはゆっくりと下に降りて行き、淡水と塩水の間の閾を超えた。キャメロンは彼に見えるもの、そして見えないものについて私に教えてくれた。ギザギザにとがったニワトコが生い茂る中をドシドシ歩きながら「五年前にはここにはなかった」と、言った。ニワトコは、突然塩分濃度が高くなったこの岬の一区域を征服したのだ。「これからもっと増えると思うけど、そのペースについていくのは難しいね」膝の高さの低木がヨシの群生を追いやり、その到来はこの狭い土地におけるキャメロンの仕事を楽にした。しかしそれらがもたらした均衡が長くはもたないことは明らかである。

「昔は、海水面が下がると沼も一緒に下がり、海水面が上がると沼も上がった」チューペロを通り過ぎ、ハマナスの生える土手に向かって苦労して進む中、キャメロンは言った。彼が説明するプロセスを空中からタイムラプスで撮れば、まるで欲望がその対象を追うように、ジェイコブズ・ポイントと海が一緒に行き来しているように見えるだろう。

　渦を描いて移動するダンスは、主に二つの異なる物理的・生態学的プロセスの結果である。前者は堆積と呼ばれる。「塩水が沼に出入りすると、その中に浮かぶ澱《おり》を植物がとらえる。すると、その澱は沼に沈殿し徐々に高さを増していく」とキャメロンは私に言った。堆積の結果、低地が形成される。まるで天然の高性能ショベルカーがあるみたいに。そして堆積が沼の移動を可能にするとしたら、もう一つのプロセスはリゾーム（根茎）だ。リゾームは後退するための動力を供給する。まるで動脈のように、高密度で相互接続したこの特殊な根系は、地中に広く根をはり、湿地を形づくっている。かつては海面が上昇し沼が沈殿物を得ると、それによって高まった塩分濃度から身を離し、同時にもっとも自身に適した土と水質の環境を求め、高地へと新しく芽を送りこんでいたのである。こういった植物のコミュニティが移動すると、その環境に依拠している動物相も一緒に動く。こうして塩沼の物理的な位置は移動するかもしれないが、その性質を決定づける特徴は保たれるのである。

　しかし現在、過去二八世紀におけるよりも急速に、海水面は上昇している。海と塩沼はこれまでの習慣をやめてしまった。[*20]海洋州《ロードアイランド》における、そしてそれ以外の北米大西洋岸における海面上昇の速度は、地球全体の平均を大幅に上回っている。堆積はすでに後れを取っている。[*21]それは、かつてはゆっくりと形成された大地が、海面下に沈むようになったことを意味している。それに加え、ジェイコブズ・ポイントがいい例だが、沼と高台のあいだに道路や古い鉄道といった人間の作ったインフラが隣接しているとしたら、リゾームが身を離し、細長い根を伸ばしていく先となる塩分濃度の低い場所はどこにもないのである。海と、高台のへりに人間が建造した迫台《せりだい》の間に挟まれた沼は、チューペロのように、その場で溺れ死に始めているのである。

「あそこに旧ブリストル線がなければ、ジェイコブズ・ポイントにはチャンスがあったかもしれない。でもわからない。堆積の速度を現在の状態から予測することは、とても難しい」とキャメロンは言う。そしてこうつけ加えた。「僕のやっている仕事にとって、今は恐ろしくも、またとない時代なんだ」

私たちはもじゃもじゃのハマベブドウが落とす影のあたりに向かって、最果ての土手を一緒に歩いた。ナラガンセット湾では、ヨットの船団が左右にタッキング〔ヨットの操縦技術〕で移動しながら南に進んでいた。彼らは近郊のバーリントン・ヨットクラブが地元の人たちのために組んだ、夏季プログラムに参加した子どもたちだろう。私が立つ位置から見ると、キャンプ参加者たちはどう多く見ても一〇〜一二歳といったところだ。「転覆！」とインストラクターが突然叫んだ。すると小さな白い船は湾の水面下に沈んだ。すべての船が、と言いたいところだが一艘だけが残った。そしてすすり泣く声が聞こえた。「頭の上に水がくるのがこわいの」君だけじゃない、私もだよ、おちびさん。

＊

その年の秋、私はボストンのシェラトンホテルで開催された海面上昇サミットに出席した。私のような環境問題を扱うライターと、原稿執筆にあたって依拠することになる科学者たちとの親睦を深めるよう、メトカーフ研究所が助成金を出してくれたからだ。過去二〇年において、海面上昇の予測モデルはより精緻なものになった。現在は多くのモデラーが、観測データ（検潮記録など）、地球科学を踏まえた定理（たとえば氷床が近辺の水域におよぼす引力の因数分解）、（過去にどれくらいの速さで海面が上昇したかについての知見を与える）地質記録を組み合わせて予測している。そして彼らのほとんどが同意しているのは、現在の海面上昇のスピードは現生人類がこれまでに目撃したスピードをはるかに上回っている、ということだ。しかし正確に、とりわけある特定の地域、将来の特定の時点において、水面がどのくらいの高さになるかを予測することは依然として難しいままである。何より、海面上昇は均一ではないからだ。氷床が融解すると、氷床荷重がなくなることで氷床下にあった大地が隆起する。[*22]するとその近辺の海面は下降するが、同時に別の場所では海面が激しく上昇する。つまり、融解した巨大な氷床からは遠く離れた、たとえば米国の東海岸といった場所において、相対的海面上昇がより急速に起こる可能性が高い、ということになるのだ。[*23]

　シェラトンの天井は、数珠つなぎになった、雨露のように煌めくクリスタル製の地球儀と、幅三メートルくらいのリネンのランタンで覆われていた。そのリネンは、カドミウム臭の漂うどこか遠くの繊維工場で絞り染めしたものだろう。ダッカ近郊でそうした工場が河川を汚染するのを、私は見たことがある。のしかかるようなランタンとけばけばしい照明の下、私は海面がどの程度上昇するのか、それぞれに異なり、矛盾する説を聞いた。[*24]二一〇〇年までに〇・七六メートル上昇する、という予測が示されたかと思えば、次の報告では同じく二一〇〇年までに三メートル上昇すると聞かされる。地球の気温が二度上昇すると海面は五・五メートル上昇する、と発表される――そして同じ二度の気温上昇で、九メートル上昇するという説も出てくる。直感に反し、グリーンランドにおける融解よりも南極西部の氷床の融解の方がロードアイランドの海面上昇に与える影響が大きい、という報告もあった。そしてキリバスの大統領がフィジーに土地を買っているとも聞いた。なぜなら彼の島国はまもなく沈没してしまうからだ。

「起こるかどうかではなく、いつそうなるかの問題である」海面上昇の専門家で、非営利ニュース組織「クライメート・セントラル」の副理事長（当時）、ベン・ストラウスが言った。そして彼は私たちに、世界の主要沿岸都市のリアルな立体都市画像をいくつか見せた。[*25] 最初はボストンだった。「この画像は、気温が四度上昇するとどうなるかを示しています。『現状維持（business as usual）』だと、だいたいこうなる、と考えられています」と彼は続けた。ここでいう「現状維持」とは、今後八〇年間に、産業革命開始から現在までに排出されたよりも、若干多くの二酸化炭素が排出されるとしたら、という想定だ。

ベンの頭上のスクリーンでは、ビーコンヒルとボストンコモン公園の北端をのぞく、都市のほとんどすべてに薄いブルーの水が押し寄せていた。ＭＩＴは水の中だ。ノースイースタン大学、ボストン美術館、フェンウェイ・パーク、コープリー・スクエア、ニューベリー通りも水の中である。その通りは私が初めてアーニー・ディフランコのアルバムを買った場所だ。一九八〇年代後半に私の父が、タウンハウスをヨーロッパ風のビストロや先述のレコード店に貸すことで活性化させた通りである。もともと労働者階級だった私の一家（私の祖父は炭酸水の行商人だった）を、恩恵に浴する一家へと変えた通りである。私の大学の学費を払った通りである。

スクリーン上で、この通りは消えていた。

それからベンは、気候変動に関する政府間パネル（ＩＰＣＣ）が大惨事を回避するために勧告している値――最大二度までの温暖化が起きるとどうなるかを示す画像に切り替えた。[*26] 今ベンが立っているマサチューセッツアベニューとハンティントンアベニューの交差点はまだ、ブルーのレイヤーに埋まったままである。

カンファレンスセンターのまばゆい優美な光に包まれながら、何をしようと、私たちが長い間目印にしてきた多くのランドマークは消滅するだろうことを私は理解した。起こるかどうかではなく、いつそうなるかが問題なのだ。

この秋の間、私は急性不安神経症に苦しむようになった。名のない巨大な嵐で私の家は停電し、私の夢の中には大量の水が流れ込む。自然過程に対する信頼、自然がバランスを失わないようにしている複雑な相互依存システムに対する子どもの頃からの信頼は、失われてしまったのだ。それにとって代わったのは、たえまなく続く不確実性である。自分の専門領域に没頭することと、それに飲み込まれて溺れてしまうことを隔てる境界は存在するのだろうか。そして、そのような境界があるとしたら、私はそれを越えてしまったのか、疑問に思うようになった。夜になると襲来する未曽有の高潮が、家具と私の家系を配置し直していく。これまでに起こったことがこれからも起きる、何も新しいことではない、という通念は水ぶくれし、飽和し、それすらも暗い海面の下に沈んでいった。

＊

可能な時はいつも、私はコンピュータースクリーンの前から離れ、自転車でジェイコブズ・ポイントに戻った。沼を形成したものたちが大量に水に浸かっている、まだ名前すらついていない風景の中を歩き回った。これまでの私はパナマのアマガエルの消滅、ケニア全土を襲う干ばつ、[*27] パリやアーンドラ・プラデーシュやシカゴやダッカやサンパウロで数千人の命を奪った熱波についての記事を読み[*28]、海面上昇の影響を受けるコミュニティについて執筆してきた。しかし私自身の生活はそうした出来事から遠く離れている、しっかりと隔てられている、と思っていたのである。

しかし、ジェイコブズ・ポイントで、私はついに亡霊のガウンの裾を垣間見た。あのチューペロ、消えゆく沼のはずれに並ぶチューペロの枯れ木が、私の神託、私の門、私の証拠、拾ったら覚えておくためにポケットの中に入れておくべき石だったのだ。私にはそれがわかった。そして種の滅亡、大地の侵食、そしてことば――私たちが意識しないでいると失われてしまう、動物や植物を名指すためのもの――の消滅は、政治的な手段や熱病に浮かされた夢ではないことを、私は知っている。私にはそれがわかるし、社会の周縁で生きるものたちがもっとも脆弱《ぜいじゃく》であることを私は知っている。そして消えゆく種族の物語が、ほとんどあらゆる境界地帯で繰り返されていることも。

一〇〇年後、ここには一本の木も残らないだろう。記憶を蘇らせてくれる豊かな樹脂を湛えた物体は一切存在しないだろう[*29]。そして私たちがその名で呼ばなければ、木そのものだけでなく、それらが存在した痕跡すらも失われてしまうのだ。ジェイコブズ・ポイントの最果てで、樹皮が剝がれたチューペロを見て私は次のことばを思い出した。メイン州のペノブスコット族は数世紀にわたる環境変化にどう対応してきたのか、私の学生が質問した時、ジョン・ベア・ミッチェルはこう答えたのだ。「われわれの儀式と言語にはまだカリブーということばが残っている。もはやこの地にカリブーは生息していないのだが……。変わったのは、われわれがカリブーを認識する方法なのだ」彼のことばに、学生たちは驚いた。彼はこう言っているようだった。名前を今覚えるんだ。そうすれば少なくとも、物質界においては不可能でも、危機にさらされているものを私たちの集合記憶にとどめることができる、と。言語に対する彼の信念は、学生たちのそれを明らかに凌駕《りょうが》していた。

＊

そしてそこには快楽がある。私が一番好きなのは、一人きりの小旅行だ。早起きして、ほとんどの人が見向きもしない細長い沼に、自転車で出かける。夏の暑さで熟した黒イチゴは、私のためだけに果実をつけているように思える。螺旋《らせん》を描いて干上がったブラックニードルラッシュ、藁みたいに見える塩沼スパルティナの生える区画、老齢の森の中で吹き倒れた木々。それらからは現在進行している潮汐の、かすかな痕跡を見てとることができた。

チューペロの並木の向こうでは、オカトラノオの蜜を求めるミツバチが、沼で低い音をぶんぶんと立てている。ミサゴがクレオソートの影を、セミやシロザやシロヤマモモに落とす。沼への小旅行には、まるで壮大な調査旅行のような趣がある。引き潮の中でタニシが身をよじり、水平線の果てではダイサギがマミチョグを求めて身を屈め、ニワウルシの中をシーバームが通り抜ける。多くの人が行き交う場所からわずか三二〇メートルほど行っただけなのに、そこではたくさんのことが起きていて、思いがけない豊かな自然の恵みと、自成の驚異があるのだ。

下に降りていくと水辺に到着する。私は水着を身に着け、勢いよく湾に飛びこむつもりが、海面すれすれにあるフジツボで覆われた岩につま先をぶつけてしまう。ここにいることを、そして一人でちょくちょく戻ってくることを、私は心から大切に思う。でもそれがなぜなのかはよくわからない。

時には錠よりも先に鍵が到来することがある。

時には行き止まりよりも先にパスワードが到来することがある。

それを声に出して、塩とブルーによって変容した世界に入ろう。

言ってみよう。チューペロ、と。

第一章

枯れ木《ランバイク》

柿

ルイジアナ州、ジャン・チャールズ島

ルイジアナのバイユー〔ミシシッピ州やルイジアナ州の湿地帯〕で過ごした最初の一週間、私は何度かアイランド・ロードを歩いてジャン・チャールズ島へ出向いた。[*1] 一九五〇年代初頭、最初の石油掘削装置が設置されてすぐに建設されたこの道路は、ポイント＝オ＝シェン（Pointe-aux-Chenes）から南西に向かって、できたばかりでまだ名のない海面を二つに切り分けながら、一二・八七キロメートルにわたって走っている。まだなんとか残っているわずかな土地はとても平坦であるため、空に浮かぶ巨大な雲が地形の代わりになっていた。土柱の形をした積乱雲が水平線すれすれに浮かび、そこでは嵐が起きようとしていた。傍らではユキコサギが餌を求めてわずかに残るバイユーの土手を嘴《くちばし》で掘り、一〇セント硬貨ほどの大粒の雨が降り始めると、ボラが水から飛び出した。島まで残すところあと半分というところまで来ると、私は自分で調べて知っていたこの土地のことを、改めて腹の底から理解した。ここは崩壊寸前の、それ自体で一つの世界である、と。

わずか五〇年前、この周囲の地形は相互に複雑につながっていて、ピローグとよばれる底の平らなボートで湖と沼の織りなす網の目を航行することができた。[*2] ボートがなければ、動脈状に広がるバイユーに接する高台から離れることなく、ある地点から別の地点まで歩くこともできた。バイユーということばにはフランス語のような響きがあるけど、実際に起源となっているのはチョクトー

族のことばだ。その意味は「ゆっくりと流れる小川」。現在バイユー自体は消えつつあるけど、ルイジアナの稀有な河川区域を指す語として一般的に使われている。チョクトー族が歩いただろう天然の隆起や小道も、バイユーと一緒に消えようとしている。ほとんどすべての際立った特徴が、海水というたった一つのものによってとって代わられようとしているのだ。

喪失ははっきりと宣告されている。数年前に米国海洋大気庁は、近隣のプラークミンズ郡の地図をかきかえなくてはならなかった。*3 その際、三一におよぶ地名が削除された。イエローコットン湾、イングリッシュ湾、シプリアン湾、ドライサイプレス・バイユー、バイユー・ロング……こうした個々の水域はもはや存在しない。かつてそれらを形作っていた湿地は分解し、バイユーと湾は近海と区別できなくなったのだ。

「泳いでいけるかもしれないね」車なしでジャン・チャールズ島に行くことができるか、と尋ねた私に対し、ポイント＝オ＝シェン・マリーナのオーナーはこう言った。「でも、まあやめておいた方がいい。アリゲーターがいるから。ハイウェイ六六五号線を右に曲がり、アイランド・ロードから離れずまっすぐ行くんだ」彼の背後には四・五メートルほどの高さのイエス・キリスト像が立っている。殉教者のやせ細った体は傾き、その腕は水の広がりに向かって伸びていた。キリスト像の隣には、枯れたサイプレスの木がそびえていた。空洞になったその枝は、この男の犠牲的な身ぶりに酷似している。この枯れ枝もまた、自己をむき出しにして、死へと至ったのだ。その根は塩に浸かっていた。

＊

映画『ハッシュパピー〜バスタブ島の少女〜』は、激しい嵐を切り抜けた後に続く、水浸しの世界を生き延びる住民たちを描いた終末ものの物語である。この映画はジャン・チャールズ島で撮影され、自身をアメリカ先住民と定義する、まだ島に住み続けている人々の生活に基づいている。映画を観た時、私はこう感じたことを覚えている。環境破壊によってコミュニティが崩壊するのではなく、結束を強めるのであればそれはすばらしいことだ、と。現実ではいったいどうなるのか、私は知りたくてたまらなくなった。私がこの映画を見たのは、ロードアイランドに引っ越す前、チューペロの枯れ木を初めて目にするずっと前のことだった。しかし、一方ではバングラデシュへの初めての旅を終えたあとでもあった。それは二〇一三年の夏のことで、私は米国における海面上昇の証拠を探していたところだった。私はルイジアナへ向かった。

『ハッシュパピー』の監督ベン・ザイトリンが、ジャン・チャールズ島は「世界の終わりみたいだった」と私に言った時、彼が言っているのが辺鄙《へんぴ》な場所にあるということなのか、それとももっと文字通りの意味なのか、私には確信が持てなかった。けれどもジャン・チャールズ島行きの単一車線道路をゆっくり進むにつれ、どちらの解釈も間違っていないことがわかってきた。ジャン・チャールズ島は、北米大陸の巨大な固形性が終わるところである。そこでは潮が作る繊細なレース状の、擦り切れたように細長い指状の土地が海に向かって広がっている。そしてここでは未来を垣間見ることもできる。かつて海岸だと考えられていた場所が海に覆われていく世界を、垣間見ることができるのだ。なぜなら、過去六〇年間でジャン・チャールズ島を囲んでいた湿地帯はすべて水没したからだ。地盤沈下、侵食、海面上昇が堆積の速度を追い越している。目を細めると、アイランド・ロードがどこで終わり、海がどこで始まるのかを知るのは難しくなる。

黒いピックアップトラックに乗った男性が急ブレーキを踏み、窓を開けた。「雨が降りそうだ。

乗るかい？」彼は、ひび割れた革の運転席にもたれ、キャップのつばをひっぱりながら訊いた。
「島に向かって歩いているところなの」と私は答えた。でも、こう答えたところで、彼への返事にはなっていない。だから私は、持っていた傘を開いて見せて、「私は大丈夫」と付け加えた。男性は肩をすくめ、窓を閉め、逆方向に運転を続ける。ホーマ〔ルイジアナ州クレイボーン郡庁所在地〕へ、堅い大地へ向かって。

路肩に石が重なる道を歩きながら、「私は大丈夫」というフレーズを頭の中で繰り返した。ルイジアナに向かう三日前、私は結婚する予定だった男性とシェアしていたアパートを出ていた。これから大人として生きていく長い年月において、この関係が私の支えになってくれるとは思えない、と数ヶ月にわたり私は感じていたのだ。しかし私たち二人の間には、問題含みとはいえまだ愛があったので、別離を決断できずにいた。しかし最終的に、私の楽観的な展望は打ち砕かれることになり、キャスター付きのスーツケースに清潔な下着、新品のメモ、テントを詰め込んで私は家を出ることになった。とても大切にしているものに背を向けるのは、これが初めてのことではなかったし、最後でもない。だけどごまかしているように感じられたのは、これが初めてのことだった。

アイランド・ロードを進んでいくと、この周囲でもっとも高く、もっとも険しい突起に沿って道は左に急カーブする。長さ三・二キロメートル、幅〇・四キロメートルのこの突起がジャン・チャールズ島だ。半世紀前、あるいはもっと最近まで、島の面積はこの一〇倍あった。水鳥の生息する沼が、チェニアー〔砂状になっている浜堤平野の一部〕や木で覆われた隆起を囲んでいた。その上で数百名の住民が生活を営んでいたのである。現在、アイランド・ロード沿いの家の多くは、高さ四・八メートルほどの支柱の上に高床式で建っている。地面の上にとどまっている家の窓からはイバラが外に向かって生い茂り、生育期が来るたびに窓枠をゆがめていく。比率は一対二といったところだ。支柱で持ち上げられた家一軒に対し、放棄された家が二軒。残っている人一人に対し、立ち去った人が二人。

　島の先端に向かうと、高床式の家の下に男性が一人で座り、青紫色の光を背後から浴びて強風を楽しんでいた。私が通り過ぎると、彼はこう叫んだ。「この島から出ていけ！」私のうしろではミニバンがのろのろと進み、運転している女性が窓から甲高い笑い声を響かせる。「あんたが出ていきな！」彼女は吐き捨てるように返事をした。どちらも私に向かって話しているのではない。そうわかると、私はほっとした。女性が乗ったトヨタ・プレビアは、私道に入りアスファルトの破片の中をざくざくと進んで行く。その私道のそばには空気が抜けたビニールプールがあり、巨大な青いドーナツみたいになっていた。この土地の住民に近づく機会は今しかない。意を決した私は、周囲を囲む沼の名残の上に張り出している家に向かった。すると驚いたことに、座っていた男性はこう言った。「あなた、エリザベスだろう」

「ということは、あなたはクリス・ブルネットね」と、ベランダの代わりとなっている打ち放しコンクリートの厚板に上りながら、私は答えた。彼は、旅立つ数週間前に私がかけた電話に応じてくれた唯一の島民だった。私たちは金曜日にランチの約束をしていた。そのあとで、約束の日の前日に島まで歩いてくることを私は決めたのだった。

「明日まで、あなたはこの辺に来ないと思っていた」クリスはすぐそばにある車椅子のシートに腕をついて体を支え、前に体重をかけながら身をよじった。彼は生まれつき脳性まひを患っていたけど、そのことで活力を失ったわけではなかった。私たちは握手した。

「あなたに出くわすなんて、私は運がいいのね」と私は言った。「午後の間、島で誰にも会うことがなかったから」

「僕は遠くに行くことはあまりないから」とクリスは答えた。アブが、紐の端につけたボールのように彼の頭のまわりを旋回していた。「一足違いでテオに会い損ねたね、まだその辺にいるはずだけど。少し前にテオがピックアップトラックで通り過ぎるのを見たんだ」アイランド・ロードで乗車を勧めてくれた男性に違いなかった。

ミニバンに乗っていた女性はクリスの姉妹のテレサだった。彼女は私と握手してから、冷蔵庫の方に向かった。そして炭酸飲料、加糖アイスティー、ミネラルウォーターをどっさり取り出した。

「この場所のことがわかり始めたところなの。とてもきれいなところね」と私は言った。

「夜明けと日没には、もっと美しくなる」とクリスは加え、着ているコットン製の野球用ジャージの袖を引っ張った。「その二つを見ないうちは、この島について語る資格はないね。日の光が空を照らすと、雲はさまざまな色に染まる。そんな光景を見るためにどこか別の場所へバケーションに出かけるとしたら、いったいいくらかかるのか、見当もつかないよ」彼は黄色いビニール製の椅子を拾いあげ、それを転がし、座るようすすめてくれた。

クリスの甥ハワードは、家の裏の水路で釣りをしていた。クリスは数年前に、ハワードとその妹ジュリエットを引き取ったのだ。一九五一年に最初の石油掘削装置が近くに設置されると、それに伴い沼を行き来するための経路が掘られ「水路化（channelization）」が起こった。[*4] 石油会社は、掘削作業が終わり、掘削装置が不要になったらそれぞれの水路を岩でせき止め、埋め戻すことになっていた。[*5] バイユーを囲み、支える、脆い沼を通る水の動きを抑えるためだ。

「でも石油会社がそうすることはなかった。連中が、約束通りにバイユーを維持することはなかったよ。結果今では、湾は裏口まで迫っている」その話は町でも聞いていた。侵食によって毎年水路は広がり、かつてジャン・チャールズ島を形成していた陸地に食い込んでいるのだ。[*6]

ちょうどその時、イルカが人工の水路を泳ぎハワードが釣り糸を投げている場所を通り過ぎた。つかのま、イルカのひれが波打つ光景に私は胸を躍らせた。

「四〇年前は、この辺でイルカを見ることはなかった」とクリスは言った。「だけどこの辺一帯は陸地が侵食され続けている。石油会社が沼に作った切れ目が、そのプロセスを加速させているんだ。昔は淡水だったところが今は塩水となり、イルカが来るようになった」バイユーに人間が居住していた全期間において、これほどの「内陸」で大型海生哺乳類を見ることは考えられないことだった。しかしその「内陸」は、もはや内陸ではないのである。

もちろんイルカは海面上昇の直接証拠ではない。[*7] しかしその突然の出現は、時間の経過にともなう劇的な変化を示している。全人生をここで過ごしたクリスには、それを感知することができる。訪問者に過ぎない私には、その変化を感知することができなかった。私が当初覚えた興奮は、別の感情へと移っていった。私はこう思った。このイルカを長い間見ていれば、ゆっくりと北上するその体をじっと見つめさえすれば、私のようにしょっちゅう移動してばかりの人間には、たいていの場合見えない何かが――ファハールのしなびたカラシナ畑で見えたように――再び見えるようになるのではないか、と。めまいを覚えるほどの海岸線の変化、帯水層やリゾーム状の根系に、私たちの裏庭や地下室に、野生生物保護区に、かつて淡水だった入江に海水が入り込んでいく巨大な変化が見えるようになるのではないか、と。そうした変化はあまりに大きいため、私たちが何者であるのか、私たちが長く生活の拠点にしてきた大地とどのように関わってきたか、といったことについての考えをぐらつかせる。

「これまで目にしたもので、環境が異常な変化をしている、とあなたにはっきり悟らせたものって何かある？」と私はクリスに聞いた。「たとえばあのイルカみたいに……初めてイルカを見たのはいつ？」

「わかんないな、一五年前といったところかな」と、白髪の混じったあご髭をさわりながらクリスは言った。「だけど、海水の浸入が有害となるのは、今まさに自分の家の目の前で起こっているからそう感じるんだよ。確かにイルカがここに現れた。でももっとも大きな破壊はわれわれのコミュニティで起きていることなんだ」どう続けるべきか迷って、彼は間をおいた。テレサがアリゾナアイスティーを私にすすめ、沈黙を破った。

クリスがはっきりとことばにできなかったのは、イルカはただの象徴にすぎない、ということではないかと思われた。私にとって、その象徴は環境に関するものだ。私はイルカを指差し、こう言うことができる。「これは生態系が変化している証拠だ」と。しかしクリスにとって、イルカが表しているのは、彼の隣人たちの緩慢な消滅なのである。過去四〇年間で、九〇パーセント近くの島民が内陸に移った。[*8] 長きにわたってこの場を故郷と呼んできた人々が立ち去った時、クリス自身の故郷についての考えの一片も、一緒に持ち去られていった。

イルカが水路を戻ってきた。浮動する荷船、堤防、水門などの河川インフラに出くわしたのだろう。今では年に一度か二度の頻度で来るようになった嵐から郡庁所在地ホーマを保護するために、こうしたものが設置されている。[*9]

イルカは屋根が吹き飛ばされた家々の前を泳いで通り過ぎた。カビの生えたマットレス、パイプが引き抜かれたトレーラーの前を通り過ぎる。ハリケーン・グスタフの間に破壊され、冬の間住民を暖房のないままおきざりにし、その後修復されることのなかったガスのパイプラインの前を通り過ぎる。消防署の前を通り過ぎる。何百もの枯れたサイプレスとオーク、[*10] ハリケーン・リタが破壊した漁場、テオの両親がかつて住んでいた家、ローラ・アンのかつての家、アルバートのかつての家、そして建て直しがやっかいで高くつくため、放棄されたその他あらゆる住宅。それはあまりにやっかいで、あまりに高くつくため、ろくでもない選択肢しか残されていない中、ある人々にとってはジャン・チャールズ島を離れることが一番ましな選択となったのである。

この島で生活し、逃げた人々は初の気候難民となるのではないか、と私は考えるようになった。二〇五〇年までにこのような人々は全世界で二億人に達し、[*11] 内二〇〇万人がここルイジアナから出てくる見込みだ。[*12] そしてクリスはここにとどまり続けている。

「でもね」とクリスは私の考えを読んだかのようにこう言った。「立ち去る人々ととどまる人々の間に、実質的な違いなんてないんだ。ある程度時間が経ってから人々が去っていくのは、ここでの生活が困難だからさ」彼の目は濡れて輝き、肌はつやつやしている。「ハリケーンが直撃すると、ベッドもソファも電気も冷凍庫もガスも水道水もなくなる。一ヶ月以上屋根がないままになることもある。戻るべきところがあれば、床の上に寝て、建て直しをする。または、ここを去る」

頭上に浮かぶ彼の家の屋根を見上げながら「よくわかる」と私は言った。

テレサはそれを合図と受け止め、クリスをハグしてから自分のミニバンへと戻った。

「ここを立ち去った人々が、出て行きたがっていたわけではないんだ。だけど誰もが自分で決断をくださなければならない。たとえここを離れたとしても、その人だってここに残りたいという思いは大きいはずだ」とクリスは言った。

私は一瞬ブルックリンのアパートについて考えた。その部屋から再び地下鉄S系統を眺める可能性は限りなく低い。そして私が去った後もその部屋に住み続ける男性のことを考えた。彼の存在は過去三年、私の生活の大部分を規定してきた。

クリスは薄れゆく光の中で内省する私の顔を見ていたが、詮索するにはあまりに礼儀正しかった。

私は自身の弱さをさらけ出すことの重要性を感じ、私の身に起こった出来事を話し、取材を対等なもの同士のコミュニケーションに変えようと試みた。私の逃避行について、自壊した私生活についてクリスに語ると、彼の優しさはさらに深いものとなった。「たとえ困難な時でも、自分の気持ちにしたがわなくっちゃだめだ。君の彼氏が君からエネルギーを奪うなら、自分が何をすべきか、君にはわかるはずだ」とクリスは言った。広がる水域の方を見て、彼の声は次第に小さくなっていった。

その時、私は遠方からやってきた記者ではなくなった。愛する何かや誰かと別れることになった原因と結果を、クリスが吟味し分析することができる鏡になった。フクロウを思わせるクリスの顔が、不可知の思想によってさまざまに変化するのを見ているうち、私が数年間をささげた元婚約者、アパート、将来のビジョンへの愛着は、島に対するクリスのそれに比べたらさほど熱いものではないことに気がついた。縮んでゆくこの細い大地を、五〇年の間、クリスはほとんど離れたことがない。かつての私が思い描き、さまざまな労力をつぎ込んできた生活を諦める選択が私にとって辛いものであったとすれば、自分が本当に知っているたった一つの場所を手放すということは、クリスにとっていったいどのようなものだろう。

クリスは翌日も来るようにと私を誘い、私もそれを受け入れた。私はアイランド・ロードを歩いて戻り、およそ一〇〇メートルごとに樹皮のむけたサイプレスやオークの木の前を通り過ぎた。葉のない枝が接点を求める電気のように伸びていた。樹木の早逝の原因は、大気中にではなく根がさまよう地下深くにある。そこには海水が入り込み始めているのだ。アイランド・ロードのすぐ南では、広がった水路の中にその場の樹木の半分くらいが倒れこんでいる。現在なんとか立っている木も、瀕死の状態にある。つねにそこにあったわけではない海水に向かって、何もかもが傾いているのだった。

＊

ハイウェイ六六五号線に向かう途中で、ポイント＝オ＝シェンの食料品店に立ち寄り、食品をいくつか購入した。食料品店は低層の建物で、長くて白いベランダがあり、発泡スチロールで収縮包装された野菜の品揃えは決していいとは言えなかった。店内では女性が一人、駐車場であやうく踏みつけそうになったつぶれたヘビについてレジ係と話していた。私はヘビを確認し（それはガーターヘビだった）、錆びたトヨタ・カムリのトランクに貼ってあるバンパーステッカーに気づいた。鮮やかな黄色のルイジアナ州の中に、このようなことばが書かれていた。「長靴の形をしているのは、ケツを蹴り上げるためさ（Shaped like a BOOT because we kick ASS）」

皮肉なことに、ルイジアナ州はもはや長靴の形をしていない。今回の取材のためにモンテガットに借りた家に戻り、グーグルアースでルイジアナ州の空中写真を引き出した。かつて長靴の底となっていた湿地帯は、今ではぼろぼろに破れ、擦り切れている。ゴム底というよりはメッシュのようだ。そして五〇年後にはすっかりなくなっている可能性が高い。米国地質調査所によると、[*13]ルイジアナは一九三二年から二〇〇〇年の間に四九二〇平方キロメートル近くを失ったそうだ。それはデラウェア州の面積とほぼ同じくらいである。そして二〇六四年までにさらに四五三二平方キロメートルを失う可能性が高い。[*14]それはまもなく私の移住先となる、ロードアイランド州よりも広い。

ルイジアナの南端が変わり果てているのは、地球上でもっとも急速に侵食されている地域だからだ。[*15]そして非難されるべきは、海面上昇と石油業界だけではない。バイユー《ルイジアナ》州の海岸線形成の直接の責任は、ミシシッピ川にある。この大河は過去一万年もの間、北米大陸のはるか遠くから沈泥《シルト》を堆積させて、海に注いできた。世界で四番目に長いこの川は、ワイオミング州からペンシルバニア州まで、カナダとの国境からメキシコ湾までの、広大な流域を流れている。普段は川幅一・六キロメートルくらいの場所が、雨の多い年には八〇キロメートルまで膨張する（現在のアーカンソー州、ミシシッピ州、ルイジアナ州にあたる下流域のいたる所で、そのようなことが起きてきた）。[*16] そしてさらなる土壌と沈殿物を南へと運んだのである。

コロンブス以前のアメリカ先住民の社会は、健全な川というものが、洪水と干ばつの周期を繰り返すことを理解していた。そして彼らはミシシッピ川の干満に合わせて文明を形成した。彼らの村は土手の上ではなく、その少し離れた場所に作られた。しかもそうした村のほとんどは定住式ではなく、水位が上がったら移動が可能なキャンプだった。しかし一五四三年に状況が一変する。スペイン人コンキスタドール、エルナンド・デ・ソトの西へと向かう遠征は、現在のテネシー州にあたるところでミシシッピ川の氾濫によってその行軍が阻まれた。[*17] デ・ソトの年代記編者、ガルシラーソ・デ・ラ・ベーガは、著書『インカのフロリダ』でその接触について述べている。ミシシッピ川の定期的な水位上昇と、運ばれる堆積物の急増が、人間の進歩を妨害するものとして述べられるのは、（私の知る限り）これが初めてのことである。川の「怒り」についての第二の記録は、一七三四年の、設立まもないニューオリンズで起きた洪水についてのものである。そして一九二七年には、ミシシッピ川はマサチューセッツ州、コネチカット州、ロードアイランド州、バーモント州を合わせた広さの面積を数ヶ月にわたり水浸しにし、土手に沿って出現したいくつかの新しい町を破壊した。[*18] つまり、ミシシッピ川が植民地主義的なプロジェクトの障害となるまで、変わりやすくはあれど予測可能な流れが問題とみなされることはなかったのである。

大河を「管理」する試みにおいて、陸軍工兵隊はダムを一つ、二つ、三つ……そして一九と建設していった。[*19] 現在はミシシッピ川上流に二九のダムと水門があり、ミシシッピ川下流には堤防と防水壁が並んでいる。こうした治水は、ミシシッピ川河口の低地を保全する代わりに、大地の補充となる堆積物を上流の人工的なバリアの背後に閉じ込めることによって、破壊の一因となったのだった。このような介入も原因の一つとなって、ジャン・チャールズ島およびその周辺の湿地帯は、洪水によって一時的にではなく、永久に消滅し始めているのだ。

＊

翌日の正午、私はクリスに会うため車で島に戻った。ここはバイユーの奥地であるため、私の訪問は一大イベントである。クリスの甥の一人であるダルトンが『ミッション：インポッシブル』を見るためにやってきて、映画が終わると私たちの話に加わった。午後は暑く、静かだった。私たち三人は座って、ポイント＝オ＝シェンのマーケットで買った市販のケーキを食べた。会話はさまざまな話題へと移った。子どもたちの学校、バスのスケジュール、天候。他人の家庭の営みに巻き込まれることは、とても心地いいものである。

クリスの家は物理的に崩壊しつつある、という事実にもかかわらず、私はすぐにわが家のようにくつろいだ。漆喰とパーティクルボードがすべての壁から剝がれ落ち、建物の骨組みがはっきりと見えている。二〇〇二年にハリケーン・リリが到来したあと、家をカビから守るためにクリスが壁の中身を全て取り出したからだ。

「ハリケーン・リリはこの家の中を通り抜けた」と腕を一振りして彼は言う。「壁からすべてを取り出す必要があった。少しずつ修理してきたけど、進み具合はゆっくりだね」彼は居間からキッチンまで車椅子で移動し、私に炭酸飲料をすすめた。「島にもっとたくさん人が住んでいた頃は、みんなに電話をかけて手伝ってもらうことができた」と彼は続けた。寝室とキッチンを仕切るように吊るされているシーツが風にはためいている。「今では、時々誰かが手伝ってくれることもあるけど、基本的に自分で作業している。一度にボード一枚といったところだね」色あせた赤い布地で子ども部屋から隔てられている彼の居間は、一〇年以上にわたって工事中だ。

「どのハリケーンだったか忘れちゃったけど、ヘリコプターから砂袋が落とされた時のこと、覚えてる？　嵐によって堤防が決壊したのはその時が四度目で、まだ修理が済んでいないんだ」とダルトンが言った。

「リタじゃないな。グスタフでもカトリーナでもアイクでもない」クリスはまるで家族であるかのように気安く、スラスラと名前を挙げてみせた。そして窓の外の、できたばかりでまだ名前のついていない湾から、消えゆく運命にある大地に向かって打ち寄せる海を見やって、笑った。「本気で島を救う気があるなら、モルガンザー湾岸保護（the Morganza to the Gulf protection）計画に入れただろう」

クリスが言及したのは、総工費一三〇億ドルをかけて長さ一五八キロメートルにおよぶ土手を建設するというインフラ計画のことである。それによって、高さ三メートルの盛土が、テレボーン郡とラフォーシェ郡の大部分を包み込むことになる。この計画は、ルイジアナ州の崩壊寸前の海岸の一部を「救う」ための、さらに規模が大きいマスタープランと呼ばれる計画の一環であり、そちらは完成に五〇〇億ドルを要する。その費用はマンハッタン計画、ハリケーン・サンディからの復興、フーバー・ダムを合わせたよりも高額だ。

「救援対象者にわれわれが含まれなかったことには、誰も驚いていない」とダルトンが語気を強めた。「われわれはインディアンだからね、結局」

旅の最終日の朝、私はビロクシ＝チティマシャ＝チョクトー族――ダルトンとクリスもこの部族の一員だ――の族長、アルバート・ネイキンに話を聞いた。多くの人々同様、アルバートももう島には住んでいない。新婚一年目に、新品の電気製品とダイニングルームの家具から厚さ二・五センチメートルの泥をモップで落とす羽目になったあと、彼はポイント＝オ＝シェンに移った。彼の家は件《くだん》の食料品店からは目と鼻の先だった。「私は軍隊を除隊したばかりで、赤ん坊が生まれるのを待っていた。初めて洪水にあった時、これでおしまいにしたかったんだ」アルバートは黒い野球帽を引っ張りながら私に語った。そこには大きなブロック体で「NATIVE（先住民）」と刺繍されていた。

アルバートは六〇代で、古いビュイックのように体格がいい。彼は二〇年におよび残された島民の集団移住を組織し、陸軍工兵隊から補償金を得ようと尽力してきた。クリスはその考えに反対ではないと言うが、心から受け入れることはまだできていない。そして他にも、断固反対している人々がいる。二〇〇二年にモルガンザ－湾岸保護の第一次実行性報告書が提出され、ジャン・チャールズ島が保護計画から除外されると、島民を団結させるまであと一歩のところまでアルバートは迫ったのだった。

「陸軍工兵隊は、巨大計画からわれわれを除外したことに罪悪感があると思う。だからわれわれに移住支援を提案したんだ」とアルバートは私に言った。「島に住んでいるほぼ全員が、移住に関心があると示す必要があった。しかし政府関係者とわれわれのミーティングには、ジャン・チャールズ島に住んですらいない連中が大勢やってきて、次から次へと話を脱線させた。ミーティングが終わると、島民たちの移住についての関心は薄れていった。そして政府関係者との合意がなければ移住のための補償金はどこからも出てこない」

ジャン・チャールズ島へ来る前、私はルイジアナの湿地帯の歴史について調べていた。当然のことながら、元々の居住者についての私たちの知識はいささか限定的である。ほとんどの人工物、たとえばイリノイ州のカホキア墳丘などは、生態学的により安定している上流の地域で見つかっている。チティマシャ族は現在のルイジアナ州中心部に六〇〇〇年にわたって居住してきたと言われている。[*20] ヨーロッパ人到来に伴う暴力を前に、一八世紀および一九世紀にミシシッピ川下流に沿って南に移住し、ビロクシ族およびチョクトー族とほぼ同時期にミシシッピ・デルタの奥地に到着した。[*21] ビロクシ族とチョクトー族は、フロリダでの凄惨なセミノール戦争のあと、先祖伝来の故郷から撤退してきたのだった。

多くの異なる先住民グループが大陸の周辺に位置する沼に集まったのは偶然ではない。ノバスコシアや、一七五五年にイギリス人がカナダの州とするその他の地域から追い出された、アカディア人〔アカディア半島（現ノバスコシア州）のフランス系入植者〕も同様である。多くのヨーロッパ本土人が居住不可能とみなした沼での生活は、生き残るために共有されたある種の戦術なのだった。そしてアカディア人とアメリカ先住民は、ともにこの場で栄えたのである。しかし今日、こうした集団の間では異なる部族間の婚姻の割合が高まり、連邦政府が居住者を先住民と認めなくなっている。[*22] そしてジャン・チャールズ島が公式にインディアン居留地であったことはなかったため、彼らの居住地が消滅しつつある現在、島民を移住させる連邦指令は存在しない。

「当初はハリケーンが来るたびに、一家族や二家族がいなくなった」とアルバートは言う。「だけど今では湿地が広がり、嵐はどんどんひどくなっている。そして年月とともに、島を離れる人々の数は増えていった。このまま続いたら、いずれここには誰もいなくなるだろう。そしてわれわれをわれわれたらしめる、かけがえのない先住民のコミュニティはばらばらとなり、この土地とともに消えていくんだ」

＊

クリスの家をそよ風が通り、むき出しになっている梁が音を立てた。この家はクリスの祖父が建てたものだが、彼はベイマツの使用にこだわった。ベイマツは頑丈で、腐食しにくいからである。クリスが二度嵩上げしたけれど、二〇世紀の大半を通じて、この家はずっと同じ場所に建っていた。最初の嵩上げはハリケーン・リリのあと。そして二度目はカトリーナのあとで、さらに高く嵩上げされた。

「かなりの間、両親は完全に自給自足してきた」と彼は言った。「だけど僕たちが成人する頃には、スーパーに行くようになっていた」クリスは家のそばにある菜園で採れたブラックベリー、オレンジ、梨、カンタロープメロンを食べて育ったという。当時ガーデニングは簡単だった。地下水に海水が混ざることはなかったから。

クリスは車椅子で大きな木製の戸棚に向かい、そり返った写真アルバムを取り出した。彼が自分の家の昔の写真をパラパラとめくるのを私は見ていた。窓枠に水が打ち寄せている写真。当時、家は地面と接していた。クリスの今よりずっと若い頃の写真。そして数年前にハワードとジュリエットを残して亡くなった彼の兄弟の写真。ジョン・レノン風のサングラスをかけ、ストライプのジャンパーを着た彼の姉妹、テレサの写真。彼女は幹が二つある生気に溢れたオークの木と、滝のようにたれさがっているサルオガセモドキの前で微笑んでいた。今でも同じものが家の裏に立っているが、ありし日の姿の抜け殻、枝が切り落とされた枯れ木となり果てている。隣のロック神父の家の写真。「こちら」と「あちら」をかつて隔てていたサイプレスの森の写真。

やがてクリスは、私に見せたい写真にたどり着いた。彼の父親が汚れた白いボタンアップシャツを着て土地を耕している脇にはオクラが生えていた。「これは一九五九年に撮られたものだ」とクリスは言った。「父が母と結婚した年だ」クリスの父は、彼の両親が結婚祝いに与えてくれた土地を耕していたのだ。クリスは写真を指でなでてから、私に差し出した。「今とは全然違う」

私はテレボーン郡に一週間以上滞在した。行く先々で人々は、昔はここがどのようであったかを語りつづけた。証拠写真もある。まるで島民たちは別の島に住んでいたかのようである。写真の中の現在のジャン・チャールズ島は現在の島のほぼ完全なコピーだが、いくつかのわずかに異なる法則によって支配されているようだった。ここにあるもののすべては、写真の中にあるものとほぼ同じだけど、いくつかの重要な例外が存在するのだ。

サイプレスは今も昔も同じ場所に生えている。だけど葉がなくなっている。かつて庭があった土地のいくつかはまだ残っている。しかし土壌には塩が含まれている。植物は育たず、土地には何も植えられていない。そしてかつては鳥がたくさん集まる湿地だったところが、今では開水域になっている。クリスが見せてくれた写真の中で、彼の父親は牧草に囲まれて立っている。しかし、それから六〇年後、牛が草を食《は》んだ牧草地は海面下に沈んだのだ。

「僕が子どもだった頃」とダルトンは言った。「僕のパパは家のすぐ南にある沼によく出かけた。一日中出かけ、仕留めた鴨で袋をいっぱいにして帰ってきた。そしてそれをみんなに配ったんだ。この写真で彼がどれだけの鴨を仕留めたかがわかる。パパは優れた狩人だった。当時は、狩ができるほどたくさんの鴨がいたんだ。探し回る甲斐があったんだ」

今日クリスの冷蔵庫を開けても、鴨、魚、牛肉、自家栽培の野菜は見あたらない。その代わりに工場で加工された牛乳二ガロン、ノーブランド炭酸飲料の二リットル入りボトル三本、砂糖がけコーンフレーク一箱を見つけることになるだろう。

「昔はすぐそこに沼があった」とクリスは言い、南側を指差した。ガラスのない窓の向こうには、今は水しか見えない。風がいくつかの白波を立て、その上で陽光がきらめいている。「昔は足を濡らすことなく、モンテガットまで歩いて行くことができた。ここから給水塔がはっきり見えるけど、今ではあそこまで行くにはボートに乗らなくちゃいけない」

　彼の父親がかつて仕留めた鴨はこの近辺にはもういないので、ダルトンはホーマまで運転し、パデュー社の塩漬けの家禽を買わなくてはならない。ダルトンもクリスも地元で獲れるエビを食べるが、政府からの補助金で作られた穀物と、巨大アグリビジネスが生産する野菜がそれを補っている。「ウォルマートで、即興の会議になることがあるよ」とクリスは言った。「つまり、以前島に住んでいた人たちや、まだ残っている人たちとウォルマートで頻繁に出くわすんだ。みんなウォルマートで食品を買い、近況を語り合う」

　クリスのこの発言はあまりに淡々としていて、あまりにノスタルジーを帯びていたため、私はあやうくそこに含まれている意味を見過ごすところであった。彼が語った行動は穏便なエピソードでも、単なる状況説明でもない。それは比較的軽度のものとはいえ、フィードバックループ〔気候変動の相乗効果の悪循環〕の一つである。沿岸の陸地が消滅することで、自給自足を行っていた人間たち、地球への影響がとるに足らないものであった人間たちは、かつては自宅で育てることができた食品を調達するために化石燃料を使用するようになった。島民がホーマまで車を運転するたび、少しずつとはいえ、この生態系の消滅を加速させているのだ。新しい生活様式の帰結を彼らが知っているかどうか、私は訊いてみたかったけど、彼らの気を悪くさせることなく訊くにはどう訊いたものかわからず、代わりにケーキをもう一切れ求めた。

滞在先に戻る頃には、暗い不吉な感情が根を下ろしていた。最初はテレビでサンドラ・ブロックが出演する失敗作の一つでも観て、次にポイント＝オ＝シェンでおまけにもらったエビをゆでて、気を紛らせようとした。それがうまくいかず、私は玄関先に出て、ホテイアオイの作る島々が水路を漂うのを眺めた。ルイジアナに来て以来、私は再びたまにタバコを吸うようになった。次のどちらを認めることがより辛いことなのか、私にはわからなかった。雷が光る中、そこでラッキーストライクを三本吸ってしまったこと。タバコを一本吸い終えるたびに泣いたこと……私が置き去りにしたすべてのものに対して、そしてそれ以上に島の人々が失ったもののために、私は泣いた。でも一番の理由は恐怖のためだ。なぜならこれまでとはまったく異なる未来が待ち受けていることを、私は知ったからだ。

＊

数ヶ月後、私は握り拳ほどの大きさの鳥について読んだ。ある人々はその鳥を「赤い結び目（red knot）」〔和名コオバシギ〕と呼ぶ。他には「月の鳥（moon bird）」と呼ぶ人もいる。[*23] それはこの鳥が五一万五〇〇〇キロメートル、つまり地球から月へ行き、それから折り返し半分ぐらいのところまで戻れるぐらいの距離をその一生の間に飛ぶことができるからだ。その移動距離は世界最長に迫り、北極からパタゴニア、アルゼンチン、モーリシャス、西アフリカまで延びる。

近年研究者たちは、若いコオバシギの体が小型化していることを発見した。[*24] 繁殖地である北極の氷の融解が年々早くなっているためである。氷が早く溶けると、植物の開花時期が早まり、それを食べる昆虫も早く出現する。コオバシギのひな鳥が餌を食べられるようになるよりも、ずっと早い時期だ。ひな鳥は、幼虫を捕食して栄養を得ることができないと、その体は完全に成長しきらない。それでも時期が来ればコオバシギは南に向かって飛び立ち、北極を離れる。その縮んだ、羽毛の生えた翼が、温暖化を可視化しているのだ。赤道を越える。すると避けがたい真実に直面する。体が小さいと、嘴も小さくなるのだ。

嘴が小さく短くなったため、コオバシギは冬の餌場である湿地から、栄養豊富な軟体動物を掘り出すことができない。異常に小さいコオバシギたちは空腹のため、水面近くに生える海藻の地下茎（リゾーム）を噛み切る羽目になる。海の草原を安定させているのは、この相互接続した根系である。それが湿地を形作っているのだ。コオバシギが捕食する、リゾームに包まれた餌、海藻のベッドも少しずつ崩壊する。上昇する潮の下でゆっくりとばらばらになっていく。コオバシギも同じ道をたどることになるかもしれない。

小さな嘴のコオバシギが、一口ずつ、そうとは知らずに自らの生存の網の目をほどいていくイメージを頭に浮かべながら、私は眠りについた。

＊

エディソン・ダルダーは島からの立ち退きに抵抗している一人だ。ルイジアナを離れる前にエディソンに会うことを、クリスは私に強く勧めた。彼の家は、ジャン・チャールズ島のコミュニティを貫く、アイランド・ロードの始点の左側にある。道の反対側には、一九五〇年代の小型のオレンジ色の潜水艦が乗り上げている。そこには手書きの看板でこう書かれていた。「島は売り出し中ではない。島が嫌なら出ていけ。自分の権利のための戦いをあきらめるな。島は救う価値がある。エディソンJr.」

エディソンは記者に話すのが好きではない、とクリスから聞いていた。それでも一ヶ月間バイユーに滞在する間、私は何度かエディソンの家に立ち寄っていた。しかし、家に誰かいたためしはなかった、あるいはそう思えた。ある日私は手書きの長いメモを彼の家に残した。自己紹介をし、クリスからの推薦に言及し、エディソンに電話をしてもいいか尋ねた。しかし返事はなかった。島を去る二日前の朝、別のインタビューのためにポイント＝オ＝シェンまで車で戻る途中、私は引き返すことを決め、車を停めた。これが最後だと思いながら、もう一度彼に会おうと試みた。

階段を上って家まで行こう、と考えた。しかしジャン・チャールズ島に滞在する間に私が何か学んだとしたら、それは次のことだ。ここでは多くの人が、そよ風の吹く家の下や、バイユーの近くで午後を過ごす。私は、モスグリーン色のエディソンの家の下にある、道具置き場となったコンクリート製の厚板と道路をつなぐツーバイフォー材を歩いて渡った。梁からは投網が六つぶら下がっていた。プラスチックのバケツが五つ、洗面器一つ、はかりが一つ。頭上高くにある家を支える支柱に留められた、レンチやその他錆びた道具。虫よけスプレーの缶と、ラスト・オリウム社の塗料が並ぶ即席の棚。ラミネート加工されたイエス・キリストのポスター。ひっくりかえった木箱の上でくつろぐ、妊娠中の白黒の猫。奇跡的にエディソンもそこにいた。黄色いきゅうりを一本抱え、そこに立っていた。

「それは何？」と、もちろんキュウリであることはわかっていたけど、あいさつ代わりに尋ねた。

エディソンは私を見てため息をつき、こう言った。「黄色いけど、少なくとも種まきに使える。毎日一本か二本手に入る。でも昔はこんなではなかった。キュウリとさや豆のつるがあちこちにあった。近くに大きな菜園もあった」彼の声は低く、この土地特有の母音を引き延ばした――私がここを離れたあとで懐かしく思うことになる――話し方だった。私は手を差し出し、自己紹介した。「あんたが誰だか、知ってるよ」と彼は答えた。彼の青い目が探るように私の目を見た。エディソンの作業台の前に留められた、四つのプラスチックの風車が音を立てた。

私たちはエディソンの家を取り囲む背の高い草を通り抜け、手製の祭壇に向かった。祭壇は四段になっていて、上の段にいくにしたがって幅が狭くなっている。材料は拾った材木で、台の上にはありとあらゆるものが置かれていた。アンティークの炭酸飲料の瓶。牡蠣《かき》の殻、釣り用の浮き、錆びたカニ捕りケージ、そしてマルディグラ用の色あせたビーズの首飾りがいくつか。みごとなピラミッドの頂上には、鴨の形をした狩猟用のおとりが二つ鎮座し、厳かにねじで留められている。私はサイモン・ロディア〔一八七九年生まれ、イタリア出身だが米国カリフォルニア州で活動したアーティスト〕が製作したワッツ・タワーを思い出した。普通ゴミとみなされるものに意味を与える、夢のような、恭しい、突き出した円すい。「俺は牡蠣《かき》を養殖していた。バイユーではいつも変なものが引っかかった。何かいいものを見つけると家に持って帰りここに加えたんだ」とエディソンは言う。白髪まじりの彼の髪が風に吹かれて乱れる。「それも四〇年前の話さ」

その頃、島にはもっと多くの人がいた。男たちが祭壇に集まり、ビールを飲み、その日の収穫について話した。教会と安物雑貨店を兼ねたアントワーヌ・ネイキンのダンスホールまで出向き、地元のザイデコ・バンドを聞くこともあった。「人がいなくなった時、俺は気も狂わんばかりだった」と、祭壇からものを取りながらエディソンは言った。その一つ一つが思い出をよみがえらせるのだろう、と私は想像した。「わかるだろ、島に多くの人がいれば、それだけ島も大きくなるんだ」

私は濃密な空気の中に、彼のことばが漂うままにしておいた。それが非論理的であることを私はわかっていた。人々に島を大きくすることはできない。事実、島が小さくなっているから人々は出ていっているのである。しかしエディソンの言うことには真実が含まれていた。一ヶ月にわたり島民の話を聞いたあと、私はコミュニティをある種の有機体として考えるようになっていた。より多くの人間がいれば、この有機体はよりしっかりと自己を組織し、再構成することができる。島にもっと多くの人がいれば、嵐のあとの復旧は早くなる。島にもっと多くの人がいれば、ガスの供給ラインは修復される。島にもっと多くの人がいれば、必要なものを買うためにこんなに遠くまで運転する必要はなくなる。

エディソンの父親は、九一年の全生涯を通じてジャン・チャールズ島に住んだという。彼の父親の父親も、全生涯をここで過ごした。「俺たちはとても長い時間ここにいるんだ」と彼は言った。「昔はあそこの小さな入り江で、一晩に一八〇キロのエビが獲れた。今でも食べる分には十分な量が獲れるけど、それ以上になることはない」それから彼は、冷蔵庫から五ガロンのバケツを取り出した。バケツの底ではエビが五〇匹ほど身をくねらせていた。大きな白いエビが二匹。残りは茶色だった。全部で九〇〇グラム。それはかつて好漁な日にエディソンが一日で獲った量の二〇〇分の一の量であり、今後それを超えることはまずない。

祭壇を離れる時、エディソンは重なりあった牡蠣の殻でできた照明を私に手渡してくれた。「牡蠣が一匹死ぬと、次の牡蠣がその殻の上に付着し、さらにその次の牡蠣がその上に付着する。俺？　俺はここで、この島で死ぬつもりだ」私は貝殻を返そうとしたが彼は拒否した。「持って帰りな」と彼は言った。「記念だよ」

私は貝殻の内側の輝きを親指でなでた。かつてそこには牡蠣のお腹が密着していた。それは大地がエディソンに与えた贈り物だったが、今日彼はそれを人手に渡すことを決意したのだった。

エディソンはアルバートの移住戦略に反対していた。島民全員がその戦略に賛成したら、最高額で入札する者に売り飛ばされてしまう、と恐れているのだ。この考え方は理性を欠いたものだと思われるかもしれない。しかし、それは米大陸各地で五〇〇年にわたって西洋人が繰り返してきた、先住民コミュニティに対する数々の悪行からいくぶんか着想を得たものだ。それは同時に、米国各地の沿岸に位置する脆いコミュニティに接する際にしばしば遭遇する感情でもある。もっとも持たざる者が、自身のごくわずかな取り分を放棄することに対してもっとも抵抗する。他人が自分たちの犠牲から利益を生む場合にはなおさらだ。

私たちは葦の茎が生い茂る中を通り抜けて家に向かい、残骸と化したエディソンの菜園の前で立ち止まった。地面に直接植える代わりに、近所の空き家から回収したバスタブを使用していた。プラスチックのバリアが海水から根を守るのである。そこにはカンタロープメロンが三つ、黄色いキュウリが五本あった。その手前ではハリケーン・アンドリューで失われたものに代えてエディソンが植えた、柿の木が二本、風に揺れていた。

柿の木の長い枝には、今にも落ちそうな丸い果実がなっていた。熟した野菜の匂いと、まもなく降りそうな雨で、空気は重い。「一本一本の木が、嵐の時にすぐれた防御となるんだ。それにこの実はとてもうまい」とエディソンは言い、枝から一つむしって私に手渡した。私はイーユン・リーの「柿《パーシモン》」という詩を思い出し、最初の数行を暗唱した。エディソンはくすくす笑った。

食べ方：
ナイフはしまい、新聞紙を広げる
果肉が裂けないように、そっと皮をむく[*25]

私たちは一緒にエディソンの作業台まで戻った。私は手を丸めて柿を持った。その密度をしっかりと感じるために持ち上げ、また下ろした。輝く球体には太陽と、島の頑丈な脊柱に沿って蛇行しながらまだわずかに流れている淡水がつまっている。私は自分の顔の高さまで柿を持ち上げ、深呼吸して、大地が自己を与えて作った麝香《じゃこう》のような甘い匂いを嗅いだ。皮に爪を突っ込む前に、食べるべきではないのでは、とためらった。柿の実はごくわずかであり、私が両手に抱えているそれは、エディソンがここにとどまる上で小さくない役割を担っている。しかし柿を食べないのも失礼だ。私は一口かじった。すると分厚い果肉が私の顎を伝って流れた。官能的で、不思議な味わいがあった。それは私がこれまで知らなかった味である。そしてこの瞬間、私はエディソンと他の人が、ここを立ち去らない理由を知ったと思ったのだ。

感謝について*1

ローラ・シューワル
メイン州、スモールポイント

ハリケーン・ビルが襲来した日、私は自宅のオフィスで仕事をしていました。それは八月の暑い日のことでした。空は雲一つなく晴れ渡り、辺りはしんと静まり返っていました。けれども巨大な波の音が私の耳に届いたのです。デスクから窓の外に広がる沼を見上げると、砂丘の反対側に、巨大な波が打ち寄せてくるのが見えました。一二時間の潮汐周期と重なって、急に増えた大量の水が、ものすごい速さで沼に押し寄せてきていたんです。私は姉のところに駆けつけました。姉とその夫は屋根の上で、沼にいくつかできた巨大な渦の写真を撮っていたところでした。その光景にはある種魔術的な魅力があったので、私はその中に飛び込んでみました。でも、すぐに怖くなりました。泳いでいる時に恐怖を覚えたのはその時が初めてのことです。この水は不吉だ……そう思ったことを覚えています。

私は家に戻ると、カヤックを出して沼まで漕ぎ出しました。辺りは何もかもがすっかり水で覆われ、沼はまるで一枚の巨大で頑丈な鏡のようでした。草が数センチメートルだけ水から突き出している場所を通過した時のことをよく覚えています。草は先っぽ以外は水没していたから、先端は虫でいっぱいでした。虫たちは、私のカヤックに向かって飛び移ろうとしました。その時私は初めて気づいたのです。この沼には、海面上昇に準備できていない生命がものすごくたくさんいることに。それまで私は虫のことなんて考えたことがなかった。虫たちはどこに行くんだろう……。

そのあと、私は恐怖に駆られました。自分の家の前にある沼が今後どうなるかわからない、と率直に認めることになるだろう、と思っていました。この小さな半島に巨大な波が押し寄せ、私の家の窓から入りこんでくるかどうか、私にはわからないのです。沼が海面の上昇についていくことができるかどうか、私にはわからないんです。本当のことを言えば、それはずっと先のことだと思っています。でも後に私の家を買う人が、一〜二世代先のことだと言えるかどうかというと、それはわかりません。この辺に建っている家が、世代的な時間軸で考えられているのは、そういうことなんです。だから、私にとって差し迫った不安は、この家を売ることで手に入れるつもりでいた老後の資金があてにできなくなることです。私にはどうなるかわかりません。気候科学に不確実性なんてないけれど、何をするかについては不確実性だらけですからね。

沼にまるで真新しいプールみたいな水たまりができるのを見ました。大地が侵食されるのも見ました。あそこの端の右側では、二〇〇四年以降三・三メートルが失われました。私のことを現実から目を逸らしていると非難する人もいます。でも私個人の内面についてそんな風に言うのは、まったく無益で不正確なことだと思います。これは選択なんです。私は今六〇歳。私に残されている時間の間に、驚くべき変化を色々見ることができるかもしれません。いずれすべてが流されてなくなってしまうでしょうけど、そうなるまでここにいることができるかも。その頃、私が八五歳くらいになっているとしたら、ちょうどいいのかもしれない。私には子どもがいないから、何かを残す必要はないんです。ものすごく自己中心的な考え方だってことはよくわかっています。でも、だからといって現実から目を逸らしているわけではないんです。

こうした決断は色々な要因を考慮しないといけないから、込み入ったものになるんです。たとえば私の場合、ここに座って外を眺めるのが大好きだってことを考慮に入れなければいけません。これほど間近に、こうした変化を見ることができるなんて、とても恵まれています。それはもちろんとても恐ろしいことだけど、とても興味深いことでもある。すごい、としか言えません。地球上の生命がどれほどダイナミックであるかを観察するのは、どこか魔術的な魅力が、私の精神を躍動させるものがあるんです。動物が走り回る姿は誰でも思い描くことができるけど、植物が動くことは知られていませんよね？　たとえばあそこに茶色い草がたくさん生えているのが見えますか？　あの草は耐塩性があまり高くないから、以前は沼の中でも比較的低地に生えていたけど、洪水が頻繁に起こるようになってからは丘の上の方に移動したんです。そして空いた場所には別の草が、スパルティナ・アルテルニフロラが生えるようになりました。海は私の家の目の前に浸入してきています。そして私はそれを文字通り目撃しています。これは本当に驚嘆すべき出来事なんです。

でも、風が強い冬の夜には、金属製の屋根が吹き飛ばされ、細かく砕かれ、窓を突き破るのではないか、と怖くなることもあります。こうした恐怖が、私をスピリチュアルな作業に駆り立てるのです。個人的なレベルで不確実性と和解するために、現在をきちんと生きるために、感謝の念が浮かぶような生へと向かうために、私はスピリチュアリティを必要としているんです。

　最近、古いことばを思い出しました。デビッド・スタインドル＝ラスト神父をご存じですか？彼の仕事には、私が好きなテーマがあります。彼は、基本的に次のようなことを言っているんです。どんな時でもあらゆるものに感謝の気持ちを持つ、ということではない。そうではなく、感謝の可能性はいつも存在している、感謝の気持ちを抱くことができるような対象はつねに存在している、と。この考えを知って、私は不安に対処することができるようになりました。私の住む土地に感謝の念を抱くことは、時間さえあれば、そして仕事に忙殺されてさえいなければ、とても簡単なのです。昨年私は、あまりに多くの時間を不機嫌な状態で過ごしてしまいました。それは住んでいる場所とは関係のないことです。コンピューターやら仕事やらにかかりきりで、この場所のよさを理解する時間がなかったのです。けれどその大半はくだらないものでした。だから最近はこう感じるんです。ここにとどまるか否かを決定する前に、ただここにいるだけの時間が必要だ、と。私はこの沼のそばで暮らすことに大いなる感謝の念を抱きながら、この土地で溺死する老女の一人となるだろう、と感じているのです。

世界の終わりの沼[*1]

メイン州、フィップスバーグ

夏の盛り、メイン州が緑に覆われる短い季節。節くれだった松の老木が、スプレイグ川沼沢地の入り口を示している。でもこの老木からは、地軸の傾きや長い日照時間、あるいは気温の急上昇を示す様子はいっさい見られない。樹齢は約一〇〇年といったところだろうか……空っぽでむき出しの枝が伸びているだけだ。沿岸にあるあちこちの潮汐湿地の土手で私が目撃したように、木が根を張る大地に大量の海水が頻繁に染み込み、死をもたらしているのである。たった一本の木は、一見したところ取るに足らないものに思えるかもしれない。しかしその死は、サクラメント＝サンホワキン川デルタからメキシコ湾まで、沿岸のあらゆる潮汐湿地の崩壊というはるかに大きな変容の兆候なのである。

一九八〇年代、沼沢海岸沿いには広葉樹や松の木がよく育っていた。しかし今は違う。私が生きている間にこれほど多くのものがいなくなってしまったと信じるのは、いまだに難しい。こういった枯れ木をあまりにたくさん見てきたため、記念碑か何かなのでは、とさえ私は考えるようになった。クリスト&ジャンヌ＝クロード〔現代美術家の夫妻〕による巨大なインスタレーションが、ルイジアナ州のバイユーからメイン湾の僻地まで国中に広がっているのではないか、と。枯れ木たちは一緒に、海水が流入し始めた転換点を記念している。今海面は、過去三〇〇〇年よりも急速に上昇している。そしてさらに大きな変化が起きている。大地そのものが腐敗し始めているのだ。私はツタウルシが生い茂る一画を通り抜け、風化した花崗岩の露頭を踏み越え、沼にたどり着いたところだった。スプレイグ川の上流に足を踏み入れた時点で、ここが問題含みであることを理解した。麝香《じゃこう》のような、ほとんどイチゴのような腐敗臭が辺りに漂っていた。沼というものは多少なりとも臭うものだけど、ここは強烈だ。健康な沼の足元はしっかりしているが、ここはゼリーのようにぐらぐらしている。一歩進むごとに底からぶくぶくと泡がたつ。地下に閉じ込められ、溜まった硫黄が放出されるのだ。

スプレイグで私が会うことになっている研究者たちにとって、腐敗した沼の臭いはほとんどありふれたものだろう。しかし私には、この土地はほったらかしにされたコンポスト容器なのではないかと思えた。

私の理解では、腐敗とは野菜が行うものである。静物画のモデルになる果物は腐敗する。プラスチック製のリンゴや梨を描くことを好むアーティストがいるのはそのためである。壊疽《えそ》を起こすと四肢は腐敗する。しかし、大地が腐るという事態は、スプレイグに来るまで考えたことはなかった。そして大地が腐敗すると、貴重な中礫岩の加熱が加速される可能性がある、ということも。

＊

「私たちの腐った沼にようこそ」と、開口一番ベバリー・ジョンソンは言った。彼女はベイツ大学というこぢんまりしたリベラルアーツ・カレッジの地質学教授だ。同校は私が教えているところから四八キロメートル内陸に行ったところにある。

ベバリーはある種のハイブリッド言語を話す。科学的事実が半分と、ブロックパーティーでの会話のようなくだけた内容が半分。彼女の服装にも、ビジネスと遊びが同じように混じっていた。膝までであるウェーディングブーツに長めの黒いショーツを穿《は》き、エアブラシで山と登山者を描いた栗色のTシャツを着ていた。淡い青紫色のオスプレー社製のリュックには、替えの靴下と水筒が三本、防水加工された黄色いハードカバーの地質学現地調査用ノートが入っている。最新のものの背表紙には「Gulf of Maine（メイン湾）」の文字が黒インクで走り書きされていた。

ダナ・コーエン＝カプランとケイリーン・ガンは二人ともベバリーの学生で、沼の崩壊と温室効果ガス放出の関係についての卒業論文を準備していた。彼らも沼までベバリーに同行するという。ベイツ大学の学生と教員は、一九七七年からスプレイグ川および近辺で研究を行ってきた。しかし四〇年前、人々の関心はまったく違うものに向いていた。ベイツ＝モース山岳保存区域（Bates-Morse Mountain Conservation Area）について書かれた最初期の博士論文の一つは、ヤマアラシとこの動物が好む食べ物についての研究だったという。しかし現在この沿岸までやって来る人のほとんどは、人間の活動の結果、この地域がどのように、そしてなぜ変化しているかを研究している。前代未聞の地質学的変容が起きている私たちの時代には、科学的観察という行為そのものに緊迫感が漂うのだ。来たる数年間で、ジェイコブズ・ポイントやスプレイグといった場所の、すべてではないとしても一部は、水没する可能性が高い。私たちはその理由を知りたい。しかしそれにはまずデータが必要だ。この機会を逃すわけにはいかないのだ。

塩性沼沢が代表的ではあるけれど、マングローブやヒトモトススキの草原もその一つである沿岸湿地帯が、地球の陸地面積に占める割合はわずか五パーセントに過ぎない。しかし近年、こうした沿岸湿地帯が地球の土壌に存在する炭素の四分の一を貯蔵していることを科学者たちは発見した。[*2]

つまり、健康な沿岸湿地帯一エーカー〔約四〇四七平方メートル〕はアマゾン一エーカーよりもはるかに大量の空気を洗浄する、ということだ。[*3]「沿岸湿地帯は、高地にある森の一五倍の炭素を閉じ込める」とベバリーは私に言った。「でも、せき止められ、干拓され、排水路が作られ、水がはけてしまったら、こういった生態系はどれだけの効力をもつかしら？　私たちはそのことを知りたいの」

ダナはアクリル樹脂の箱と、防水のオーディオアンプのように見える約八万ドルもするという機械を大学から借りてきたバンの後部からおろす。「これはキャビティーリングダウン分析計というの」とジョアンナ・キャリーは言った。彼女はマサチューセッツ州にあるウッズホール海洋生物学研究所から、いわば機械と同じように貸し出されてここに来た生化学者である。「私たちは、沼が『吐き出す』二酸化炭素、メタン、水蒸気のレベルを測定するためにこれを使うの。そうすることで、すでに変化を被っている沿岸生態系の温室効果ガスの正味のバランスが、海面の高さがどのくらい上昇すると崩されることになるか、もっとよくわかるようになるわけ」沼がさらに不安定になると、根系の中および周囲に貯蔵されていた有機物が分解してしまう。すると沼がそれまでに閉じ込めていたガス、とりわけ二酸化炭素とメタンを空中に放出する可能性がある、ということだ。

ダナはこの奇妙な機械を一輪車に載せた。「ケイリーンと僕は、サイエンスボックスと呼んでいるんだ」と彼は言った。地球の気候、そしてそれを規定する地質は、時間をかけてゆっくり、じわじわ変化するものだとかつては考えられていた。あのウサギを負かしたカメの寓話のように。しかし、真実はその逆らしいことを、今の私たちは知っている。地球物理学的性質というものは、徐々に進化するのではない。異なる均衡の間を急に行き来するのである。氷河期の次はグリーンハウス。[*4]厚さ数百メートルの氷河に覆われていたマンハッタン島が八〇〇万人が住む都市に変わる。この二つの間の移行は多くの場合急速で、劇的と言っていい。彼らが使うサイエンスボックスのような機械は、物事がどれほど根本的かつ劇的に変わっているのかを追跡するのに役立つ。人間の活動が、地球を「グリーンハウスアース」から、それよりもさらに暑いもの、超自然的な状態へと陥れていく道筋を示すのだ。

サイエンスボックスはさまざまな種類の蒸気放出を秒毎に測定していく。これらの測定値から、ダナは一つの「フラックス（flux）」、つまり一平方メートルの沼から出てくるメタンと二酸化炭素の増加または減少の総量を示す画像を作成する。それから健康な場所で集められたフラックスと、すでに内部から腐り始めている場所のフラックスを比較する。そうすることで、海面上昇が潮汐湿地の温室効果ガスを閉じ込める能力にどれほどの影響を及ぼす可能性があるかを示す、別の画像を作るのである。

サイエンスボックスが四分で生成するデータの総量を人間が手作業で集めると、三六〇〇分かかる。ケイリーンはこの夏、直線距離でここから一六キロメートル北西に行ったところにある、「小指の先ほどの」潮汐湿地、ロング・マーシュで、まさにそれをやったのである。というのも、そこでは沼の奥地まで道が通っていないからだ。はっきり有意となる測定値を収集できる漸移地帯までたどり着くため、ケイリーンは沼の入り口近くにある排水路の脇に降りて進まなければならなかった。腰の高さまである草の中を進み、終点に着くまで小川や排水溝をまたいで行ったのである。初めから終わりまで移動するのに三三分かかったそうだ。目的地までサイエンスボックスを安全に運ぶことができなかったので、二五ミリリットルの注射器とExetainer®バイアル瓶を使った昔ながらの方法で測定値を収集した。携帯電話の計算機アプリをたたきながら、私たちのチームが今日収集するデータの一〇分の一を生成するのに数ヶ月かかった、とケイリーンは言った。

ケイリーンとダナは、健康な沼とそうでないものを分けるものが何であるか、そしてそれぞれが空中に放出する温室効果ガスの割合についての理解を深めるため、次年度のかなりの部分を費やすことになるだろう。それについてベバリーはこう述べた。「彼らは『今日の』炭素循環を記述する方程式を満たしているところなの」

その日の朝、私は州道二〇九号線を下り、霧が立ち込める半島を抜ける車中でナショナル・パブリック・ラジオが流す天気予報を聞いていた。地元のラジオパーソナリティはその日の天気をエンドウ豆のスープにたとえていた。真昼の気温は観測史上最高の暑さを記録するおそれがある、と彼は警告した。ケイリーンのことばに耳を傾けながら、今日がこの夏もっとも暑い一日となるだけでなく、少なくともこの若い研究者たちにとって、もっとも重要な日の一つとなることを私は理解することになった。歩くための準備をする間、ダナは麦わらのカウボーイハットを調節し、日に焼けて色あせたシスコ・ブルワーズのTシャツの裾を引っぱった。その後、スパルティナとブラックニードルラッシュの草原を見渡し、一輪車のハンドルに手をかけた。そしてさまざまな音が周囲に響き渡る中、午前中の光にとけこんでいった。今日の仕事は、一年もの時間をかけて準備した彼の卒業論文に素材を提供するだけにとどまらないかもしれない。沈みゆく潮汐湿地の生態系が、どのようにして現在進行中の沿岸の浸水に図らずも影響を与えているのか、明らかにするかもしれないのだ。

＊

人類史の大部分を通じ、私たちは地球上の生命の動的な性質についてほとんど何も知らなかった。

三〇〇年前には、かさぶたのようにできたり消えたりする、両極から押し出されるぶ厚い氷河で地球が周期的に覆われてきたことを、私たちは知らなかった。大陸がつねに移動していること、動物が絶滅することを、私たちは知らなかった。光は音よりも速く進むことを、バクテリアが病気の原因となることを、私たちは知らなかった。そして宇宙は神のことばによってではなく、ビッグバンで始まったことを、私たちは知らなかった。

一八世紀中頃の西洋人は、地球はキリスト生誕の四〇〇〇年くらい前に始まった、と考えていた。しかし現在のケンタッキー州にあたる場所で見つかった巨大なマストドンの臼歯など、現生人類にとって未知の種が生きていた証拠が発掘された。それはかつて数多《あまた》の別の世界が存在していた可能性を示唆したのだった。それまではまったく想像もつかなかった長い時間にわたって、複数の世界が繁栄し、消滅してきたのだ、と。地球の歴史は人間の歴史よりもはるかに長いかもしれない、という考えを認めた最初期の著作の一つは、今からおよそ一世紀半前に書かれたチャールズ・ライエルの『地質学原理』である。同書は、一九世紀前半に数十年がかりで行われた、ウィリアム・スミスとジェイムズ・ハットンの仕事を人口に膾炙《かいしゃ》させたのだった。その仕事とは、イングランドのデヴォンシャーにある赤い砂岩の崖から産出された、さまざまな化石動物の出現と消滅の比較だった。ジョン・マクフィーは『かつての世界の年代記（Annals of the Former World）』においてこう記している。「ある生き物は（……）突如現われ、急速に進化し、数を増やし、地理的な広がりをみせる。[*5] そして突然絶滅、あるいは衰退する。地質学者たちはそういった生き物を『示準化石』とし、分類して研究する」その目的は、地球の年齢をよりよく理解することだ。デヴォンシャーの地球科学者たちはこうした「示準化石」を、大変な思いをしながら一つ一つ比較し、その作業を通じて地質時代を異なる年代に区分し始めた。彼らの研究は、通念に抗ってこう示唆したのだ。地球は、四億年の大部分を通じて、小惑星帯のすぐ外側を旋回してきたのだ、と。
もちろん、地球の年齢についてのこの見積もりも正確ではなかった。前世紀の変わり目にアーサー・ホームズが放射性年代測定の先駆者となるまで、著しい差を伴うこうした大雑把な計算が改善されることはなかった。しかしその後道具は進歩し、私たちの惑星がおよそ四五億年前に生まれたことが明らかになる。けれども地質学者ではない私を含む多くの人々は、地質時代上のさまざまな事象について、しばしば数桁規模のとんでもない誤認をしでかしがちである。[*6]
四〇〇〇年、四億年、あるいは四五億年——どれも私たちは似たようなものとして受け止めてしまう。私たちは人間の寿命で思考しがちであり、その中であってさえ私たちの思考力は限られている。個人としての私たちの頭の中を占めているのは、私たちが知っている、そして知る可能性がある人々の生なのだ。祖父母、両親、子どもたち、そして運がよければ孫たち。次のことを私たちが認識するのがとんでもなく困難であるのは、まさにそのためである。約八〇億人の人間に食事、水、衣服、住まい、娯楽を与えようとする熱狂的な試みによって、それまでは天変地異によってのみ起きていたような速度で、地球物理学的組成を私たちはすっかり変えているのだ、と。たとえばそれは、六五〇〇万年前にメキシコ東部に墜落し、恐竜たちを絶滅させた巨大隕石などと同じペースなのだ、と。
近年、地球について議論する科学者や活動家は、地球の誕生から現在までを一年とした場合、[*7]人間の文明はアカフトオハチドリの羽ばたき程度のほんのわずかな時間であること、そしてそのわずかな時間で私たち人間がどれほど地球を変えてきたのかについて説明するようになってきた。元日に諸惑星が形成されるとすると、それから一週間のうちに巨大な物体が地球と衝突し、月が宇宙空間に飛びだす。最初の単細胞生物が出現するのは七月下旬だ。八月に入るとサンゴが海底に広がり、一〇月下旬に多細胞生物が現れる。一一月末の感謝祭が近づくと植物が陸上に進出し始める。一二月一日になると両生類と昆虫が出現し、一二日に出現した恐竜は二六日に絶滅する。最初のヒト科が現れるのは大晦日の夕方だ。深夜〇時の一〇分前にヨーロッパでネアンデルタール人が現れ、時計の針が一二時を指す一分前に農耕が始まる。その直後に文字を使うようになり、ローマ帝国の盛衰にかかる時間はわずか五秒程度だ。一一時五九分五八秒の時点で産業革命に突入し、一年が終わる半秒前に石油時代が始まる。この一瞬で、人間は地質時代上の一つの「世（epoch）」を終わらせようとしているのである。

完新世が終わり、人新世（Anthoropocene）（あるいは環境史家ジェイソン・W・ムーアが提唱する呼び方だと、資本世［Capitalocene］）が始まる。一部の人間による絶対的かつ完全な支配と、終わりなき資源の蓄積によって定められる地質時代の始まり。このほんの一瞬で私たちは地球の血管を開き、できる限り多くのエネルギーを掘り起こし、さまざまな副産物を空中に送りこみ、通常よりも二〇倍の速さで大気温度上昇を引き起こしているのだ。極氷冠が溶け、海水の温度が上がり、沿岸が形を変えているのは、私たちのせいである。これまで知られている全宇宙の中でただ一つの生命の住処である、厚さ一九キロメートルの地球の薄片、[*8]生物圏の組成そのものを私たちは変えている。「数を増やし」、「地理的な広がりをみせる」のは「示準化石」となった生き物だけではない。人間が地球にどれほどの影響を与えているかについて述べる一つの方法でもある。人間はまもなく「示準化石」になるかも、と最近私は考えている。

＊

地球の海面は、一八八〇年に記録を開始して以来約〇・二三メートル上昇した。[*9]この速さで上昇を続ければ、今世紀終わりまでに現在から約〇・一三メートル高くなるだろう。しかし科学者の多くは、二一〇〇年までに〇・六メートルから二・一三メートルの海面上昇がみられるだろう、と推定している。そしてその推定は毎年高くなっている。前世紀の変わり目から一九九〇年までの間に、海面は平均して年に一ミリメートルから一・二ミリメートル上昇した。[*10]その後上昇の速度自体が急速に上がった。この四半世紀の間に年間で四ミリメートル上昇し、気候変動の他のシグナル同様、鈍化の兆候はほとんどみられない。

上昇速度が加速し続ける中、フィップスバーグのような潮汐湿地は水没し、腐り始めている。健康な沼にドリルで穴をあけると、リゾーム状の地下茎と鉄分含有量の多い黒い堆積物にすぐに出くわす。[*11]こうした堆積物は多くの沼を一つに固める役割を担っていて、極めて高密度であるために酸素を含まない。部分的にはその酸素欠乏環境が、沼をすぐれた炭素シンクにしているわけだ。ここに蓄積される有機物は空気に触れることがないため、何であれとてもゆっくりと分解される。しかし沼に入り込んだ塩水が排水されないと、沼草のリゾームは退避するかその場で腐敗する。[*12]

ルイジアナ州南端やジャン・チャールズ島といった場所は、すでにこの移行プロセスを経験してしまった。エバーグレーズ〔フロリダ半島南部の湿地帯〕のかなりの部分など他の場所では、崩壊の兆候が今まさに見え始めているところだ。こうした沼に塩水が溜まり、大気温度が上昇する原因の一つとなっている。しかしそれがどの程度で、どのくらいの速度であるかはまだよくわかっていない。なぜかといえば、一つにはそれぞれの土地に固有性があるからだ。まず土地ごとに、異なる速度で呼吸する、異なる種類の植物相がある。またより一般的な理由として、そうした沼地が長い間見過ごされてきた、ということも挙げられる。西洋史を通じて、潮汐湿地は沼ヘビやその他怪物の棲処、およびマラリアやその他疾病や死の、じめじめ、ぬるぬるした源泉とみなされてきた。ここメイン湾で行われている研究が非常に重要であるのはそのためなのである。

スプレイグ川にある排水溝は、一九三〇年代に資源保存市民部隊（Civilian Conservation Corps）が掘ったものと思われている。その溝を「ふさぐ（plug）」ことを決定した時、合衆国魚類野生生物局（The US Fish and Wildlife Service）は沼の腐敗と気候の関係を理解していなかった。[*13] このような運命をたどったのはスプレイグ川沼沢地だけではない。大恐慌に続く一〇年間が終わるまで、ニューイングランドの塩沼の九〇パーセント以上に格子状の溝が掘られたのだ。[*14] そのほとんどが、沿岸コミュニティに生息する蚊の個体数を減らす試みであった。東海岸のあちこちでシャベルを手にした労働者たちが、水が溜まりがちな場所を掘って水をはけさせたのだった。

資源保存市民部隊は、排水溝が生態系全体の水循環を変容させる可能性を気にしていなかった。[*15] 実際、蚊の幼虫が孵化する貯留水は大幅に減少した。[*16] しかしそれに加えて数百におよぶその他の種も一緒にいなくなってしまったのだ。トンボやミズスマシ、マミチョグやトウゴロイワシ、ハマヒメドリ、ダイサギや白朱鷺《シロトキ》。そういうわけで、魚類野生生物局は溝を塞ぐことを一〇年前に決定したのである。役人たちはすでに変化した水循環システムに介入することで、沼が平衡状態を取り戻すことができるかもしれない、と考えた。それによってミズスマシや渉禽類《しょうきん》たちの生育環境を復活させることができるかもしれない、と。しかし人間が介入したある層の上に別の介入を持ってくることは、スプレイグ川を元の姿からますます遠ざけることでしかなかったのである。

溝塞ぎ栓（dirch plug）とは、縦一・二メートル、横二・四メートルのベニヤ板で溝と沼をつなぐ部分を遮るという、きわめて単純な発想である。沼に溜まり水の機能を再度与え、潮が人工水路に流れないようにすることが意図されている。しかし溝塞ぎ栓は、水の流れを遮ることに長け過ぎていた。高台からくる淡水は沼に浸透し、そのまま海に流れていかない。そして例外的な満潮や高潮が来ると、バリアを突破した塩水もその場にとどまり続けた。その結果、溝塞ぎ栓よりも高いところにあるあらゆるものが、永久に塩分濃度の高い水に浸かるままとなったのだ。さらに水が蒸発すると、塩分濃度は高くなっていく。するとこの環境に慣れていない沼草のリゾームは分解し始め、その周囲の地面は崩壊する。そして長い間堆積物に蓄積されてきた温室効果ガスが大気中に放出される。少なくとも、こういうことが起きている、と科学者たちは疑っているのだ。

「魚類野生生物局は本当に余計なことをしてくれた」汽水で膨らんだ溝塞ぎ栓のすぐ後ろで、水路をまたいだままベバリーは言った。「今では彼らもそのことを知っているけどね」彼女の前にあるベニヤ板のへりは、卵の黄身のような黄色とくすんだ緑色になっていて、真ん中は曲がっていた。

後日、私はグーグルに「what rots（何が腐る）」とタイプした。グーグルは私の質問を完成させるため、いくつかの提案を表示した。「歯を腐らせるのは何か」「人間が死ぬと最初に何が腐るか」「何がすぐに腐るか」[*17]。私は酸によって歯が腐ることを知った。人間の身体で最初に腐るのは、肝臓にある細胞膜である。保存方法が不適切だとじゃがいもはすぐに腐る。そしてじゃがいもが腐るとひどい臭いがすることは、グーグルに教えてもらうまでもない。

しかし、グーグルは「沼を腐らせるのは何か」というセンテンスをサジェストしない。私見によれば、検索エンジンのミスリードは、これが初めてのことではない。一部には数百、数千万のユーザーの習慣が、自動補完のリストに影響を与えるからだ。沼が世界最大の炭素シンクであるなら、そして腐敗によって沼から大量の炭素が放出されるならば、何が沼を腐らせるか、私たちは知りたいはずだ。そしておそらくより重要なことに、すでにここまで来ている未来に備えるため、何かできることがあるならば、私たちはそれを知りたいはずなのだ。

溝塞ぎ栓の上流にある、かつてはローム質だった地面を覆う白いヘドロを見渡し、私は次のことを理解した。スプレイグ川で今起きていることは、ごく常識的に考えて、今後も海面上昇が続く以上、世界中の数多くの沼にこれから起こることである。潮汐湿地とその固有種が溺れていく夢、沿岸が縮小する夢、大量の人口が移動する夢……熱病に浮かされたようなそうした夢を、私は再び細部まで鮮明に見るようになった。夢は私を沼底に引きずり込む。腐ったスパルティナが生い茂る、チョコレートプディングのように揺れる不安定な沼。腐敗していくスプレイグの中心で、地球の変容に衝撃を受けて私は立ち尽くす。

私に見えるようになったのは、大量の紙吹雪のように海岸に散らかった枯れ木や、手に握った腐りつつある草にとどまらなくなってきていた。私は将来の海岸線のおぼろげな姿を理解し始めている。かつて潮汐湿地であったあらゆる場所は開水域となる。ベン・ストラウスのことばが再び私の頭の中でこだまする。「起こるかどうかではなく、いつそうなるかの問題である」

＊

「歴史を通して、健康な沼は海面の高さのおだやかな変化に対応してきた。[*18] でも溝が掘られ、それから塞がれ、潮汐作用が制限されるといった変化にどう対応するかは、別問題なの」とケイリーンは言った。シルバーで作られた小さなヤモリのピアスが日の光を受け、彼女の耳元できらめいた。「そしてそれは重要なの。なぜなら、ここカスコ湾にある一三一の沼だけで見ても、すでに一二八が変化を被っているから」

「スプレイグ川全体では一二の溝塞ぎ栓があって……」とベバリーが口をはさんだ。「東海岸全体では、その数は数百におよぶ」

全米科学アカデミーが発表した最近の研究は、こう予測している。気温上昇によって沿岸湿地帯の変化が続けば、空中に放出されるメタンの量は増加するだろう、と。しかし、湿地帯を不安定な状態にしている要因は、その湿地帯の標高や海抜だけでなくより複雑なものなのかもしれない。キンブラ・カットリップは『スミソニアン』誌最新号でこう書いている。「湿地帯が吸収する炭素量、放出する量、土壌が蓄積する速さ（……）これらはすべて互いに結びついて、さまざまな形で関連づけられ影響を及ぼしあっている。絡み合ったロープの網の目の一つをひっぱると、一本のロープは緩むが別のロープはピンと張って、全体の形を変えるのだ」[*19] 沼の水循環に人間が介入し、この他とは違う地形の近く、あるいはそのただ中で溝を掘り、溝を塞ぎ、排水し、堤防を築き、開発するということは、沼を一つにまとめているロープを引っぱる、あるいは断ち切ることに等しい。

だから、潮汐流を制限する排水溝を広げ、（溝塞ぎ栓や道路といった）人工のインフラを取り除き、長きにわたり沼に堆積物を注ぎこんできた川を再び沼につなげば、短期的にはこの重要な生態系が海面上昇に対応していく可能性は高い。しかし海面上昇の速度は年々加速しているので、潮汐湿地は何よりも先に移動できる空間を必要とするはずだ。そしてほとんどの人が認めたがらないけど、空間の提供が何を意味するかというと、海辺に築かれた人間のコミュニティのいくつかを移住させる、ということなのである。

曲がったベニヤ板のすぐ下流にある、あらかじめ選ばれた健康な湿地植物の生息箇所に、ダナはプレキシガラスチャンバーを下ろした。ジョアンナは二つの牛乳ケースの上にサイエンスボックスを置く。彼女はキャビティーリングダウン分析計を使って、ニューイングランド中の正味フラックスを計算することに昨年のほとんどの時間を費やしていた。ジョアンナはチューブをサイエンスボックスに差し込んでチャンバーと接続した。スイッチを押すと、サイエンスボックスはブーンと音を立てた。すぐにデータが生成され、画面に次々と表示される数値を見ようとみんなが集まってきた。

「今のところメタンの放出は一切見られない。私たちが望んでいた通りよ」とベバリーが言った。地球上でもっとも強力な温室効果ガスの一つであるメタン分子は一〇年のスパンにわたって、二酸化炭素分子の八六倍の速さで大気温度を上昇させる。[*20]「二酸化炭素も減少している。植物の光合成のおかげで」と彼女は加えた。要は、健康な沼は温室効果ガスの隔離・貯蔵にすぐれている、という既知の事柄を再確認したのであった。溝塞ぎ栓の下流で集められたデータは、他の測定値を対照させる統制群として使われる。大量の健康なスパルティナから基準値となるような数字を取り出すのにかかった時間は、わずか数分だった。

その後、地面が安定し、草が生い茂っている三ヶ所で標本抽出したのち、溝塞ぎ栓から六〇メートルかそこら上流に戻ったところにある野外観察所に移った。足を踏み出すとブーツのまわりでチューチュー、ピチャピチャと音を立て、私たちが歩を進める先から崩れていく。

「僕の卒論の別名は、『沼のおならの測定』となるかもね」と、茶色い浮き泡で覆われているとりわけ悪臭がきつい水たまりのそばで、バランスを保とうと慎重に歩みを進めながらダナが冗談を言う。

グループが四ヶ所目の試験地のために準備をする間、午前中の間ほとんど口を開かなかったやせ気味の研究技術者が、私の喉の下のくぼみを指してこう聞いた。「そのネックレスは何？」

私は一瞬混乱した。銀の鎖にぶら下がっている銀の六角形に私は手をのばし、つかんだ。もらってから外したことのないクリスマスプレゼントだった。「もらったものなの」と私は言った。「どうして気になるの？」

「ベンゼンの原子構造の略記に似ているからさ」そう言ったあと、研究技術者は無表情にこう加えた。「カリフォルニア州では発がん性物質に分類されているの、知ってる？」研究技術者は突然皮肉めいた、わけ知り顔の笑顔になった。そして一転、私の肩を手で叩きながら笑い出した。私は見過ごされがちな風景の中にさまざまな意味を見つけていくのと同じくらい、科学ギークたちのおしゃべりを好きになり始めていた。潮汐湿地に情熱を傾ける人々は、さまざまな場所に散らばった、特異な同じ部族《トライブ》のメンバーである。彼らは地元のショッピングモールにいるよりも、硫黄を含む泥に浸かっている方がくつろげるのだ。そして彼らのユーモアは次第に死を連想させるものへとなっていく。なぜなら、世界そのもの（the world）が終わるわけではないにしても、間違いなく一つの世界（one world）が終わっていくのを、この人たちは証言しているからだ。「泣くのを堪えるため、笑わなくちゃいけないんだ」と、エバーグレーズの地質学者はかつて私に言ったことがある。

　キャビティーリングダウン分析計がビーという音を立てた。サイエンスボックスのライン中に湿気が存在することを知らせる警告音だった。ベンゼン・マンは私に背を向け、調子の悪い機械の方を向く。クルーはホースを外し、つけ直す。しかし、それでも音はやまなかった。

「科学って……」と振り向いてベバリーが言った。「毎日が即興なのよ」

　ラインの中にたまっていた水が除去され、私たちが軽食を食べ終わる頃には、プレキシガラスチャンバーは沼草のまた違う場所に降ろされた。ここではざっと半分くらいが腐っている。しばらくの間世界は無音となり、色あせたコンピューター画面に向かってみんなが身を寄せた。最初の測定値はメタン一・五五ppm（百万分率）であり、その後一・六ppm、一・七ppmとなっていく。[*21] 科学者たちは全員小さく声をあげる。

「これはちょっと変ね」と、含み笑いをしながらベバリーは言った。「でもメタンが増えているのは、ある意味いいことよ。私たちの仮説が、少なくとも部分的には合っている、ということだから」

彼らが想定した通り、溝塞ぎ栓よりも上にある沼草の腐った箇所は、下流にある同じサイズのサンプル区画よりも、多くのメタンと二酸化炭素を空中に放出している。ベバリーと彼女の学生たちは次のような仮説を立てていた。沼に浸透し、今では溝塞ぎ栓によって閉じ込められてしまった水は、スプレイグ川が長い間溜めてきた有機物を分解し、メタン菌の活動を急速に活性化させているのではないか、と。そのあとには、ある種の発酵が続く。それは沼を内側から腐敗させるとともに、これまでに例のない速さでメタンと炭素を空中に放出する。数本のロープが引っ張られ、全体の形が変わる。

「溝塞ぎ栓の『破壊活動《モンキーレンチング》』という考えに、私は反対ではないの」とローラ・シューワルは言った。彼女は生態心理学者であり、ベイツ＝モース山岳保存区域の管理者で、お昼前に私たちに加わった。ローラが提唱しているのは、かつてエドワード・アビーが奨励した、西部の健康的な水循環パターンを復旧するための小規模なエコ防衛活動である。この種の局所的な介入は、海面上昇が脆弱な海岸の地形に与える脅威に対しては、それほど役に立たないかもしれない。しかしそれでも、救うに値する一つの世界を、一時的とはいえ保存することができる。溝塞ぎ栓の除去が正しい方向への第一歩であることは確かなのだ。つい最近まで塩沼は海面に合わせて上昇できていた。短期的とはいえそれを可能とするため、元々の水循環に戻るよう塩沼を宥《なだ》めすかすのである。

しかしこうした近過去の状況が、未来においても妥当性があるものなのかを考えることも重要である。現在海面はかつて予測されていたよりもずっと早く上昇している。現在コロンビア大学で教鞭を執っている、元NASAの科学者であるジェイムズ・ハンセンは、最近物議を醸す論文を発表した。[*22] 海面上昇の速度は来たる数年、指数関数的に加速していく、と彼は示唆したのである。今世紀終わりまでに世界の海は数メートル以上高くなるだろう、とまで予測していた。彼の論文通りに推移する場合、溝塞ぎ栓の破壊活動《モンキーレンチング》がスプレイグ川を救うことはないだろう。人工のインフラ、とりわけ高台の端に沿って走る道路を撤去すれば、移動のための空間を提供することはできる。それが次の世紀も沼を存在させる唯一のチャンスなのかもしれない。

ダナはサイエンスボックスの隣に立ち、携帯電話を使ってざっと計算した。「溝塞ぎ栓の上流では、下流よりもはるかに多くのメタンが放出されているみたいだ」

「メタンは」と、ベバリーが私に念を押す。「一般的にいって、二酸化炭素の三〇倍も効率よく熱を吸収する。そのため短命ではあるけれど〔メタンの大気寿命は一二年〕、世界でもっとも強力な温室効果ガスなの」

その瞬間、とてつもない疑念が破壊活動を志向するやけくそな気分にとって代わった。現在スプレイグ川で起きていることが、世界中の水が溜まった潮汐湿地でも起きているならば、私たちが沼の崩壊をさまざまな場所で目撃する可能性は高まる。しかしその可能性が高まるのは一つの要因のためか、あるいは一〇〇の要因のためか、それは誰にもわからない。なぜならこれまでにそのような出来事を、人間が記録したことはなかったからだ。

私たちが知っているのは次のことだ。空中に放出されるメタン分子の一つ一つが海と大気を温め、氷河と氷床の溶ける速度をあげ、それが海面上昇の速度を加速させる。それによって沼が海面上昇に適応し、移動しながらその環境を保持し続ける可能性は低下する。その一方で腐敗し、水没する可能性は高まる。そうして私たちは、スプレイグ川の外れでかすかに照らされた画面の上のメタンの測定値に戻る。一・五五ppm。それから一・六ppm、一・七ppm。また一つのフィードバックループが閉じ、拡大していくのだ。

＊

昼食を終えると、ローラと私はカヤックをして午後を過ごすことにしていたので、グループから外れた。スプレイグ川を挟んで沼を見渡すことのできる小高い丘の上にあるローラの家から、私たちは出発した。ローラの祖先はメイン湾周辺に定住した最初のヨーロッパ人だったという。しかし彼女自身は、アメリカ合衆国大陸部の反対側で育った。

「私の両親は、結婚したあと車で西に向かったの。海にぶつかるまで」深くオールを漕ぎ、スプレイグ川が湾に注ぐ場所の砕波を通り過ぎながら、彼女は言った。「こっちには身内が多すぎるからって」

私は一休みし、気流に乗って飛ぶアジサシの列をながめた。鳥たちは腰の高さの波から飛び立ち、螺《ら》旋《せん》状に飛翔し、急に方向を変えた。ビーチと沼に挟まれている砂丘には数羽の巣立ち前のフエチドリの姿が見える。スパルティナに代わって木が生えている場所では、鯨の背中のような灰色の花崗岩の一角に沿って、ヤニマツが曲がっている。

この光景は、私の愛読書だった『すばらしいとき』というロバート・マックロスキーによる児童書の冒頭数行を思い出させた。それはこのようなものだ。「ペノブスコット湾の水面に岩勝ちのみぎわをみせる小島のつらなりの上で、みてごらん、世界のときがゆきすぎるのがみえるから。一分一分、一時間一時間、一日一日、季節から季節へと」[*23]（訳：渡辺茂男）私が幼かった頃、ここから数百キロメートル北に行ったところにあるマウント・デザート島の人気の少ない場所で、家族とよくキャンプをした。今日、こうしてこの「岩勝ちのみぎわ」に戻ってみると、どこか私の人生が繰り返されているような、以前起こったことがまた起きているような、そんな気持ちが少しだけけした。けれども、午前中に沼で得られた暫定的調査結果について考えると、私が感じた親しみと心地よさは錯覚に過ぎないことに気づく。現在のメイン州は、私の子ども時代のメイン州ではない。

シューワル・ビーチ沖合の突起に沿って、私たちはカヤックを漕ぎ出していった。未開発の砂州としては、メイン州最大のものである。バス（Bath）市近くにあるシューワル林同様、ここの地名もローラの一家に由来しているそうだ。このあたりでは石を投げれば、シューワル家の遺産に関係する何かしらにあたる。世界各地の環境プロジェクトに数十年取り組んだあとで、ローラはメイン州に戻ってきた。そしてこの沼と周辺コミュニティの間の連絡係として活動を開始し、スプレイグ川で起こっている環境変化のニュースを、その変化の影響をまっさきに被る人々に伝えるようになったのである。

「フィップスバーグからスモールポイントまで、このあたりに住む人々は環境の変化に注意するようになってきた」と彼女は言う。「一つには、嵐の間に半島を通る道が冠水するようになったからね。『新しい環境』についての諮問委員会も発足し、私もメンバーになるよう依頼された。この委員会が何を達成できるかはよくわからないけど、少なくとも適切な問いを立てていることだけは確かだと思う。気候変動の緩和、沼の移動、地元の漁業への影響、保険、インフラといったことがテーマになっているの」私が海面上昇について書くようになってから出会った人々の中でも、ローラはまちがいなくもっとも博識で、熱心な市民の一人である。入手した情報や生きた経験のすべてを、気候変動を意識するレンズを通して分析し、巨大な変化と思えるものに異なる趣を与えるのである。

私たちは一緒に、大地に接する沼と開水域という、性質は異なれどつながっている二つの領域の間を進んだ。水はガラスのように澄んでいて、ところどころに流れる雲が映っていた。オールを漕ぐたびに海面には小さな波紋が広がり、そして消えていく。青い海と青い空が交わる水平線に向かってカヤックを進めていくにつれ、ロスコ〔ロシア生まれアメリカ人の抽象表現主義の画家〕の絵の中心に、あるいはあらゆる記憶の痕跡がぬぐい去られた風景に向かってまっすぐオールを漕いでいるような気分になってくる。湾内に射す太陽の光は、鐘の音のように私の視界を満たし、午前中に知った不安を一瞬だけ忘れさせてくれた。

海岸から一・六キロメートルほど離れた、海から露出した四つの花崗岩からなるヘロン（Heron）群島に着くのには三〇分ほどかかる。カヤックでここまで遠くに来るのは、ローラにとっても初めてのことだそうだ。島に近づくとローラは私に言った。その名に反し、ヘロン群島はサギ（heron）で知られているわけではない、と。六メートルほど進むと、右の海面からハイイロアザラシの鼻がゆっくりと出てきた。アザラシは私を見上げ、私はアザラシをまっすぐに見つめ返した。アザラシの呼吸は海面に触れ、放射状に広がる小さな波紋が私の目に入った。

この日は特別な一日だった。ヘロン群島で最大の二つの島の間にある、スクールバスほどの幅しかない狭い航路を私たちが通ると、赤茶がかった紫色の褐藻が船首の下で音を立てた。さまざまなもののはずれにある、もう一つの小さな世界を私は見下ろした。海藻がえび茶色の波をきらめかせ、岩ガニが数匹そのわきを急ぐ。長い間私とローラは一言も発しなかった。無言で海岸へ引き返す途中、半分ほど来たところでローラが海水に手を浸しながらつぶやいた。「これまで、こんなに温かく感じたことはなかったのに」

その時、魔法はとけた。私の手が彼女に続き、海面に映ったゆるやかに流れる雲をばらばらにした。私はメイン州の海岸で過ごした子ども時代の夏のことを思い出した。通常この湾の水はとても冷たく、私は一秒も浸かっていられなかったことを。今、心地よくうごめく自分の指を見下ろしながら、これもかつてと変わってしまったのだと気がついた。

近ごろ、通常よりもほんの少し温暖なだけで、私は吐き気をおぼえるようになっている。この新たな形式の気候不安神経症を、終末酔い（endsickness）と私は呼んでいる。乗り物酔いや船酔いと同じく、終末酔いも特有のめまいである。私の想像する「事象の地平《イベントホライズン》面」へと向かって、異常な方法で突き進む世界に生きることへの身体的反応なのだ。そしてこの日も、胃からぶくぶくとのぼってくる胃液の酸味と、この場で私が知った数々の観察結果が、喜びに満ちた午後の冒険を台無しにした。メイン湾が前よりも温暖化しているため[*24]、海底に棲むタラ、スケトウダラ、ヒラメは海岸から離れていく。メイン湾が前よりも温暖化しているため、数年におよびエビは禁漁となっている。メイン湾が前よりも温暖化しているため、植物プランクトンは消滅し、ミドリガニの個体数は激増し、ホヤが海底を覆っている。メイン湾が前よりも温暖化しているため、ロブスターはさらに深いところへ、冷たい水へと移動し、ロブスター漁師たちはこれまでよりも長い間家に帰れなくなっている。メイン湾が前よりも温暖化しているため、ここに住む誰もが、何もかもが、根本的に変化しているのである。

＊

シューワル・ビーチに戻ると、ローラと私は熱い砂の上に疲れた体を投げ出し、空をながめた。
「私たちは不確実性にもっと慣れないといけない」と、まるで私の心を読みとったかのようにローラは言った。

「災厄を生きた人々は、おそらく将来の見通しについてあまりよくわかっていなかったんじゃないかしら」と鼻息を荒くして私は応えた。「私たちには、いい方向へと導くことができるかも」

　三メートル先の波打ち際ではカモメがハマグリを掘り起こし、空に飛び立ったかと思うと砂利浜の上に貝を落とした。カモメは地面に降り、再び貝を拾い、そしてまた飛び立ち、貝を落とす。二度、三度、四度そして何度も。

「人類史上ほとんどの時代で、治安は保たれるはず、食糧は十分に確保できるはずだ……といった感覚は、現代の私たちの半分もなかったはず」とローラは言う。「私たちが持つ確実さの感覚は、それほどいいことではないのかもしれない。そのせいで感覚が鈍り、たった今目の前で起こっていることに気づけなくなっているのかもしれない」

　カモメが格闘した貝はついに割れた。ねばねばしたハマグリの体が濡れた砂の上で輝いていた。カモメは仲間を呼び、二羽は一緒にごちそうを食べる。たった今、一瞬のうちに起こったこのありふれた儀式の美しさに私は見とれた。そのあと私は海がどのようにして、沼のように、一個の巨大な炭素シンクとなるのかを考えた。海が二酸化炭素を吸収すると、酸性化し、ハマグリのような二枚貝が殻を作ることは難しくなる。[*25]

「カモメたちはどうなるの？」と私は聞いた。私は自分たちのランチを掘り起こす二羽の方を指す。

　ローラは指先で砂をなぞり、私の質問に答えなかった。その代わりに目を細めて太陽を見て、立ち上がり、こう言った。「戻る前に、少しボディサーフィンをしよう」

　そして私たちはボディサーフィンをして午後の残りの時間を目一杯楽しんだ。後々になって、真冬の真っ只中に「私は自分の時間を有効に使ってきただろうか？」「この国の最北東部に緑の植物が繁茂するわずか数ヶ月の時間を精一杯過ごしただろうか?」と疑問に思う時、思い出すのはこのひと時なのだ。私たちはアシカのように、これまでよりも温かくなった海の中で午後の間遊んだ。私たちが逆巻く波に体を預けている間、シューワル・ビーチの向こう側ではスプレイグ川沼沢地に塩水が浸透し、大地は内側から腐り続けていた。

＊

その日の夜、私はベッドに横たわり、宇宙の起源を説明するヒンドゥー教の寓話を思い出した。その寓話は、地球は四〇億年ごとに洪水に襲われ、バラバラに分解されてしまう、と伝えている。洪水が引くと、カメに姿を変えたビシュヌ神が戻ってくる。その背中には、攪拌棒《かくはん》として用いられるマンダラ山が置かれ、その周りを一匹の蛇が囲繞《いにょう》する。神々と悪魔は蛇の両端をそれぞれ摑み、引っ張り合う。すると棒が回転し、大海が攪拌され、不死の霊薬アムリタが出現する。そして大いなる地球のダンスが再び始まる。

そして、インドがイギリスの植民地だった頃、この寓話を曲解するエピソードがあったことも思い出す。そちらは原本において言及されていない設定を取り上げ、多くの場合、イギリス人男性とインド人の賢者の会話として描写される。

問い：背中に世界をのっけている巨大なカメは、何の上にのっているのかね?

答え：別のカメであります。

問い：ではそのカメは何にのっているのか?

答え：おやおや、だんなさま、そのあとにはずっとカメが続くのであります。

このやりとりは、ヒンドゥー教をからかうことはもちろんのこと、「無限後退」に依拠するあらゆる議論をからかっている。だけど私は、カメに続くカメが世界を支えている、という話に一抹の真実を見出したい、とずっと思ってきた。「ずっとカメが続く」の一節を耳にする時、私はためらいを覚えない。なぜなら人間は生命を作るために集まった原子以外の何ものでもないからだ。私たちが食べるもの、呼吸する空気、それらはみな同じ恵み《マナ》からできている。私はカモメとハマグリについて考え、ハマグリが殻を作れなくなったらカモメはどうなるのか、と疑問に思う。酸化した海でカメの背が溶けたら、マンダラ山と乳海はどうなるのだろう？　カメの背が溶けると、世界を洪水が襲い、最初からやり直しになるのかもしれない。これこそが私たちの目の前で、たった今起こっていることなのかもしれないのだ。

パルス

南フロリダ

一八九〇年に南フロリダの低湿地に居住していた人々は、わずか六〇〇〇人ほどだった。[*1] それ以降、フロリダ州の半分を占める湿地の多くで排水処理が進められ、[*2] ショッピングセンター街がセミノール族の野営地にとってかわり、人口は一〇〇〇倍に増えた。およそ同じ期間で黒人の学位取得者も、[*3] 旅客機のスピードも、[*4] 中東の炭素排出総量も、[*5] タイ全土の人口も[*6] 一〇〇〇倍になった。

二〇一六年のある晴れた日曜日の朝、六〇〇万人以上の人口を抱えるこの地で、約六〇人の地元住民がマイアミ大学コックス科学棟に集まった。地質学部長のハロルド・ワンレスが海面上昇について講演するのを聞くためだ。「温室効果ガスによって吸収される熱のうち、大気中に保存される熱の割合はわずか七パーセントに過ぎません」とハルは話し始めた。「残りの九三パーセントがどこにあるかご存じですか？」

アクアマリン色のビーズでできたブレスレットを着けた一〇代の若者は、眠気を払おうと目をこすり、頬杖をついた。私の後ろに座った男性は、ブリーフケースをあさって朝食のシリアルバーを探している。手を挙げてハルの質問に答える人は誰もいなかった。

「それは海の中です」とハルは続けた。「熱によって水温が上がると海水の体積が膨張し、海面が上昇する一因となります。しかしさらに重要なことは、氷河の急速な融解という、誰も望まない状況を生んでいるということなのです」

スパンコールのついた青緑色のトップスを着た女性は、ファイブスターのノートを開き、何かを書き始めた。彼女の後ろに座った男性は、チョバニ社のパッションフルーツ味のヨーグルトをスプーンいっぱいにすくい、小さな口へと運んだ。ハルの三人の息子たちは、すぐ後ろの列に座っている。一人はポニーテールで、もう一人はスーツ姿だった。そして三人目の息子はストリート系のグレーのスニーカーを履いた足を組んだり解いたりしていた。ポニーテールの息子は水のボトルを持ち込み、残りの二人はスターバックスのラテをすすっていた。人がまばらに座る講堂の最後尾では、金色のクマが刺繍されたトップスを着る年配の女性が行ったり来たりしていた。

不動産デベロッパーがハルを遮って質問した。

「誰か録音している人はいますか？」

「はい」

とカメラマンが咳をしながら答えた。

「それに」とハルは続ける。「私は少なくとも週に五回は同じことを話しています」

七〇代前半のハルは、海面上昇について四〇年以上研究を続けてきた人物だ。彼はバート・レイノルズ風の口髭をつまみ、トープ系のコーデュロイ・スーツの位置を整えてから、さらに続けた。

彼の頭上のスクリーンでは、マンハッタン島と同じぐらいの大きさの氷舌〔氷河が海に流れ込む際に発生する舌状に突き出た氷のシート〕が海に崩れ落ちていく様子が映されている。気候変動についてのドキュメンタリーからキャプチャーされたものだ。「グリーンランドや南極では、温暖化した海水がこのように作用しています。氷床のずっと下で、誰も予測し得なかった速さで、氷を崩壊させているのです。それはつまり、誰も予測していなかった速さで海面が上昇している、ということでもあります」

フロリダ州選出の新人上院議員マルコ・ルビオによると、海面上昇には不明な点が多く、人間の活動との関連性は低いということだ。[*7] しかし、気候変動に関する政府間パネル（IPCC）は今世紀末までに約〇・六メートルの海面上昇を予測している。[*8] 国連の予測では〇・九一メートルだ。[*9] 米国海洋大気庁による、最大で二メートルという予測もある。[*10]

現在南フロリダに住んでいる六〇〇万の人々を、二つのグループに分けてみよう。現在の満潮線を二メートル上昇させた高さよりも低いところに住んでいる人々と、それ以外の人々だ。するとその数はほぼ半々ぐらいになる。コインを投げて表と出るか、裏と出るか。もしあなたがこの地に住んでいるなら、あなたには祈ることしかできない。ここに根を下ろした時の自らの選択が、何らかの形で先を見据えたものでありますように、と。

しかしハルは、住んでいる土地が海抜二メートルだろうと、二〇メートルだろうと大した違いはない、と言う。なぜなら彼は、ジェイムズ・ハンセン同様、こういった予測はきわめて穏当に言ってものすごく低い見積もりである、と信じているからだ。「海面が上昇する速度は、現在七年ごとに二倍になっています。[*11] もしこのままネズミ講式に推移するとしたら、二〇九五年には六二メートルも海面が上昇することになります」と彼は言う。「今世紀末までにそこまで大量の海水が押し寄せることはないでしょう。ただし、四・五メートル程度は上昇する可能性があるということは、極めて真剣に受け止められるべきだろうと思います」

九時を少し回ったところだった。ハルの息子たちはラテをするのをやめ、私の後ろにいる海洋学者は手に持っていたエムアンドエムズを机の上に置いた。ハルの言うことが正しいとしたら、私が過去七二時間に目にしたあらゆるもの——ハルの左上方にかかっている元素周期表、軽食がたくさん載っているビュッフェ・カウンター、私が宿泊している海辺のホテルのスムージー・スタンド、ビーチパラソル、酸素バー、ジョニーロケッツ・ハンバーガー、貝殻ショップ、講堂とそこにある数百脚もの座っている人がほとんどいない青緑色の回転椅子――は、それほど遠くない未来に、すべて水の中に沈むのである。

＊

聖書の物語をほとんど覚えていない私でも、危機に瀕した自然界と人間社会を鮮やかに描いた、あの見事な黙示録的物語ならば覚えている。そう、ノアの洪水だ。けれどもあらためて読み直してみると、意外にも、最初から暴風雨や箱舟が登場するわけではなかった。まず、未曽有の人口増加とそれに対する神の蔑みが語られるのだ。それはこう始まる。「人が地のおもてにふえ始めて」この一節を読んで思い出すのは、フロリダ州南部の人口がわずか一二〇年間で六〇〇〇人から六〇〇万人まで膨れ上がったことだ。「主は人の悪が地にはびこり、すべてその心に思いはかることが、いつも悪い事ばかりであるのを見られた」同じ一二〇年間でエムアンドエムズ・チョコレート、チョバニ社のヨーグルト、グランデ・サイズのラテの消費量も爆発的に増え、目が眩むほど巨大なサプライチェーンと安価な労働力、そして生分解不可能なプラスチックが生まれた。「そこで神はノアに言われた。『わたしは、すべての人を絶やそうと決心した。彼らは地を暴虐で満たしたから、わたしは彼らを地とともに滅ぼそう』」そして世界には雨が降り出した。

そもそも神が存在するとして、わたしは復讐心に燃えた神がいるとは信じない。だから人類の罪を罰するために洪水が起こったとは考えない。私がもっとも興味を惹かれるのは、宗教的なフレームを取り除いた先でこの物語に起きたことなのだ。つまりノアの洪水とは、もっとも完全な形で記述された古代史上の環境変化だということだ。[*12] それは書きことばが生まれる以前、馬が家畜化される以前、エジプトでミイラが作られる以前、クレタ文明が勃興する以前の、遠い昔に起こった天変地異を理解しようという試みだ。語り手が、責任の所在をはっきりと人間に帰している出来事を。

＊

地質史を調べてみると、次のことがわかる。[*13] 過去に海面上昇が起こった時、緩やかに上昇したことはあまりなく、わずか三世紀で一五メートルといった具合に、多くが急激な上昇だった。[*14] こうした事象を科学者たちは「メルトウォーターパルス（Meltwater Pulse）」と呼んでいる。ほとんど聖書的ともいうべきスケールで起こったこうした海面上昇は、氷河の融解や氷河後退期の動きと直接関係しているからである。ハルが彼の頭上にあるスクリーンに流したドキュメンタリー映像は、まさにその出来事を映していた。

彼は、これまでに撮影された中で最大の氷山分離を見せてくれた。グリーンランドで撮影されたその映像は、マイアミ最大のビルと同じぐらいの大きさの氷塊が、ひっくり返りながら海に落ちていくところから始まった。続けて「マイアミにある」サウスイースト・フィナンシャルセンターと同じぐらいの氷塊が、青くひんやりとした底を見せながら移動する。生気に溢れ、滑らかで、奇妙なほど力強く流れていく。二つの氷塊の間には砕け散った水が溢れ、海面は激しく波打っていた。次にマーキス・レジデンスが砕け散り、ウェルズ・ファーゴ・センターが崩れ落ち、９００ビスケーン・ベイも消え去った。突如としてブリッケル地区とパークウエストの間にあるものすべてがなくなったのだ。

　映像が再生される。マイアミの半分もの大きさを持つヤコブハンセン氷河の一部が海の中に吸い込まれていくのを畏敬の念とともに眺めていると、ハルがこう言った。

「グリーンランドでは、現在とてつもない規模で氷塊が分離しているため、マグニチュード六から七の地震が発生しています[*15]」

　氷でできた都市が崩壊する中、ハルは続ける。

「一九九〇年代までは、目立った氷床融解はありませんでした。しかし現在、その量は毎年増加し、すべての予測を上回っています。融解水《メルトウォーター》によって大洋では『パルス』が起こるでしょう」

　パルスとは、医学的には心臓の鼓動によって静脈を流れる血液の脈拍のことであり、規則的なものだ。とても信頼でき、安定していて、変化しないため、パルスの不在は死とみなされる。健康な成人の安静時の心拍数は毎分六〇から一〇〇で、それは停止する瞬間まで続く。しかし、メルトウォーターパルスはそれとは正反対だ[*16]。異常《アノマリー》なものであり、一万五〇〇〇年にもおよぶ地球史において例外的な存在なのだ。

　スクリーンに映されたヤコブハンセン氷河は、一九〇〇年から二〇〇〇年の間に約一三キロメートル後退したが、二〇〇〇年から二〇一〇年の間でさらに一四・五キロメートル後退した。わずか一〇年間で、前世紀に失った以上の氷を失ったのだ。そして七〇分以上にわたって記録されたこの映像によると、約四・八キロメートルにも及ぶ分離面を持った氷河が、新たに一・六キロメートル後退したという。ハルは言う。

「今、現生人類の歴史上最大のメルトウォーターパルスが始まっていると私が信じるのは、このためなのです」

ハルの頭上に映されたグリーンランドの氷床が崩れ落ち、ビュッフェの軽食がなくなる頃には、地形学は机上の自然科学から、陽光の州《フロリダ》の寿命を決する唯一にして最重要なものへと変わった。

「彼の言っていることが半分でも本当なら」

隣の男性が私の方に身を乗り出して囁いた。

「フロリダが地図から消えようとしている、ということだ」

*

洪水の話がここまで進んだ時点で神は、ノアに指示を与え始める。主は言われる。「あなたは、いとすぎの木で箱舟を造り、箱舟の中にへやを設け、アスファルトでそのうちそとを塗りなさい」[*17]
その晩、コーネル大学の客員建築批評家、スザンヌ・ラッティエーリが私に電話をかけてきた。私が青緑色のスツールに腰掛け、海水みたいな色のデスクでハルの講演の文字起こしをしている時だった。スザンヌは海面上昇が建築に与える影響を研究している、と私に言った。私はマイアミに滞在したことがあるか、と彼女に訊いた。
「まだ長期滞在したことはない」と彼女は答えた。「でもこの夏に滞在しようかと思って」スザンヌは、スタテンアイランドのオークウッドビーチで子ども時代を過ごしたことを打ち明けた。私は当地のコミュニティについて書いたことがあった。「それで私はあなたを知ったの」とスザンヌは言う。「あなたの記事を読んだから」彼女は海面上昇の影響を直に見ている。ハリケーン・サンディがオークウッドのほとんどを破壊し尽くした時、多くの住民はもう戻らない、と心に決めた。戻るかわりに、退避を選んだのだ。ブルドーザーが自宅の残骸を一掃するのを見届けること、立ち去ることを選択したのである。スザンヌの両親もそうしたのだった。

東海岸をロードトリップした際に彼女と夫が撮った写真を、最新の論考で使った、とスザンヌは述べた。「ちょっと待って、今すぐ送るから」と彼女は言う。「ちょっと待って（Hold on）」と聞いた時、窓の外の世界を見つめながら私はこう思った。「何を？（To what?）」またすぐに別の高層ビルとなる土台の上に、建設クレーンが張り出している向こう側には、マイアミビーチがきらめいている。そこには今年だけで、一五・三立方メートルもの砂がトラックで運ばれていた。[*18] 一世紀前、そのあたり一帯はマングローブ沼だった。[*19] しかし、カール・フィッシャーという億万長者が、そこをリゾート地に開発することを決めてからすべては変わった。インディアナで製造され、フロリダまで運ばれてきた「マチェーテ・プラウ」なる犂《すき》を使い、森林を伐採した。それからビスケーン湾底から土砂を浚渫《しゅんせつ》し、マングローブを切り倒した数万平方メートルもの土地に送り込んだ。これは初期の労働集約型埋め戻しである。同じプロセスによって、タイのラヨーン県ではイースタンシーボード工業団地の大部分が作られた。

私のメールの受信箱に、未読を示す太字の列が現れた。クリックしてスザンヌの論考を開くと、すぐにテクストに添えられた画像に引き込まれた。それは洪水リスクを避けるために地面から離され、嵩上げされている住宅の白黒のポートレートだった。その写真は、第二次世界大戦後のドイツを駆け回り、消えゆく産業建築物を写真に残したベルント・ベッヒャーとヒラ・ベッヒャー夫妻の作品を思い出させた。ベッヒャー夫妻は、給水塔、石油精製所、ガスタンク、貯蔵サイロなどを、シンプルに、曖昧さを排除して撮影した。そして写真を格子状に配列し、各種の産業建造物が持つ公的な性質を強調するタイポロジーを生み出した。彼らは同時代のものも過去のものも曇天日に撮影している。背景にあたる空白の部分を絶妙に使って画面が構成され、被写体となった建物に人間的な魅力が生まれている。それはあたかもパブリックな肖像写真を撮るために着席しているかのようですらある。ベッヒャー夫妻が私たちに示すのは過去の現存であり、かつて存在していたもの、まもなく失われるもののアーカイブだ。一方、スザンヌと彼女の夫が私たちに示すのは、未来の現存である。つまり、これから起こる、そしてすでに多くの土地で起きている洪水を提示しているのだ。

「こんな感じの家をルイジアナで見た」と私は彼女に言った。

「最近、すごく広まってきているの。ハリケーン・サンディとカトリーナのあとで、連邦緊急事態管理庁が洪水マップを作り直しているから」と彼女は答えた。「東海岸とメキシコ湾岸沿いでは、高洪水リスク区域が拡大しているの」保険料の急騰を避けるため、該当地域の戸建て住宅所有者たちは、初期費用の負担が可能であれば家を嵩上げするのだ。「ある地域では、洪水線が七・六メートルに新しく設定されることになった。だからその区域全体がぎこちなく地面から離れて、高床式になってそびえているの」

目を細めて見ると、それら持ち上がった建物は、小さなボートのように、白い海を漂う孤立した木製キャビンのように見える。窓は船窓のよう。柵は船べりみたい。想像上の風を受ける、屋根窓と切妻屋根を持つ帆船。箱舟の船団。およそ一世紀前、ルイジアナで人口が急増した際に皆伐されたサイプレスを建材にした家もある。海面が一・八メートル上昇すれば、建物がその場で漂うことになるのが想像できる。係留所につながれた船、停泊艦隊のように。

スザンヌは、組織的に管理されて撤退が行われている地域がフロリダにあるか知っているか、と訊いた。「二一世紀のゴーストタウン」と彼女が呼ぶものだ。「持ち上げるか（raise）、壊すか（raze）、選択肢は二つなの。家を支柱の上に嵩上げして、家の下を水が流れるようにする。あるいは建物を放棄して引っ越す」彼女はスタテンアイランドについて考えていた。「子どもの頃に過ごした家が破壊されるのを見るのは、ちょっとした経験だったわ」聞きながら、私は「経験」ということばの前に、「揺さぶられるような（unsettling）」という語を付け加えたくなった。人は自身の心象風景を通じて自分が何者で、どこから来たのかを知る。自らが育った地区の消滅は、それをどれほど攪乱するのか。そして、すでにすっかり底が抜けてしまったあとで、何かを揺さぶることができるものなのか、私は疑問に思った。

気づくと、私は受話器の向こうにいるスザンヌを慰めていた。嵩上げはオークウッドでは不可能だった、と私は言った。住宅がくっつき過ぎていて、嵐が支柱をなぎ倒したら、隣家にぶつかってしまっただろう。そして街路全体が倒壊してしまう。「ドミノみたいに」と私は言った。

「破壊や不在そのものを、建築の一形態として見ることは可能となるかしら？」電話を切る前に、スザンヌは静かに尋ねた。

その夜私は、それまで見たことのない、不思議な夢を見た。窓のないバスルームでシャワーを浴びていると、停電が起こる。原因は不明だ。だけどひどい嵐のせいだろう、と私は想像する。暗闇の中、ヒューズボックスまで手探りで進み、すべてのスイッチをオンにする。しかし電気は戻らない。ラップトップをバスルームに持っていき、スクリーンが放つ周辺光で私はシャワーを浴び続ける。シャワーを浴びている間に電気が戻ったら何が起こるか、私は心配する。電気の突然のパルスで、感電してしまうだろうか？

光は戻らず、私は電流に襲われるようなことはなかった。しかしコンピューターのスクリーンは徐々に暗くなり、シャワーは冷たくなっていく。窓のない壁の向こう側に広がる世界が、変わっていくのを私は感じた。しかしほとんど何も見えない状態で、その変化の度合いを知ることは難しかった……。

＊

一八五〇年、沼沢地法（Swamp Land Act）が議会を通過すると、連邦政府が所有する湿地を個人に売却する権利が州に与えられた。[*20] それによってもたらされた資金は、排水や堤防建設といった開発の費用にあてられた。そうすることで、これまで「農耕に不適切」であった土地を、農業生産性の高い農地のネットワークへと変えることが期待されたのである。狂ったような投機が始まり、国中の潮汐湿地および淡水湿地が形を変えていった。当時できたばかりのフロリダ州は、これによって他に類を見ない徹底的な変容を被ることになった。[*21] 同州では八万九〇三〇平方キロメートルもの沼（または州の全陸塊の五九パーセント）がデベロッパーの手に渡ったのである。

それから一世紀半で、南フロリダのサイプレスの群生、ススキの生える沼、マングローブ、泥炭湿原といった、あらゆる種類の湿地生態系に広がるこの地域固有の分水界は、元の半分まで減少した。スーザン・セルリアンは『エバーグレーズの書（The Book of the Everglades）』でこう書いている。「二五七五キロメートルにおよぶ運河、堤防、ポンプ場の建設はアメリカ合衆国でもっとも広域におよぶ治水プロジェクトだった。このプロジェクトが、豊かな水をたたえた原野を、より予測可能で、洪水の心配がない土地へと強引に変容させ、押さえつけたのである[*22]」ちょうど一世紀前、とある米陸軍将校は、この土地のことを「ジメジメしていて、高度が低く、とても暑く、健康に悪く、あらゆる点において不快[*23]」と呼んだ。その土地が排水され、柑橘類の栽培、観光、とりわけリタイア後の生活地といった、数十億ドルかそれ以上の規模の産業を生み出すトロピカルな楽園のような場所に改造されたのだ。[*24]

現存するフロリダの湿地は、その大半がマイアミ・デイド郡の西境に接しているが、現在は別の側から脅かされているという。海面が上昇すると、海水と淡水が混ざった水がこの脆い生態系の深部へと流れ込み、沼を内部から変容させる。もちろん、フロリダのエバーグレーズで見られるススキは、多くの沼草同様、ある程度の耐塩性を備えている。しかしそれには限界がある。その限界を超える塩分濃度に晒されると、土に張る根は減少する。そして微生物の活動が活性化し、植物の周囲の地面が沈下していくのだ。

「この現象の正式名は『泥炭崩壊（peat collapse）』といって、ここだけで起こっているわけではないの。ルイジアナや東海岸全域で起きているという証拠もある」とティファニー・トロクスラーは言っている。彼女は、このプロセスについての研究に資金援助している団体、国立科学財団の研究主任だ。「この実験を開始しようとしていた時、エバーグレーズ国立公園の泥炭湿地には、私たちが予測していたよりもはるかに多くの汽水があり、ずっと内陸まで到達していることを知ったの」

スザンヌ・ラッティエーリと電話で話した翌朝、私はフロリダを代表する国立公園の中心で、腰まで沼の泥に浸かって過ごした。ティファニーの研究チームに帯同したのだ。彼女のメンバーは、塩水をポンプで泥炭の試験区画に送り込み、塩分濃度の数値を記録しながら、根の束を観察していた。私たちがいたのはフロリダ湾から三二キロメートル内陸にいった場所で、泥炭崩壊が起きている最北端のすぐ奥だった。科学者たちは、荒廃する沼の正確な原因をより正確に理解するため、そのプロセスのシミュレーションを試みていたのだ。「現場の状況を見せようと、国立公園の副科学ディレクターを連れてきたこともあった。彼女がエバーグレーズで泥炭崩壊が起きている証拠を実際に目にしたのは、それが初めてだった。それまで、風景写真しか見たことがなかったの」とティファニーは言った。「車から降りて、沼に入っていったら、彼女は驚愕したわ。今でも彼女の声が耳に残っている。『何これ、いったい何が起きているの？』」

小学校二年生の時に私が科学展に出展した、フロリダの地形についての行き当たりばったりの研究は「どこまでたいらになれるか」という題だった。厚紙の上に明るい黄色の太陽を描き、手がきの地図とともに、自分の発見を説明した。その上に、私のお気に入りの擬似事実《ファクトイド》を並べたてた。「フロリダはアメリカがっしゅうこくで一ばんたいらな州です！」と、ぐらついた紫色の文字で書いた。「きょうフロリダにあたる部分は、むかしは海の中でした！」それから、「フロリダで一ばん高いところは海ばつ一〇五メートル。エンパイアステートビルディングの四ぶんの一の高さです！」とも。けれども私はこうは書かなかった。「グリーンランドでは、エンパイアステートビルディングの三倍の大きさの氷塊が海になだれ落ち、現在フロリダをゆっくりと水浸しにしています」なぜなら二五年前には氷山は分離しておらず、フロリダは水浸しになっていなかったからだ。私の出展作は入賞しなかった。佳作にすら入らなかった。当時、地形は退屈なものと思われたのだろう。熱帯雨林やら噴火するミニチュア火山のジオラマの隣に置かれてしまえばなおさらだ。

しかし今日、ひょっとしたら地形は、フロリダの極めて不安定な状況を生み出している唯一にして最大の要因かもしれない。南フロリダはあまりに平坦かつあまりに海抜すれすれである。過去一〇〇年間で海の高さが三センチメートル上がっただけで、海辺の人間のコミュニティだけでなく、この場所を棲処としてきた動植物もすでに甚大な影響を被っているのである。マングローブは移動し、この地域の特徴となっている広葉樹の小丘を構成しているジャマイカン・ドッグウッド、ユーゲニア、ピジョンプラム、ボタンノキといった多くの種が、茶色くなって枯れ始めている。淡水と汽水の混ざったものを好むこうした木々が水を得る帯水層で、塩分の量が増加しているからだ。

私は試験地をあとにし、州道九三三六号線を三二キロメートルほど車で下った。エバーグレーズに浸入し始めたフロリダ湾をじっくりと観察するためだ。一見したところ、まったく無害に思われる。退屈とさえ言える。コンクリート色の、ただの水の塊だ。私はキューバンサンドイッチを食べ、ピート・フレッツァに電話をかけた。彼は全米オーデュボン協会・地域支部の研究マネージャーだ。ピートの研究している生物種に海面上昇がどのような影響を与えているか尋ねると、間髪いれずにこう返ってきた。「フロリダ湾に浮かぶ島々には、以前は一〇〇〇を超えるベニヘラサギの巣があった。サンディ島、ターン島、フランク島といった島々は、まさにベニヘラサギのスポットだった」まるで秘密のサーフブレイクについて語るように彼は言った。「でも今では、ただの一つの巣も見つからない」

ベニヘラサギの捕食行動は特化している、とピートは言った。その点でベニヘラサギは他の渡り鳥と異なっている。たとえば青サギや白サギはさまざまな場所、さまざまな魚類生息密度において捕食を行う。けれどもこのひょろりとした、ピンク色の、食器のような形をした嘴を持つ岸辺に棲む鳥は、非常に高い魚類生息密度を必要とする。それはベニヘラサギが目を使わないためだ。その代わりに彼らは歩き回って、嘴を前後に揺らし、盲目的に魚を追いかけるのだ。

ベニヘラサギが自分たちに適した浅水域を見つけられなければ、食べることができなくなる。そして自分たちが食べられなければ、ひなに餌を与えることもできなくなる。「営巣の季節にヘラサギが必要とする水深は、わずか七から一〇センチメートルだ。どんなに深くても一二センチメートルを超えることはない。ベニヘラサギの採餌場の水深が深すぎれば、巣作りは上手くいかず、ひなは死んでしまう」とピートは言った。私のレンタカーから見えるグレーの湾は、それほど無害なものとは思えなくなった。「ベニヘラサギはとても困った状況に置かれている。彼らが必要とする環境、それはものすごく特殊な環境なんだけど、それがこのあたりから消滅しつつあるんだ。過去一〇年間でベニヘラサギは一羽残らず北へと、高台へと移動して巣作りするようになった。こうした想定外かつ前代未聞の変化を、われわれは目撃したんだ」

かつてはベニヘラサギを見かけたら、ホソアカメ、アカフエダイ、カワセミも見つかったものだった。大型の魚が食べるのと同じ小魚をベニヘラサギも餌にしているからだ。しかし南フロリダの湿地にわずか三センチの塩水が加わり、数十平方キロメートルにおよび沼の地形が大きく変わり、これらの鳥の採餌場がなくなり、広範囲におよぶ泥炭崩壊と誰の目にも明らかな広葉樹の死が引き起こされている。生態系の栄養構造全体で、微生物から巨型動物まであらゆる動物が影響を被っているのだ。

「ベニヘラサギがいなければ、カワセミも見つからない可能性が高い。私にとっても、それから島でガイドとして働いている仲間にとっても、これは重要な変化なんだ。デイブという友人がいるんだけど、彼は内陸への移動についてよく話している。収入がなくなり、その一方で住宅維持費と洪水保険料は増加し続けているからね。加えて、生活の足しにしていた魚までいなくなった。彼にとってここに留まることは、損の上塗りのような真似になりつつあるんだ」デイブは自分の生き方に危険が迫っていることを理解し始めたのだ。つねづね土地とその変化に注意を払ってきた彼は、こう考えるようになった。ここを離れる時が来たのかもしれない、と。

「つまりね、ベニヘラサギを見てごらん。彼らはどうやらフロリダ湾を見きったようだ。単純なことさ」そう言ってから彼は電話を切った。

＊

その週の金曜日、ホテルからコックス科学棟まで車を走らせながら、私は考えた。南極とグリーンランドの氷床に格納されている水がすべて流れ出したら、一体何が起きるだろう、と。スザンヌの写真に収まっている支柱は、大西洋が高さを増しても家を支えるかもしれない。けれどもやがて大西洋はドライブウェイ、刈り込まれた植木、階段、テラス、手すり、窓、切妻屋根よりも高くなる。最終的には、海の平坦なブルーの下に家は消える。その下にこれまで何も、誰も存在していなかったかのように雲が生まれ、流れていく。

湾《ベイ》上のアリア、ワン・パライソ、ソリテアといった、陽気な名前のついた建設中の高層ビルを、私は車で通り過ぎた。[*25] ランボルギーニ二台、フェラーリ二台、ロールス・ロイス一台、ホイールキャップがクロムメッキで仕上げられたマットホワイトの真新しいベントレーを通り過ぎた。クルーズ船が六隻停泊している港を通り過ぎた。連なるコインのように小さな島々を通り過ぎた。それらの島々を覆う家々は、コインのように小さい、とは言いがたい。スター島、フィッシャー島、ベル島、ハイビスカス島、サン・マルコ島、リボ・アルト島〔マイアミ市とマイアミビーチ市の間、ビスケーン湾に浮かぶ島々〕。そして通り過ぎながら、すべてが水の中にあると想像してみた。[*26]

できたばかりのペレス美術館を通り過ぎた。同館はすでに高潮、暴風雨、深刻な水害対策のため、高さ四・五メートルの支柱の上に載っかっている。アルトン・ロードと六番通りが交差する角にある、クレセント・ハイツ・インスピレーショナル・リビングの建設現場を通り過ぎた。この交差点は二〇〇〇年に二回、二〇一〇年に四回、二〇一三年に八回冠水している。洪水用ポンプと道路嵩上げプロジェクトを通り過ぎた。クレセント・ハイツ・インスピレーショナル・リビングが開発する新プロジェクト、その名も「波《ウェーブ》」にこれから入居する住民のためのものだ。CVS、ウォルグリーンズ、H&M、フォーエバー21を通り過ぎた。ペトコ・アニマル・サプライズ、ウェット・ウィリーズ・カクテルラウンジを通り過ぎた。サウス・シーズ・ホテル、エデン・ロック、ザ・ショア・クラブ、リッツ・カールトンを通り過ぎた。日よけ帽子をかぶったカップル、ビーチチェア、ダックスフントを通り過ぎた。

私の頭の中では、津波も破壊も存在しない。何もかもが、クールなブルーにただ覆われているだけだ。

コックス科学棟にようやく着いた時、恥ずかしながら私は、レンタルしたトヨタ・ヤリス内に座って独善的な感覚を覚えていた。デルフォイの巫女は、立ち込める煙からこんな風に予言していたことだろう。「スパルタを滅ぼすのは他でもない、金銭への愛だ」と巫女はリュクルゴスに告げた。そうだ、と私は思った。他でもない、金銭への愛がマイアミを滅ぼすのだ。

しかし私は思い出した。水は区別をしない、と。ベニヘラサギと摩天楼、百万長者と百万長者のヨットを修理する人間の間にある違いを、水は知らない。そう思い至り私の独善的な発想は止まったのだった。

＊

その数日前、私はマイアミの中心街から数キロメートル北に行った、ショアクレストで午後を過ごしていた。そこに行くため私はビーチをあとにして、アーキーズ生き餌・釣り用具店、ディール・アンド・ディスカウントⅡ、ラフィウル食品店、ロイヤル・バジェット・イン、ファミリー・ダラー、グッドウィルを通り過ぎた。北へと向かうにつれ鏡面ガラスや高層ビルは次第に姿を消していき、ほとんどの建造物が一階建てのスタッコ仕上げとなっていった。

　私がショアクレストに着いた時、雨は降っていなかった。沖に嵐が来ていたわけでもなかった。空はまるで磁器プレートの線細工のごとく明るく、真っ青だった。しかし道路には水が溢れていた。足首まで水に浸かり、一〇番街を歩いて渡る女性が目に入った。彼女はあずき色の長いスカートを右手に束ね、イエス・キリストが描かれたサンダルを左手に持っていた。バス停に着くと彼女は座り、靴を履いた。角では男性が一人通行車両に向かって立ち、「食べ物をください」とだけ書かれたプラカードを掲げていた。

「満潮になると、たいてい洪水が起きるの」浮浪者と近づいてくるバスの方を見ながら、女性は私にこう言った。「月が大きくなるともっとひどいわよ」

　メイン州ポートランドからキーウェスト島〔フロリダ州モンロー郡の島〕まで、「晴天日の洪水」は東海岸のいたるところで頻繁に起こるようになっている。[*27] 陽光の州《フロリダ》の大部分はとても低い土地なので、満月などのまったく無害な要因が満潮に重なると、道路に水が溢れてしまうのだ。時には防波堤よりも潮汐が高くなり、道路に海が広がることもある。あるいは地下の暴風雨対策のインフラを伝って近隣地区に浸水することもある。雨水を誘導し洪水を減らすために設計されたパイプ自体が、海水の入り込む手段となってしまうのだ。

　ショアクレストで私は、道路の排水路にかかる格子蓋からボコボコと海水が湧き上がり、ノースイースト・リトルリバー・ドライブへと向かって流れるのをたっぷり一分間観察してから、カメラを取り出し半ダースほどの写真を撮った。

　その時、一人の男性が私の背後に歩み寄り、下の方をのぞきこんで、こう言ったのだ。「魚が泳ぎ出てきたのを見たことがあるよ」

「まさか！」

「本当さ」と彼は言い、サングラスを外した。「私はここに二〇年住んでいる。引っ越してきた頃は、洪水は年に一度あるかないかだった。多くても二度といったところかな。だけど今ではひっきりなしだよ」彼の名前はロバート・シスネロス。キューバで生まれ育ち、一九六二年にフロリダにやってきた。そして名前のロベルト（Roberto）から最後の「o」を落とした。こう名前を変えれば、立ち上げたばかりのボート修理会社は上手くいくだろう、と考えたのだった。

私はニコール・ヘルナンデス・ハマーからショアクレストの洪水について聞いていた。ニコールは海面上昇の研究者だったのだが、憂慮する科学者同盟（Union of Concerned Scientists）のアドボカシー調整担当に転職したのだった。気候変動のもたらす危険が南フロリダのラティーノのコミュニティにとって不当に大きいことに気づいた時、キューバとグアテマラ出身の移民の娘であるニコールは、アクティビズムのためにアカデミズムを離れたのである。「気候変動に対してもっとも脆弱なのは、たいていの場合有色人種なの。こうしたコミュニティが適応、レジリエンス（地球温暖化を生き抜く耐久力のことで、回復力や復元力と訳されることもある）、移住のために受けとる資金が、不当に少ないものになる傾向があることを私たちは知っている」彼女は電話で私にこう語った。「あなた、ビーチに宿泊してるんでしょ？　ショアクレストまでドライブしてみて。二〇分くらいで着くから。そうすれば私の言ってることがわかるはず」

ロバートは、私たちのすぐそばにある排水管のはす向かいにある彼の家と庭を指差し、こう言った。「昔はここに素敵な庭があった。でも今はご覧の通りだ。水が入ってきて溜まる。そして塩害のせいですべて死んでしまう。この場所で洪水を起こすのは雨水じゃなくて海だ。水が入らないようにするため、ここに置く石をいくつか買ったばかりだ。でもそれ以外に、私にいったい何ができる?」
マイアミ市がこの地区に短期的解決策を見つけるため支援をしているかどうか、私は尋ねた。ロバートは怒りだした。「道路を嵩上げする必要があるんだ。ポンプを設置する必要もある。でもこういったことはビーチでしか行われていない。ここにいるわれわれには、いかなる救済措置も与えられない」
マイアミビーチ同様、ショアクレストはもともと湿地だったところにある。[*28] 数十億ドル規模の不動産投資が危険に晒されている商業地区では、固定資産税と地方債を融合して、海面上昇適応への公共投資を政府は行っている。[*29] 一方ショアクレスト、ハイアリア、スウィートウォーターといった地区では、靴を脱いで水の中を歩いて渡ることが住民に期待されている。[*30] このあたりは低所得者および中所得者の居住地域となっていて、住民の多くが有色人種であり、自治体サービスの維持は長期にわたり困難となっている。その一因となっているのが、赤線引きとして知られる差別的な融資慣行と、それに伴う固定資産税の減収なのだ。[*31]
ロバートは、信じられない、といった風に首を振った。「この家を子どもたちに残したかったけど、すぐに無価値になってしまう」と彼は言った。彼の玄関口には長靴が二足おかれ、すでにそこまで迫っている洪水への準備をしていた。

＊

さて、コックス科学棟の駐車場では、過去一〇年間の嵐が私の頭の中で雷を鳴らしていた。巨大な波がロウワー・ナインス・ワード〔ハリケーン・カトリーナの被害が大きかったニューオリンズ市の一地区〕に向かって押し寄せてくるのが見えた。チョコレートミルク色の逆巻く水が、オークウッドビーチ〔本書「占い棒」の舞台となるスタテンアイランドの地区〕に建つ家の土台をなぎ倒していった。ロッカウェイビーチにある家族向けコテージはアクアリウムに変わった。それからレッドフック住宅〔ブルックリンの公共住宅〕のエレベーターを一週間以上閉鎖させた水のせいで、上階で座礁した高齢者が降りられなくなっていた。

　カトリーナの五年後にロウワー・ナインス・ワードを歩いた時のことを思い出した。嵐の不気味な言語は、一軒の家の羽目板の上にまだはっきりと読み取れた。ペンキで描かれたXの文字の上部の四分円に、屋根裏で死亡者が一名出たことが記されていた。その隣の建物には、もっと薄く、もっと不気味なXの文字があり、そちらは一階で死亡者が二名出たことを示していた。誰かがその文字を消そうとした、死をもたらした嵐の記憶を取り除こうとした痕跡があった。水が家の土台と窓枠の形を変え、命を奪った記憶を消そうとする試みだった。

　私はキーを回してイグニッションから抜き、後ろのドアをロックした。外ではセミの鳴き声が湿度を高めていた。

　私の思考は次々と転がり続けた。

　ウェンデル・ベリーはこう書いている。「われわれを半ば以上に狂わせるのは、自分たちの生活の中にある世界の破壊だ[*32]」世界とは、身体の外にある物質の物理的宇宙にとどまらない。世界は、頭の中で歌を奏でる。私たちが有する、触れることができる事物についての思考の星座だ。破壊は消え去らない。何度も起きる。暴力的に解消するその瞬間に、そしてそれよりももっと前に。この混乱を起こりうるものとして受けとめることを私たちが学ぶその時に。海がやってくる、と認識することを私たちが学ぶその時に。私たちの知る世界の終わりを想像することは、少なくともある程度は、正気を失うことでもあるのだ。

私はコックス科学棟の地下へと向かう、薄暗い階段を下りた。地質学部は、ぴったりなことに、地下にあるのだ。学生たちが野外作業で撮影した、七枚の引き伸ばされた写真の前を通り過ぎた。セントヘレンズ山のそばに立つグループ。一二七年ぶりの噴火から数週間後に撮られた写真だ。別の写真では、若々しい顔つきの学部生たちが長靴を履いていた。彼らは湿った沼からコアサンプルを集めるため、腰まで泥に浸かっている。長さ一・八メートルに及ぶアメリカ合衆国の下を走る構造プレートの地図や、サンゴ礁でシュノーケリングをする学生たちの写真もあった。学生たちのにこやかな笑顔にほほ笑み返したけど、なんとなく強いられた感じもした。

ハルのオフィスの雰囲気は、もっと私の気分に合っていた。彼は風邪をひき、パブリックス〔アメリカ南部に展開しているスーパー〕から帰ってきたばかりだった。別の気候変動コンフェランスに備えるため、フルーツ盛り合わせを買ってきたのだ。ハルは一週間前と同じトープ系のスーツを着ていた。彼の目の下の皮膚はチャコール色になっていて、顔の他の部分もたるんでいる。それでも、なんとかほほ笑んでみせた。近づいてみると、メディアがこの感じのいい七〇代の男性のことを「ドクター・ドゥーム（破滅の博士）」と呼んでいると想像するのは難しい。

ハルは散らばっている紙類をわきに寄せ、私が録音装置を置けるようにした。速乾性のアーミー・グリーンのワンピースを着た女性が、コーヒーを出してくれた。私は質問を一つ、たった一つだけ用意していた。「海面上昇の現実をあなたに気づかせた、ただ一つの出来事といったようなものはありますか？」

ハルはそれに応じて、気候科学進展の半世紀の歴史を私の前で開陳してみせた。大西洋の海水位が変化していることに気づいた、ウッズホール海洋研究所のK・O・エモリーという研究者の初期の報告書。一九五〇年代以降、人間が地球大気の温度に影響を与えてきた、と示唆したマイケル・E・マンの気候モデリング。温室効果ガスによる加温のほとんどが海に沈み、水分子の膨張を引き起こしているという発見。

ハル個人との具体的な関係は特にない、そうしたことについて私はすでに知っていたけど、すべて書き留めた。私はもう一度同じ質問をした。

「そうだね、二〇年前には海面上昇をこの目で見ることになるとは思っていなかったよ。なぜなら当時のあらゆる予測は大したことは言ってなかったからね。二一世紀に入るまではそうだった。でもそれから、私はセーブル岬に行くようになった」セーブル岬とはアメリカ本土の最南端にある、膨らんだフックのような恰好でフロリダ湾に接している岬だ。「そこではビーチが消えていた。マングローブは移動し、わずか数年で小さな運河が巨大な川へと変わっていた。ベニヘラサギすらも営巣地を見捨て始めていた。フロリダ沿岸の地質を研究してきた私の生涯で、こんなことは見たことがなかった。その時私は、腹の底から理解したんだ。初期の予測は間違っていた、と。私たちの誰もが予測しなかった速さで、海面上昇が起きている、と」

しばらくの間、私たちのどちらも何も言わなかった。ハルはペンで机を叩いて、あと一〇分しか話す時間がない、と告げた。

「これからどうなるんでしょう?」と私は尋ねた。

私が本当に言いたかったのは、次のことだ。誰がボートに乗ることになるのでしょう?「あなたと家族とはみな箱舟にはいりなさい。(……)あなたはすべての清い獣の中から雄と雌とを七つずつ取り、清くない獣の中から雄と雌とを二つずつ取り、また空の鳥の中から雄と雌とを七つずつ取って、その種類が全地のおもてに生き残るようにしなさい」神がノアにこう言った時、おそらくハル・ワンレスにも語りかけていたのだ、と私は思う。私はこう言いたかったのだ。私があなたを信じれば、私も選ばれた民の一人となりますか？　私はこうも言いたかった。現在もっとも脆弱な人々も、そうではない人々と同じチャンスに恵まれますか？

ハルは私に、彼にとっての清い獣と清くない獣のつがいについて話した。「私たちにとって重要なものを移動させなくてはならない」と彼は言った。「たとえば元は沼だった場所に建っているスミソニアン研究所だ。種子バンクを、未来のためのグローバルアーカイブを作る必要がある。それから発電所を動かさなくてはならない。社会の機能を維持するためにね。それから沿岸に並んでいるゴミの山を覆わなくてはならない。洪水に備えなくてはならない。それから次のことを忘れてはならない。最後に二酸化炭素濃度が今日と同じくらいだった時、海は今よりも三〇メートル高かったんだ」

最後に二酸化炭素濃度がこれほどまで高かったのは、約五〇〇万年前から二六〇万年前の鮮新世の間である。その頃には巨大な牙のサメが海をさまよっていた。[*33] 最後に二酸化炭素濃度がこれほどまで高かった時、インドとアジアの下のプレートがぶつかり、ヒマラヤ山脈ができた。最後に二酸化炭素濃度がこれほどまで高かった時、カリフォルニアではシエラネバダ山脈が隆起し、花崗岩の表面が西側に傾いた。アルプス地方が折り畳まれ、砕けた岩が空に向かって突き出して山脈になった。最後に二酸化炭素濃度がこれほどまで高かった時、今日の北米と南米の間に新しく築かれたばかりの陸でできた橋を渡りアルマジロが北へと向かった。犬はその逆方向に向かった。でもこういったことを覚えているものは誰もいない。[*34] なぜなら人間は存在していなかったからだ。

しかし私たちがおぼろげながらも覚えている可能性があるのは、以下のことである。一万五〇〇〇年前、二酸化炭素濃度は急上昇し、海面上昇がそれに続いた。一万五〇〇〇年前、人間たちは狩狩猟採集民から農民へと変容を遂げた。[*35] 一万五〇〇〇年前、私たちは初めて豚を家畜にした。[*36] 一万五〇〇〇年前、ケナガマンモスが局所的に絶滅し、地上性ナマケモノがそのあとを追って消えた。[*37]

そして一万五〇〇〇年前、メルトウォーターパルス1Aが発生した。これまでに海水位が急上昇したことがあったのか、と訊かれると、ハルはそのことについて話す。聖書の中に洪水の話があるのはメルトウォーターパルス1Aのためではないか、と推測する人もいる。「ノアは子らと、妻と、子らの妻たちと共に洪水を避けて箱舟にはいった。また清い獣と、清くない獣と、鳥と、地に這うすべてのものとの、雄と雌とが、二つずつノアのもとにきて、神がノアに命じられたように箱舟にはいった」という話である。

メルトウォーターパルス1Aが発生した時、人間は書きことばを持たなかった。書きことばが生まれるのはそれから一万年後のことだ。箱舟にはいったものたちの中に人間がいたなら、洪水がくる前の世界について、死をもたらした暴風について、子どもたちに語ったことだろう。そしてその子どもたちがそのまた子どもたちに語り、一万年におよぶ伝言ゲームが始まった。その間、当然のことながら、細部は混乱していったはずだ。

その時あったのは、たった一隻の巨大な船だったのだろうか？　それとも小型船の船団？

ノアが着ていたのはチュニックか、それともトープ系のスーツ？

水が上昇するのにかかった時間は、四〇日間か、それとも四〇〇年？

私は以前、カトリーナのあとで書かれた本を詩人が朗読するのを聞いたことがある。その声を、私は町に水が押し寄せた夜に届いた神の声として理解した。彼女はこう言った。

私に何を期待しているのか

私は人間ではない
私は汝らに互いを与えた
だから、助け合い給え[*38]

私はハルのオフィスを出て、車でビスケーン湾を横断した。その夜、巨大な満月が海をさらに重たくした。塩水が道路に広がり、私たちの沿岸にある低地を少しずつ水浸しにしていく。ハルが正しければ、まもなくすべて水の中に沈む。一時的にではなく、永久に。その間、マイアミビーチでは排水ポンプが音を立て、北に八キロメートル行ったところでは裸足の女性がサンダルを手に持ち、現在つねに上昇しているあらゆるものの中を歩いて渡っているのだった。

報いについて[*1]

ダン・キプニス
フロリダ州、マイアミビーチ

今日、私はオフィスの荷物をまとめ、思い出の品々を詰め込んだ。これまで獲った世界記録やら魚の模型やら、私が長年にわたって集めてきたものだ。現在、私の所持品はすっかり箱につめられ、壁はがらんとしている。国際ゲームフィッシュ協会の私の記録はすべて破られたけど、ブラックアロワナだけは別だ。オリノコ川の支流、リオ・ビタ川のコロンビア側で釣ったものだ。きれいな川だよ。すばらしい釣りができる。こうした小さな支流を上っていくと、ピーコック・バス、アロワナ、オオナマズといった、古代生物みたいな魚が見つかる。私はそこで数々の記録を打ち立てた。だからこうしたものがすべて梱包されてしまうのを見るのは、辛いことだ。

一九五六年に建てられたこの家に、私の妻は三八年間住んでいた。ロイヤルパーム通りのど真ん中にある、小さな家だった。妻と私は一〇年くらい前に「改装しよう」と言った。そして前壁以外のすべてを取り壊したんだ。

業者に来てもらって、金を払った。それから私は作業に一年を費やした。この場所のために、多くの汗と血が流れた。妻はとても優しかった。私の好きにさせてくれたよ。そしてすばらしい家ができた。一階は大部分の壁を取り払って、キッチン、ダイニング、そして居間がすべて一つの部屋に収まっている。ものすごく美しいんだ。元の家と同じように、一階の前方には寝室が二つある。それから二階には寝室が二つとマスタースイート。そうさ、ゴージャスだよ。ベッドの後ろには大きくカーブした壁もある。業者たちは天井を下げたがったけど、私は断固反対した。屋根の輪郭線のままにしておきたかったんだ。

この場所を離れることになるなんて、まったく考えたことなかったね。私たちはこの家で老いるはずだった。私たちのこの家で、最後の日が来るまで、お互いを愛するはずだった。それからこの家は子どもたちのものとなるはずだった。でもマイアミビーチで起きていることのせいで、子どもたちに残すことはできなくなった。そう、海面上昇さ。

政府の連中は、誰もそのことについて話したがらない。西に行けば安全だ、と思っている人たちがいるけれど、でもこのあたり一帯はずっとエバーグレーズだ。今世紀末までに海面が二メートル上昇する、と仮定しよう。この予測自体、多くの科学者にとって極めて保守的なものだけどね。海面が二メートル上がると、南フロリダにはわずかな土地しか残らなくなる。そして残った土地は、川や低湿地に取り囲まれた列島みたいになる。何もかもが沼みたいになり、道路はなくなる。西海岸はなくなる。ビーチはなくなる。ビスケーン湾東側はなくなる。インフラはなくなる。だから、海面が二メートル上昇した後で、人々がどうやってここで生きていくのか、私にはわからない。「われわれは今後二〇〇年、三〇〇年、ここに住み続ける。われわれは解決策を考案する。技術がわれわれを救う」とマイアミビーチ市長が言うのを聞いた時、こう思ったよ。でたらめ言いやがって、と。

ここで暮らすことのすばらしさは何か、知ってるかい？　このみごとな天気さ。しかし今後は地獄のような灼熱となる。淡水はなくなる。あらゆる場所に蚊が出てくるようになる。そして黄熱病やデング熱といった病気が出てくる。そしてその脇ではすべてが水に飲み込まれて腐っていく。

あらゆる街路。あらゆる木。あらゆる浄化槽。あらゆる車道。塩害に耐えられずに死んでしまうあらゆる植物……どう思う？　生活する上であまりいい場所とは思えないだろう？

そう考えると私たちはある意味ラッキーだ。確かに移動を強いられることには違いない。でも私たちは今移動する。これから何がどんな規模で起こるかを人々が理解する前に移動するのだから、家を売ってかなりのお金を手に入れることができる。そして行きたい土地に行ける財力を手にすることになる。この場所を別の土地で再現することは不可能だ。でも、どこかいい土地に移ることはできる。

でもマイアミの貧しい人々はどうなる？　誰も移動を支援してはくれない。金を出してくれる政府など存在しない。あるいは家のローンがまだ残っているのに保険には加入できず、売ろうにも洪水のせいで買い手が見つからないとしたら、いったいどうなる？　純資産額はすべてパーになる。マイアミ・デイド郡には約三〇〇万の住民がいる。そのうち六〇パーセントの世帯収入が生活賃金に届いていない。[*2] 彼らは一軒の住宅に二、三世帯で住んでいる。そういう人たちはよりよい生活を送るために、アメリカンドリームを手にするために、懸命に働いている。だけどその夢は、これから溺れ死んでしまう。

海面上昇についての私の時間枠は、多くの人と異なっている。これから何が起こるか、私にはよくわかっている。海面が一五センチメートルずつ上昇することで何が起きるかもだ。マイアミビーチ海洋・沿岸保護局（The Miami Beach Marine and Waterfront Protection Authority）は、五年前に私が局長に就任する以前は業務範囲に入っていなかった、原因分析と問題解決に取り組むようになった。現在私たちは、まもなく水没してしまう都市の視点から物事を見ようとしている。生きた防波堤《リビング・シーウォール》や、道路を高くする実験をしているわけだ。こうした介入で、急いで逃げるような真似をせずに立ち去るための時間を稼げるようになる。こうした介入がなければ味わうことになる、ひどい痛みや苦しみをともなうことなく、移行できるようになるはずだ。

人生を捧げてきたものを手放すというのは、簡単なことではない。私にとってマイアミビーチとはそのようなものだ。家だけじゃない、コミュニティもそうだ。一九二〇年代に私の父のそのまた父親が、パームアイランドに家を建てた。マッカーサー街道を出たすぐのところだ。私はその家で、この湾のこの島で育った。私は全生涯を水の上で過ごしたんだ。高校にはボートで通ったんだよ。ボストンホエラー社製の長さ四メートルのボートを持っていて、コリンズ運河からマイアミビーチ・シニア・ハイスクールまで運転したんだ。当時は、ワシントン通りまで届く橋が運河に架かっていた。ボートが盗まれないようにガス供給管を取り出し、そこに結びつけてから学校に行ったんだ。

つまり私が言いたいのは、私はここに属している、ということなんだ。食料品店に行けば、その場にいるすべての人を知っている。たとえパブリックスのような大型店舗でもね。肉の担当者、陳列係、野菜と果物の担当者、それにマネージャーまで知っている。郵便配達人を知っている。ゴミ収集人を知っている。私の言うことがわかるかい？　ここは小さな街なんだ。私は市長を知っている。私はここにいる人々を知っていて、この場所をよりよいものとするため一生懸命働いてきた。だから立ち去るのは辛い。

私は闘うことに疲れてしまった。若者たちに講義をすることはこれからもあるだろう。未来の担い手だからね。でも老人にはうんざりだ。政府にはうんざりだ。私はもっと高いところにある土地に新しい家を買って、海面上昇を心配するのはやめるつもりだ。それからオーストラリアやニュージーランドにも行ってみたい。海面上昇で水没してしまう前に、南太平洋の島々にも行ってみたい。もう一度南米も周遊してみたい。サンゴ礁にも行ってみたい。スペインとポルトガルにも行ってみたい。イタリアに行ってワインを飲み、おいしいものも食べてみたい。好きなところで釣りをしたい。そして闘いは他の人に任せるよ。

高校や大学の学生たちを相手に講演し終えた時、私はこう言ったんだ。君たちはここにいて、政府の連中は六メートル離れたところにいる。連中は弾丸が一個だけ入った、この巨大なリボルバーを持っている。その弾丸は巨大だ。六メートル離れたところから、君たちはリボルバーのシリンダーをながめる。そして政府の連中は引き金を引くことを決める。煙が立ち上がり、閃光とともに弾丸が飛び出し、君の頭に向かってやってくる、スローモーションで。さて、どうする？　それは本当にゆっくりだけど、確実に君に当たる。そして君は死ぬ。そこにつっ立ったまま、眉間に弾丸が当たるままにしておくかい？　それとも逃げだすかい？

第二章　リゾーム

嵐について＊1

ニコール・モンタルト
スタテンアイランド、オークウッドビーチ

その嵐の日、私は家にいました。当時私は歯科医のオフィスで働いていて、実家から通勤していました。もちろん私自身の出費は色々ありました。携帯電話代とか、自動車保険とか。でもローンはなかったし、光熱費を払う必要もなかった。父と一緒に住んでいたのは、お金を節約する必要があったからです。一方、父は助けを求めるようなタイプではありません。何か必要がある場合には、私たちは自分たちで対処してきました。私たちはそうやって解決してきたんです。

父は六歳からあの家に住んでいました。一九八四年、私の母と結婚したのとほぼ同時期に、祖父から購入したそうです。私が小さかった頃は家も少なく、湿地が広がっていました。皆が同じバス停を利用し、同じ学校に通っていました。私と姉はサッカーに夢中で、近所の子どもたちはみんな私たちの家に来ました。うちの庭が他の家の庭よりも広かったからです。

私たちが大人になってからも、友だちが問題を抱え、泊まる場所が必要になると、私たちの家に来ました。パパが私たちの問題に首をつっこみ「おまえの友だちはもう三日もソファの上で寝ているけど、どうかしたのか?」なんて言うこともあったけど、でもたいていの場合、パパはクールでした。ケイティが、彼女は今でも私の一番の親友だけど、パパと話すためだけに電話をかけてきたこともあるくらいです。パパが私を追い払ってから、ケイティが「ブレーキの調子がおかしいの」と言う声や、その車を持ってくるように、と話すパパの声が聞こえてきました。パパが修理してあげたんです。

私は今二六歳になりました。当時は二四歳でした。前年には、マスコミや誰も彼もが、ハリケーン・アイリーンは大変なことになる、と騒ぎ立てました。姉と私はアナデール〔スタテンアイランド沿岸部の地区で、オークウッドビーチからはスタテンアイランド鉄道で四駅〕にある母のアパートにペットを連れて行きました。私は目が見えなくて、耳も聞こえない老犬を飼っていたから、移動の際にはいたたまれない思いでした。でもアイリーンは大したことなかった。特に何も起こらなかったんです。サンディの時も、みんな同じくらい大騒ぎしました。真剣に受け止めた人もいれば、そうでない人もいました。私のパパは後者の一人でした。アイリーンの時と同じようになるだろう、と私たちは考えたんです。

私は心配性って質《たち》ではないけど、嵐の前日はどういうわけかそわそわしました。すぐに逃げ出さなくてはならない場合に備えて、荷造りさえしました。ジップロックの中に服を入れて、それから退屈するかもしれないから電子機器も入れました。ペットたちのために別の荷造りもしました。そしてあまり眠れませんでした。

翌、月曜の朝一〇時頃だったと思います。裏庭が水に浸かり始めたので、私はパパに電話しました。パパは仕事を早めに切り上げて帰ってくることになりました。洪水って特に珍しいことでもなかったんです。過去にもうちの庭が一部水に浸かったこともあったし……とはいえ豪雨の時に限られていたけれど。

パパが家に帰ってくると、私たちは家の中を点検しました。万一に備えて、高い場所に持っていくべきものはないかな？　って話しながら、ガレージと地下室に行ったり、私の姉の部屋が地下にあったから、いくつかのものは棚の上に載せたり。姉の服とか電子機器を移動させたことを覚えてます。他の部屋は全部二階で、本当に大事なものは全部そこにありました。それから猫のトイレを上に移しました。だってその辺にぷかぷか浮かんだらたまんないから。

私の妹はちょっとこうるさいところがあるんです。だから私は「いいから、あんたの友だちの家に連れていくから」って言って。もし何かまずいことが起きたとしても、私とパパなら大丈夫って思ったんです。でも妹は、お尻を叩くでもしないと動かない。だから車に乗せて連れ出したんです。妹には丘の上に住んでいるフランキーという友だちがいて、彼は家にいました。午後一時頃に妹をフランキーの家に連れていったんです。私の姉は仕事中だったのか、彼氏の家にいたのか、いずれにしてもその日家に残ったのは私とパパだけになりました。いつも通りの一日でした。前日の夜は眠れなかったから、私は昼寝をすることにしました。

目を覚ますと、すでに嵐が来ていました。あたりはどんどん暗くなっていきます。その年、父は郵便労働組合の組合長に立候補していたので、それに関わる作業をしていました。演説をタイプするため、コンピューターに向かっていたんです。小さなデスクにはランプが点いていました。ガレージの反対側で木が倒れたのを覚えています。私たちはそれを自分たちの目で見たけど、全体として何が起きているかには無関心だったんです。

七時頃、道路の向かいに住んでいる、パティおばさんの娘の夫が駆け込んできました。「すごい速さで洪水が押し寄せている。もう僕の足首のあたりまで来ている」と彼は言いました。私は外に出ていくつもりはなかったけど、彼はパニックになったような口調でした。するとパパは「おまえは出ていけ」と言ったんです。私たちは家から一・六キロメートルほど離れた高台に、そこなら洪水にあうことはないだろうからと、私の車を駐めてあったんです。私はママのところに行くのはどうかという対案を出しました。でもパパはママの妹とうまくいってなかったから、こう言うだけでした。「俺は出ていかない」と。「ポンプがちゃんと動くか確かめたい」と言って。電気はすでに止まっていました。洪水にともなうあらゆることが起きていたのです。

この時、パパはこう繰り返していました。「おまえは行かなきゃならない。ここから出ていくんだ」って。その語気の強さから、これは冗談なんかじゃない、と思いました。「俺の車を使え、ママのところに行くんだ」とも言ってました。私は動物たちが心配だったけど、パパは俺が面倒を見るから、と言うんです。車を出すにはギリギリのタイミングでした。なぜならミル通りでは、私の家より少なくとも数十センチは水が深くなっていたから。

私は出発しました。パパはドアの前で叫んでいました。パパは……〔中断〕。この時のことについて話すのは難しくて……ほとんど話さないようにしてるんです〔泣く〕。ごめんなさい。これだからインタビューを受けないようにしているんです。でもあなたは本を書いているから。本によって、パパのことを後世に残すことができるから、これは別だと思って。

パパはドアの前でこう叫んでいました。「ブレーキをかけるんじゃない、水が入って車が動かなくなる。アクセルを踏み続けるんだぞ」って。私は言われた通りにしました。とにかく車を走らせた。もしパパがそう言ってくれなければ、ブレーキを踏んでしまい、家から出て五秒後には立往生していたかもしれない。

私はアクセルを踏み続け、水の中を走り抜けました。

ガイヨン通りには巨木が倒れていました。だからぐるっと一周するには脇道を通る必要があった。私は自分の車にたどり着いて、パパに電話をかけました。うまくいった、今運転中、と伝えるために。木が倒れている、と私は言ったけど、パパは心ここにあらず、といった感じでした。お前が脱出できてよかった、とパパは言いました。「水が押し寄せている」とも。「行かなくちゃ、行かなくちゃ」と言ってから、パパは電話を切ったのです。

私はおばさんの家に着きました。時間は、私が家を出たのが、たぶん七時半頃で、その時、突然水嵩が増したはずです。パパに電話したのがたぶん七時三五分頃で、その時点でパパは地下に水が入ってきた、と言っていました。ママのいるおばさんの家に着いたのは七時五〇分頃だったと思います。私がそこにいたのは二〇分たらずでした。姉と妹からたて続けに電話があって「パパに連絡がつかない！　パパに連絡がつかない！」って言われたんです。私は「わかった、電話してみる」と答えました。パパが家で何かしていたのを知っていたので、すぐに電話をかける気にはなれなかったんだけど、何度も電話してみました。ショートメールも送りました。「大丈夫かどうかだけ教えて」って。

返事はありませんでした。だから私はみんなに言いました。八時半までに連絡がつかなかったら、私は家に戻ってみる、って。でも八時半になると嵐はますますひどくなっていたんです。だからあと三〇分待ってみることにしたけど、九時一五分前には家に戻ることを決めました。ママも一緒に行く、と言いました。めちゃくちゃな嵐でした。あちこちで木が倒れていました。ハイラン通りにすらたどり着けませんでした。水がすごかったんです。私は保温性の高いナイキのサーマルパンツやらブーツやらを装着していました。水の中を歩いていかざるを得ないことがわかっていたから。だから準備を整えたんです。「水がものすごく高くなる前にどこまで行けるか見てくるから、車の中で待ってて」とママに言いました。でも、水が腰の高さまで来ていたから、ハイラン通りにすら行けませんでした。家まではまだ一・六キロメートルくらいあります。私はそんなに泳げません。私の腰まで水があって、ハイラン通りを渡ることすらできないなら、そこより先はどれくらいの水深になっているのか、想像もできませんでした。

私たちは警官に出くわしました。Tモバイル〔アメリカの携帯電話通信業者〕がダウンしてる、と警官は言いました。あちこちで停電やら何やらが起きている、と。それでこう思ったんです。

「そっか、パパが電話に出ないのはそういうわけだ。神さまありがとう、パパはたぶん大丈夫」って。タイセンズ・レーンの先から私の家の近くまで行くことができる、とその警官は教えてくれました。あそこは水に浸かっていない、電気も通っている、まるで別世界だよ、と。私はタイセンズ・レーンに行ってみました。ファルコン通りまで下り、できるだけ家の近くに車を停めました。九時半か一〇時くらいだったと思います。水は少し引き始めていました。消防車と警官がたくさんいました。彼らは、何をしたらいいのかわからないようでした。ここまでひどくなると予想していた人は誰もいなかったんです。私が歩いて近寄っても、誰も何も言いません。私が歩いて水の中に入っていくのを、気にもかけませんでした。

私は木が倒れている場所に着きました。つまり家に近づいていた、ということです。水が引いて地面が見えているところもあれば、膝や腰のあたりまで水が残っているところもありました。でも折れた木のところまで来てみると、その奥は水がとても深くなっているのがわかりました。それでも私は先に進むつもりだったんです。

一九九二年のノーイースター〔米大陸北東部を襲う、北東風を巻き込んで発達する温帯低気圧〕が私の初めての洪水経験でした。腰まで水が来ていたから、チャーリーおじさんに肩車されて家から脱出したんです。その時、おじさんが言ったことの一つは、こうでした。道路の真ん中を歩いていくことはできない。なぜなら洪水の間にマンホールの蓋がはがされ、水が引く時にそのぽっかり空いた穴に飲み込まれてしまう可能性があるから。あの日あの時点では、チャーリーおじさんのことばを思い出すことはありませんでした。だから、私は道路の真ん中を歩いていったかもしれません。昔おじさんが言ったことを、まったく思い出すことなく。でもちょうど三人の男の人が水の中に入ろうとしていて、突然こう言ったんです。「ああ、無理だ」どうしたんだろうと思って注意を向けると、その内の一人がこう言うんです。「ダメだ、そんなことしたら死んじゃうよ。死んでしまう。マンホールの蓋だ」その時私はチャーリーおじさんのことばを思い出しました。だからそれ以上は進みませんでした。ただそこに立ち尽くすだけでした。

人々が慌てふためいて水から逃げ出し、ばらばらな方向に向かっていくのが見えました。私はフォックスビーチ通りに行く方法があるか、と聞き続けました。でも、誰もが無理だって。

私はママのところに引き返さなければなりませんでした。私には無理だった、とママに告げました。ちょっと泳いでみることと、一キロメートル近くを泳ぐのは全然違う、と。私のおじさんの話を知ってますか？　近所の人の家の屋根の上に四時間以上いたんです。こういった状況では、選択肢なんてない時には……そういうこともあるでしょう。でもそこに歩いて乗り込むのは無理でした。

その頃には雨は止んでいました。私は歩いて車に戻り、ママの家に行きました。その夜、私はママと同じベッドで寝ました。でも心配で一睡もできなかった。翌朝、七時になると「日が出てる、行かなくちゃ」と思い、私は動き出しました。家に着くと、もうめちゃくちゃでした。何もかもがひっくり返っているんです。家に付いていた水跡は、ものすごく高い位置にありました。

私は家の中に入りました。叫びながらパパを探しました。何もかもがひっくり返っていました。

ソファはばらばらに流されていて、私のベッドは壁に立てかけられていました。動いていなかったのは、ダイニングルームのテーブルとファイリングキャビネットだけ。二つともすごく重いから。私の犬はファイリングキャビネットの上に避難していました。猫は私のベッドの一番高いところに座っていました。でも、パパの姿は見えません。私はこう思いました。「パパは出ていったのかも。誰かの家に行ったのかも」でも次の瞬間、こう考え直しました。「動物たちを置いていくわけがない」って。

その時、地下室の水が見えました。水位はまだ高いままでした。少なく見積もっても一・四メートルくらいあったかな。私はパパを探して叫びました。でも私には動物たちを連れ出すことしかできませんでした。猫をキャリーバッグに入れて、犬を腕に抱えてママのところに戻り、パパは見つからなかった、と告げました。

何もかもうまくいきませんでした。その後、私たちは必死になってパパを探しました。みんなで病院や警察に電話をかけまくりました。火曜日のことです。私たちはこうも考えました。パパは頭を打って、自分が誰だか思い出せなくなっているのではないか、身元不明者として入院しているのではないか、と。それからすごく寒くなり始めました。パパが濡れていませんように、と私たちは祈りました。低体温になっていませんように、草むらに流されていませんように、と。

パパの財布は部屋の中にありました。他にも残されていたものがあって、それが何だったか思い出せないけれど、とにかく財布は重要でした。お金もＩＤカードも入っているんです。これを残して家を出ることなんて考えられません。そうだ、何が残っていたかを思い出した。私もそうですけど、パパはタバコを吸ったりやめたりしていました。タバコの箱と吸い殻が数本入ったカップが、テーブルの上に残っていたんです。でも私たちは家の中ではタバコを吸わないことにしていたんです。こうして時間軸に沿ってパパの行動が整理されていくのは、とても気味が悪い体験です。私はパパと電話で話しました。その時パパは、私が脱出できてよかった、と言っています。パパは地下室の階段で、水が押し寄せてくる中、私とこのやり取りをしたわけです。じゃあタバコを二本吸ったのは地下室から戻った後？　それとも前？　こうして整理されていくと、パパは家から一度も出なかった、ということに思い至りました。それに気づいてから、私は地下室に降りて叫びました。パパの声が返ってくるのを望んだけど、同時に、その望みはほとんどないこともわかっていました。

地下室に降りていくと、壁は倒れているわ、洗濯機が私の目の前に現れ行く手を阻むわで、しっちゃかめっちゃかでした。なんとか姉の部屋をのぞき込むことができたけど、歩いて入っていくのは無理でした。何もかもが水に浸かり、浮かんでいました。ものすごい勢いで水が浸入してきたことを、私は確信しました。〔沈黙〕それ以外に考えようがなかったんです……。

パパが行方不明になっていることを知ってから、パパの友だちが地下室の窓ガラスを割って水を外に出してくれました。ポンプを使って排水もしました。みんなはパパが下に降りていったのはポンプのためだ、と言うんです。でも何でポンプなのか、私にはわかりません。だって地下室はすでに水浸しになっていたから。ポンプに何ができたというの？　水曜の朝に排水が終わって、パパが見つかった、とパパの友だちが報せてくれました。パパは地下にある姉の部屋にいたんです。

遺体の確認は、ママがやらなければなりませんでした。離婚したけど、パパとママは親しい関係を保っていたんです。パパの頭に大きな切り傷があった、とママは言いました。だからパパは意識を失っていた、と私たちは信じています。あるいはそうであってほしいと望んでいます。水の力によって家具がパパにあたった、あるいは不意をつかれたに違いない、と。

私の彼氏と私は、地下室に引っ越すことを考えていたのです。そこで一緒に住み、改装し、自分たちの家が買えるようになるまで節約しようと考えていました。でも、私たちがすぐにアパートを探すことはありませんでした。葬儀の準備をしなくてはならなかったから。私たちがアパート探しを始めた時には、もう全部のアパートに借り手が見つかっていました。だからママと話し合って、一緒にアパートを借りることにしました。それから一年後、ステープルトンハイツに二世帯住宅を購入しました。今でもママ、妹、それから私の彼氏と私で一緒に住んでいるけど、ドアは別々なんです。

嵐のあと、私たちはみんなこう思いました。「丘の上に移ろう」そして私は丘の上に移りました。私は二六歳までに洪水を二度経験し、その一つは父の命を奪ったのだから。

「そもそも、最初からあんな場所に住むべきじゃなかった」ってコメントする人がいます。それを読むと、憎しみを覚えてしまう。もちろん、もし私たちが知っていたら、あんなところになんて住んでいません。「ここに住むことで命を失うことになるかもしれない」と思って、こんな場所に住む人間なんていません。そうじゃないんです。土地を買い上げた建設業者がいて、それを売って、うまいことやったんです。そして買った人間は、素敵な家に住んでると思い込んでいた。人は、自分の手が届くものを買います。問題は、建設業者がこうした土地に家を建てて、市がそれを許可したということです、金もうけのために。以前は水を吸収していた土地を手に入れて、そこを舗装したわけです。でもこの土地はそのままにしておくべきでした。つまり何が言いたいかというと、私たちは湿地のど真ん中に住んでいた、ということなんです。私たちがこの土地に家を買ったことを非難する人はちょっと黙ってほしい。腹が立つ。私がインタビューを受けるのが嫌なのはそのためなんです。私のことや家族のことを、さらけ出すことになるから。人々が父の名前を出してコメントしている、と耳にします。オンラインの議論には加わらないようにしているけど、そういうコメントは目に入ってきてしまう。そして傷つくんです。

私が育った、父が育った、姉と妹が育った地域が解体されるのを見るのは、とても辛いことです。私たちは人生のすべてをここで過ごしたから。でもその一方で、他の人たちを守るために、二度と同じことが起こらないように、この地域が解体されるんだと知って嬉しくもあります。少なくとも私が知っている人たち、私が愛する人たちには、同じことは起こらないでしょう。それにひょっとしたら、政府は本当に正しいことをするかもしれません。オークウッドを自然に還すかもしれない。

私の故郷はあの家でした。あの家はパパ、ママ、姉と妹でした。パパがいなくなった時、故郷ではなくなったのです。

今日はもう少しパティおばさんの家で過ごす予定です（インタビューが行われたのは、彼女の父の死からちょうど二年後にあたる日だった）。ここで昼食を食べて、それから家に戻り、服を着替えて、スロークッカーに何か入れて……でもその後で、前の家に行こうと計画しているんです。取り壊される前に、最後にもう一度だけ。私と彼氏は、日曜の午後にあの家の草取りをしました。オークウッドのすべての家がどのようにして板張りされ、解体されたか、記事を書いた人がいるんです。私の家の写真が最初に出てきて、私はすごく困惑しました。私たちの家がとてもひどく見えたから。私たちは去年もあの家に行ったんです。あそこに行って、ビールを飲んで、パパの人生を祝いました。

パパはよくギターを弾きました。パパの演奏を、誰かがホームビデオに撮ってディスクに残していたんです。私と妹は、そのホームビデオをまだ見たことがありませんでした。そのディスクは水に濡れてしばらく見ることができなかったのだけど、お米の中に入れて乾かしたんです。そしてその夜、今日からちょうど一年前の夜、私たちはパパの声を初めて聞いたんです。泣きました。でも、すごくよかった。本当にとてもよかったんです。パパはいつもの歌を演奏し、歌っていました。ローリング・ストーンズの「ワイルドホース」を。

占い棒

スタテンアイランド、オークウッドビーチ

この本には多くの発端がある。バングラデシュでの体験はその一つだ。ルイジアナのバイユー奥地での体験もまた別の発端となっている。そしてスタテンアイランドの東海岸でハリケーン・サンディがレオナルド・モンタルトの命を奪い、同地からも火の粉が燃え上がった。

ロードアイランド州に移る前、私はニューヨークに住んでいた。ハリケーン・サンディがオークウッドビーチを襲ったのは、私がマイアミとフィップスバーグを訪れる前のことだった。サンディが港で旋回していた二〇一二年の秋の間、私はニューヨーク市立大学スタテンアイランド校で教えていた。このハリケーンの途方もない規模と通常と異なる進路は、科学的記録をさかのぼっても前例のないものだった。[*1] そもそもこれほどの高さに水位が達したことはこれまでになかった。約八〇〇万のニューヨーク市民の内、四〇万人が浸水を被り、その多くはかつて潮汐湿地に分類されていた土地に住んでいた。こうした地区において、洪水はよくあることではあったけれど、サンディはこれまでのあらゆる前例を覆すものだった。オークウッドビーチで高潮は四・二メートルという記録的な高さに達した。カレッジのキャンパスは数週間にわたって閉鎖されたままだった。ようやく授業が再開すると、想像を絶する大量の海水によって何人かの学生は消息不明になっていたし、それまで住んでいた部屋から退去せざるをえなかったり、もっとひどい状況に陥った学生たちもいた。

その中の一人、レナという名の優秀なロシア人女性は、ミッドランドビーチにあるアパートの地下階に住んでいた。嵐が来ると、彼女が借りていた部屋には海水が流れ込んできた。彼女のわずかな所持品は破壊された。ベッド、本、それにコンピューター。すべてが水膨れした。私は「家に来れば？　ソファで寝ていいから」と声をかけたけど、友人の家に泊まる、と彼女は言った。学期が進むにつれて、レナはきちんと授業に出席しなくなった。ニュージャージーにある仮住まいからの通学が問題だったのか、または学資不足のためにそのような状況になってしまったのか、知るすべはなかった。ともかく、彼女は消えた。数ヶ月後、中央ロシアにある陸地に囲まれた故郷から、彼女は私に短いEメールを送ってきた。そこには感謝と別れのことばが綴られていた。

嵐について、そしてそれが及ぼした影響についての報道が不完全である、と悟ったのはその時だと言ってもいいだろう。レナの話はどこで報道されていた？　そしてその当時はまだ出会っていなかったけれど、ニコールの話は？　サンディ以前に水害を被った人たちの話は？　そしてマンハッタンの先端からすぐそばで停電を起こした激しい嵐の後で、立ち去った人々の話は？

二〇世紀後半を通じてスタテンアイランド東部は、教員、消防士、警察官、清掃作業員といった人々が干潟で潮干狩りをしたり、埠頭でシマスズキを釣ったりして、自分たちなりの豊かな生活を送ることができる場所だった。オークウッドビーチのような場所では、夏になると海辺でパーティーが行われ、夜には近所の子どもたちが街灯の下でサッカーをしていた。たしかに洪水の問題と排水処理場は存在していたけれど、それでもここはよき故郷とみなされていた。レオナルド・モンタルトはここで育ち、強い愛着を感じていたので、この土地から動かずフォックスビーチ通りにある白いコテージで三人の娘を育てたのだった。彼の姉妹、パティ・スナイダーは同じブロックのちょっと行った先で子どもたちを育てた。そしてパティの娘が巣立ちの時を迎えると、レオナルドと彼の子どもたちが住む通りの真向かいにあるバンガロー型郊外住宅に住み始めたのだった。

地元への愛着は、長きにわたり当地の人々の特質となっていた。にもかかわらず九つの地域コミュニティの住民たちが、ブルドーザーで家を取り壊し、土地を干潟に戻すよう、サンディのあとで地域政府に嘆願を始めたのである。このことは、サンディとその余波の中で、もっとも私を驚かせたことだった。それは、嵐の間も停電が起きなかったチェンバーズ・ストリート以南の数少ないビルの一つが、ゴールドマン・サックスのものだったという事実よりも、ブリージーポイントで発生した火災よりも、数週間もの間レッドフック地区住宅当局に身を寄せていた高齢者たちの存在よりも私を驚かせた、ということだ。スタテンアイランド区はニューヨーク市で唯一共和党の区長を擁する土地柄なのに、その水浸しになった地区から生まれた要求は何よりも私を驚かせたのだ。「母なる自然は、自らの大地を取り戻すことを望んでいる」、「土地買収（buyout）が要望され、必要とされている」などと書かれた看板が庭先に立てられるようになった。右寄りで、気候変動否定論者であろう、低地にある労働者階級地区の住民たちは、私たちの知らない何を知っているのだろう？彼らはどのようにして、もっとも進歩的かつもっとも物議をかもす海面上昇への適応戦略の一つである、撤退に関心を持つようになったのだろうか？

その夏、ようやく私がオークウッドビーチを訪れた際[*2]、強い絆で結ばれた海辺のコミュニティを買い取り、解体するために数百万ドルが計上されていた。沿岸を無人にする作業がすでに始まっていたのである。

＊

マンハッタンからオークウッドビーチまでは一時間強かかる。一世紀の歴史を持つ摩天楼が遠ざかっていくのを、私はフェリーデッキから眺めた。スタテンアイランドに上陸すると、私は自転車に乗ってベイストリートをくだった。リトル・スリランカや、フォートワズワースにある二〇〇年前に作られた積み重なる石の砲台を通り抜け、サウスビーチのボードウォークに沿って進む。都会の喧騒は次第に遠ざかっていく。自転車道は突如として、砂や杉やブラックニードルラッシュで覆われた。使われなくなった航空機格納庫、色あせた青緑色のジャングルジム、そして灰色の排水処理プラント。誰も訪れることのないハンプトンズの片隅にいるような気がしてくるけど、私はまだニューヨーク市を行政上は離れていないのである。

　二万二〇〇〇年前、巨大なローレンタイド氷床が退氷し始めた。[*3] ニューイングランドとニューヨーク市全域を覆っていた、厚さ約一・六キロメートルもの氷床だ。氷が後退すると、氷床の一番端のすぐ先にあった陸地の大部分が沈下し、数キロメートルにおよぶ沼地、湿原、潮汐湿地が形成された。スタテンアイランド東海岸に広がる湿地もそうしてできたものである。二〇世紀初頭には、ニューヨーク市庁舎から半径四〇キロメートル内に七八〇平方キロメートル以上の湿地が存在していた。[*4] 陸地と海が出会うその場所では、マスクラット〔ネズミの仲間〕が悪さをし、アメリカスイレンが花を咲かせ、シラサギが巣を作っていた。完全な海でも完全に乾いた大地でもない湿地は、少なくともヨーロッパ人が入植した直後の北米では、探検されることも開発されることもほとんどなかった。しかし、それは一八五〇年沼沢地法（Swamp Land Act of 1850）制定までのことだった。同法は干拓が可能なあらゆる沼の州有化を認めた。それ以来、こうした特有の生態系は脅威にさらされ続けている。それまで湿地というのは嘆きの種であった。こうした土地のあいまいなはずれにはっきりした境界線を定めるのが難しい、という投機家たちが遭遇していた困難もその理由の一つだった。しかし同法の制定によって、長らく無価値だと思われていた土地から金もうけをする機会が突如生まれたのである。

ニューヨーク都市圏の人口が増大するにつれ、同市の湿地のおよそ九〇パーセントが埋め戻され、コンクリートで固められた。[*5] チャイナタウンはかつて湿地だった。[*6] コニーアイランドも、イーストハーレムもかつては湿地だった。レッドフック、ロッカウェイも同様である。ブロード・チャンネル〔クィーンズの地区〕、バーゲンビーチ〔ブルックリンの地区〕、カナーシー〔ブルックリンの地区〕もだ。ジョン・F・ケネディ国際空港はかつての潮汐湿地の真上にある。フレッシュキルズゴミ処理場、ブルックリン海軍工廠、クィーンズ沿岸部のかなりの部分、そしてスタテンアイランド東海岸のほとんども同様だ。

かつて湿地が支配していたのはニューヨークだけではない。[*7] それほど遠くない昔、米国でもっとも人口密度が高い北東回廊の大部分が、スパルティナで覆われていた。一八世紀以降、ロードアイランド州、コネチカット州、ニューヨーク州は沿岸湿地帯の五〇パーセントを開発のために失った。ボストン、プロビデンス、ニューヘイブン、フィラデルフィア、ボルチモア、ワシントンDCの大部分が、かつてはあまりに多湿だったため、そうした土地に居住したいと夢みる人など誰もいなかった。こうした一見ありふれた風景は、もてはやされたり、保存地域に指定されたりすることはなかった。かわりに、都市部では非公式なゴミ捨て場となることがほとんどだった。じめじめした無益な土地は、ゴミを隠すのにうってつけだったのである。

ゴミ捨て場となったこうした湿地のかなりの部分が、二〇世紀初頭に工業港の需要が地域で高まると、その需要に応えるため整備された。[*8] そして一九四〇年代に海運業が衰退すると、複合工業地帯はまたしても再開発された。当時、この国の汚染された水路の近くに住むのは有害であると考えられていたため、公営住宅および低所得者向け住宅が建てられることが多かった。五〇年代に人口が増加すると、住宅ユニットが不足するようになる。そして多くの都市の湿っぽいはずれの地は、洪水はよく起きるけど、よそに住むだけの金を持たない人々に格安な住まいを提供したのだった。世紀が進むと、これらの地区はインフラ支援が不十分な地区ともなった。もっとも頻繁に水害を受けながら、もっともわずかな救援策しか講じられない土地となったのである。

＊

オークウッドビーチを初めて訪れてから数ヶ月後、私はニューヨーク市立大学スタテンアイランド校にあるアラン・ベニモフの研究室に立ち寄った。同校でレジデント型研究〔地域社会に定住し生活者として地域の課題に取り組む研究方法〕を行う地質学者であるアランは、何が根本的な原因となってハリケーン・サンディの破壊的な被害が起きたのかを明らかにする、何本かの論文に取り組んできた。私が初めてアランに会った時、彼はさまざまな地質学資料——岩石試料、立体地図、先史時代の化石のレプリカなど——が散らかった薄暗い研究室の隅っこで、コンピューターの前に屈み込んでいた。アランは私のところまで聞こえるぐらい深いため息をつくと、顔を上げ、こちらに来るようにと手招きした。その日は季節外れの暖かな晩冬で、研究室の窓の向こうには、雷の気配を漂わせた空が見えた。雪に覆われているはずのキャンパスは、その代わりに泥と水たまりに覆われていた。

太鼓腹で、禿げあがり、白い口髭を豊かにたくわえた古風なイタリア系アメリカ人のアランが私に与えた第一印象は、風変わりな気候変動専門家、というものであった。彼は将来については多くを語りたがらなかった。しかし、粗雑に計画された都市環境が、サンディのもたらしたカオスをどれほど悪化させたかについて話すことについては一切のためらいも言いよどみもなかった。彼はコンピューター上で、スタテンアイランド東海岸の地図データを開いた。その地図は人口密度、地勢、建造物の種類、土地利用規制など、さまざまなデータを集め、レイヤー化してあった。土地の大部分は赤く塗られ、それは海抜三メートルを下回っていることを意味していた。薄いブルーの陰がつけられているところがいくつかあり、私には湾との区別を難しくしているように見えたが、アランは「ブルーは、その区域が湿地であることを意味している」と説明した。

アランの地図は建物の一つ一つが記載された住宅地図でもある。彼がクリックすると、スクリーン上に表示される情報が変わり「これは二〇世紀初頭のものだ」と教えてくれた。「この区域のほとんどが沼だったのがわかる。建造物を表す黒い色はほとんど見当たらない」当時のスタテンアイランド区が、現在とは異なる形状をしていたことに私は驚いた。スタテンアイランドと聞くと私は三角形の島を思い浮かべるが、ここでは砂時計のような形をしている。島のくびれた部分をベルトのように通っている湿地が、良好な住環境となっていた地区にとっての緩衝帯となっていたのである。

アランは、スタテンアイランドの過去一世紀におよぶ開発の歴史を、一〇年刻みにして見せてくれた。世紀が進むにつれ、黒く塗られた建造物の数が増加し、かつては陸地とみなされていなかった区域にまで及ぶようになる。そして沼が埋められたことを示すぎざぎざの線や、碁盤目状の道路が現れる。「湿地は巨大なスポンジのように作用し、高潮を吸収する。湿地が舗装されると水は行き場を求め、進路にあるすべてを破壊することになる」とアランは言った。「誰も言わないことだけど、沿岸部をこのように開発したことが、サンディの破壊力を増大させたのだ」

アランは縁のない丸メガネ越しに私を見て、最後のデータセットを地図に加えた。スタテンアイランドの海岸に沿って、二四の赤い点が散らばって現れた。「私はサンディに関係するあらゆる死もデータ化した。次のことを理解しておかなくてはならない。嵐で亡くなった人々の半数以上が、かつて潮汐湿地だった土地の上に住んでいたんだ」と彼は言った。カーソルは、オークウッドビーチ最東端の岬〔グレートキルズパーク（Great Kills Park）のこと〕の上を、開発されて脆くなった長く突き出た土地の上を動いた。「私に言わせれば、そもそも最初から住宅など一軒も建てられるべきではなかったのだ」

＊

四〇分間自転車をこぎ続け、ようやくオークウッドのはずれにたどり着いた。取り壊し済みの建物を一つ目にしたけれど、地図から消え去ったコミュニティを今から見にいくのだ、という気持ちにさせるものは何一つなかった。キッサム通りの果てでは、ショベルカーが大きな音を立てて羽目板を食いつぶすように破壊していた。黄色い機械が一台、瓦礫を積み上げ、獲物を嚙み切るカマキリのように解体作業をしていた。通りをさらに進んでいくと音は小さくなっていった。取り壊しはほぼ終わっており、いくつかの家はすでになくなっていたからだ。

もっとゆっくり観察するため、私は自転車を停めて近くの木に固定した。あたりに残されていた一ダースほどのコンクリートの土台の周囲には、侵略的な草が押し寄せ、倒れている。私はかつて私道だった道を歩き、かつて家が建っていたスラブに向かった。この場所を、ことばの厳密な意味で「家《ホーム》」としていたものの多く——壁や、屋根板や、接合部品など——はバラバラになり、運び去られるのを待っていた。粉々になったコンクリート、放棄された雨どい、ペプトビスモル〔米国の胃腸薬〕のピンク色のガラス繊維のシートを私が調べている間、生々しさの残るスクラップの中を風が吹き抜けた。

ガチョウの一家がよたよたと瓦礫を横切り、それから方向を変え、消えては現れるしゃぼん玉のように沼の中に消えていった。一、二、三。私はガチョウの後を追い、めちゃくちゃに生い茂る草の奥へと冒険を試みた。

スパルティナと葦が風に揺れていた。私はでこぼこの大地を探るように、慎重に歩を進めた。タンニンの混じった赤い水が私の足元から湧き出し、近くの木の折れた枝の上ではキンカチョウが鳴いた。私が沼を訪れるのはこれが初めてのことではなかった。けれども、私が関心を寄せるようになってからまだそれほど日が経っていなかったのもまた事実だった。私を洗い流してしまうような静寂はすぐそこにあり、それに包まれ都会のストレスがぽろぽろと落ちていく。この日のオークウッド訪問は廃墟への小旅行となるだろうと想定していたけれど、この地区とその周囲の潮汐湿地は予想に反して生気に溢れていた。この場は呪われていながら、神聖でもある。人間に見捨てられた土地でありながら、私たちのコントロールを超えた力によって取り戻される過程にもある。この緊張感の中で、私の心は奇妙に安らぐのだった。

人生の大部分において、私は潮汐湿地について多くを考えたことはなかった。しかし今では、密かに、そっと、私の関心を引くようになっていた。ほとんどの人々にとって湿地とは、草が乱雑に生い茂る場所に過ぎない。[*9] 腐敗が放つ硫黄臭。瘴気と泥。しかし私は、それらを占い棒として見るようになった。それらは未来の増水を示してくれる。そしてさらに重要なことに、多くの場合、未来はすでにそこにあるのだ。

＊

私がオークウッドビーチを初めて訪れる日の一年前、二〇一二年秋にハリケーン・サンディが到来してから二週間後のこと。長くスタテンアイランドに住む五〇歳の、しかし少年のように若々しく見える不動産ブローカー、ジョセフ・タイロンは、マウント・マンレサにある連邦緊急事態管理庁（FEMA）の支所を訪れた。彼は、自身の事業再建のために中小企業向け融資を求めてFEMAに赴いたのだが、去る時にはまったく異なる計画が彼の頭の中を占めていた。ジョセフはオークウッドに賃貸物件を一軒所有していたのだが、同地の全住人にそこから離れるよう同意を取り付けようと思い立ったのだ。住民のほぼ全員が撤退に関心があると示すことができれば、危険緩和助成プログラム（HMPG）を通じて移転資金を獲得できる可能性があった。連邦政府は、住民たちにハリケーン・サンディ以前の住宅価格を支払い、すべての住宅を取り壊す。それによって次に嵐が来たら、そこは緩衝地帯となるのだ。

ジョセフはこうしたことをガイヨン通りを走る車中で話してくれた。ガイヨン通りは、ニコール・モンタルトが洪水から逃れるために使った通りの一つだ。ジョセフの話を聞いたのは、私がオークウッドを初めて訪れてから数ヶ月後、私がアラン・ベニモフと話をした直後のことだった。私たちの車は比較的高台のエリアを走っていたのだけど、このあたりでも多くの家に痕跡が残っていた。冷めたコーヒーが陶器のカップの内側に残す跡のように、多くの建物の下から四分の一のあたりを洪水の線が囲んでいる。水ぶくれした家具や家族写真の山が、よその家の前の歩道に連なっていた。

「撤退（retreat）」ということばは多くの場合軍事的状況で用いられ、そこには敗北のニュアンスが含まれている。ジョセフが育ったスタテンアイランドでは、災害復旧戦略としての撤退には人気がなかったかもしれない。しかし、そのスタテンアイランドはもう存在しない。水浸しになったドッペルゲンガーがとって代わった。過去一〇年、深刻な洪水の数が増えていくにつれて、「忘れられた行政区《スタテンアイランド》」の住民は、ニューヨーク市が自分たちのことをいつも後回しにしていると気がついた。そしてサンディによって彼らの忍耐は限界に達した。そして撤退が解放を告げるものとなったのだ。

ジョセフが移住の可能性を初めて持ち出したのは嵐から一ヶ月後のことだった。どんな種類の援助が、どこで誰のために利用可能なのかを話す会議の場だった。その場には暖房がなく、壁にカビが増殖し、しだいに床板が腐っていく家に住んでいる人々がいた。近くのホテルに身を寄せている人々もいた。ジョセフは彼らに質問した。「あなたがたの住宅に適正価格が支払われるとしたら、売却と退去に関心のある方はいますか？」すると、その場にいたおよそ二〇〇人の内、ほぼ全員が手を挙げたのである。

「その夜、公会堂でみんなの手が挙がった時、参加者の間にはざわめきが起こったんだ」とジョセフは回想する。「なにしろ隣人がここから出ていきたがっているなんて、誰も予想していなかったからね」ジョセフは土地買取を求める草の根運動のリーダーの一人となり、その運動は山火事のようにまたたく間にスタテンアイランドに広がっていった。土地買収要求委員会は戸別訪問を行い、彼らの関心を把握し、意識を高めた。もはや安全な生活はできない、と住民が感じている地区をマッピングした。災害復旧についての膨大な略語を学ばなければならなかったのでオーガナイザーたちは疲れ果てていたが、撤退の可能性は彼らの士気を高めていた。私がオークウッドを初めて訪れてから数ヶ月後、レオナルド・モンタルトの姉妹、パティ・スナイダーは甘いアイスティーを振る舞って、次のように話してくれた。「あの時はそれぞれにやることがあった。私は子どもの頃からこの地域に住んでいるでしょ。だから住民に撤退を薦めながら、同時に嵐の後に出ていったきりで戻ってこない人たちの追跡を担当したの」

パティが電話をかけている間、ジョセフは戸別訪問を行い、この土地に残る人たちに、買収はどういった制度や規則に則って進められるのかについて丁寧に説明し続けた。「住民に強制することがないよう、ものすごく努力をした」とジョセフは言った。「それはコミュニティにもたらされなくてはならない情報だった。しかし、強制退去をさせるかのように人々を追い詰めるような真似はできなかった」集団での移住が戦略であったものの、決断を下すのは、長きにわたってオークウッドを故郷とみなしてきた個人たちでなくてはならなかったのである。

ジョセフは、私たちが通過したほとんどすべての家のかつての持ち主の名前を、次々と挙げてみせた。「ここはダニエル・マンキューゾの前の家。ここはペドロ・コレア、彼はイラク帰還兵だ。こっちはジョセフ・モンテが以前住んでいたところ。彼は一一年かけて、自分の手でバンガロー型住宅を建てたんだ。自分の理想の家を徐々に作り上げていったわけだ。サンディの直前、彼は最後の仕上げとなる錬鉄フェンスを作ったところだった。彼の家は愛情のこもった仕事によってできていたから、それを手放すかどうか、彼はずいぶん悩んでいた。でも彼の意見は次第に変わっていった。どうやら、彼の育てていたリンゴの木は、立ち退き後もブルドーザーになぎ倒されることはないと決まったみたいなんだ。彼はそれをすごく喜んだ」私たちが車で通り過ぎた時、葉っぱの落ちた枝が高く伸び、風に吹かれているのが見えた。しかしリンゴの木の他には何もなかった。家もない。フェンスもない。誰かのものと言えそうなものは何もなかった。

突然空が裂け、季節外れの激しい雨が降り始めた。ジョセフは、はためくアメリカ国旗が側面いっぱいに描かれたトレーラーの前で車を停めた。このトレーラーは、まだ近隣に住んでいる人々にシリアルとツナ缶のセットを毎週木曜日に無料配布しているという。彼らは州政府からの提案にまだ応じていないか、あるいはその提案が取りまとめられるのを待っている人たちであった。

「一番心配だったのは、この土地が再開発されることだった」とジョセフは言った。雨で滲んだ景色をワイパーが一瞬だけクリアにする。「ここは下層中産階級の人々が住む地区だ。生活水準はみな似たり寄ったりで、というよりも、みな同じように富から見放されている。彼らの家が金持ちに与えられることになるとしたら、あるいはデベロッパーがマンションやら高級コンドミニアムやらを建設するために家々が解体されるとしたら、ここの人たちは決して立ち去らないよ。ここに住み続け、ここで腐り、ここで溺れ死んでいくことになったとしても、絶対に立ち去ることはない」

幸運なことにHMPGによる土地買収は、この土地が未来永劫空き地へと戻ることを義務付けている。そしてそのことこそが、協力を拒んでいた人々を何よりも納得させたのだった。「どれほど多くの人たちが『わかった、ここが自然に還ることが確かなら受けいれよう』と言ったことか」とジョセフは回想した。住民たちが海辺にある私有地――スタテンアイランド以外では、ニューヨーク市ではほとんどの人に手が届かない贅沢だ――の放棄を受けいれたのは、この地がある種のコモンズとなり、この土地を使用する権利が万人にある限りにおいてなのだった。

土地買収は社会的な疎外を推し進める手段なのではない。長年にわたって自分たちの存在を脆弱なものに留める原因となった、行政の不作為から脱するチャンスであり、新しいスタートを切る機会なのだ。多くの住民が土地買収をこのようにとらえるようになった。「俺たちは何年もかけて市当局の注意を引く努力をしてきた。雨が降るたび、家の前の道路にはいつも水が溢れていた。でも、それは始まりにすぎなかった」レスキュートレーラーから通りを隔てた向かい側にある退役軍人クラブハウスで、ジョン・ホジュナキはそう回想した。先ほどの豪雨はわずか一〇分足らずでやんだが、それでも舗道には巨大な水たまりができていた。「市が約束した、オークウッドを保護するための土手の建設には一〇年以上かかった。その土手もサンディが頂上部を破壊し、その後でまた別の高潮が流れ込んできた」彼は着ている赤いボウリングシャツの皺を伸ばしながら「食堂」と書かれたドアに向かった。彼の背後にあるレンガの壁は、ツートンカラーになっている。暗い色のレンガは海水に浸かっていて、明るい色のレンガは濡れなかったのだ。二つの色の境目は彼の頭よりもずっと高い。

気候変動と洪水の相関について私が訊くと、私たちに加わるため歩いてきたジョンの隣人は、異議を唱えた。「何が原因なのか確かなことはわからない。だが洪水は年々、どんどんひどくなっている。もし適正な価格が提案されるなら、私は家を売ってここから出ていくよ」すぐ横に広がる潮汐湿地を見渡し、私は理解した。潮が高まり経済的安定が脅かされるにつれ、プラグマティズムが政治信条を打ち負かすに至ったのだ。

二〇一三年一月までに、オークウッドビーチ土地買収委員会では、撤退に関心を持つ住民が大多数を占めるようになっていた。地元から選出された議員は、周辺の不動産価格や、必要とされる税収に悪影響を及ぼす可能性があることには反対するだろう――そう考えた委員会は、一足跳びにニューヨーク州知事アンドリュー・クオモに直訴した。するとクオモ知事は、住民たちが団結し、困難な決定を行ったことを称賛し、その月の終わりにはオークウッドビーチの住宅を嵐の前の価格で購入するという試験的プログラムを発表したのだった。このプログラムへの参加は任意だが、買収対象地域に住んでさえいれば希望者は誰であっても利用できるようになっていた。通常、危険緩和助成プログラムの補助金は、河川沿いの農村コミュニティを氾濫原の外に移転させるために使われる。[*10] したがってこの基金をスタテンアイランドに配分するのは前代未聞のことだった。人口密度の高い大都市圏の沿岸部にある不動産を買い取り、解体する試みは、同プログラムの歴史において初めてのものであった。

嵐から一年もたたないうちに、オークウッドビーチの住人の中には、ニューヨーク州と自宅の売却をまとめた人がでてきた。多くの住人は市内での移転を奨励するために提案された五パーセントの売却ボーナスを利用し、近くに引っ越した。その一方で、氷河作用のように緩慢で、管理不十分な市当局の「再構築」プログラムは、まだ一枚も小切手を切っていなかった。

オークウッドビーチの住民が必要な支援を受けているのを見て、近隣のグラハムビーチ、オーシャンブリーズ、ミッドランドビーチ、サウスビーチ、クレセントビーチ、ニュードープ、トッテンビル、グレートキルズの住民は、自分たちの土地買収要求委員会を組織した。「地元の政治家と協力しようと試みたが、四、五ヶ月経ってもうまくいかなかった」と、嵐の間にオーシャンブリーズにある自宅を失ったフランク・モスジンスキは振り返る。モスジンスキほか地域のリーダーたちは、週末になると交代でテントを立て、そこで撤退についての情報を配布した。その後すぐ「ボウルの買い取り（Buy the Bowl）」をクオモ知事に要求する看板が出現した。ボウルとは、この地区が数週間にわたって洪水でいっぱいになっていることからつけられたニックネームだ。最終的に州知事は同意し、当初の土地買収プログラムを二倍に拡げ、五〇〇戸以上の住宅が対象に含まれるようになったのである。

＊

初めてオークウッドビーチを訪問した際、解体現場は一つ一つ明るいオレンジ色のプラスチックの柵で囲まれていることに気づいた。家がすっかり解体され、かつての居住者の痕跡がすべて除去されると、作業員たちは家の前の砂地に手作りの木製の看板を立て、以前の番地を記していたのだ。フォックスビーチ通りを下ると、89とステンシルで描かれたベニヤ板が左に傾いていた。その隣の数字は87で、そこはかつてはジョセフ・タイロンの賃貸物件があった場所である。寝室を二つ備えた小さなビーチサイドの平屋の跡は、今では何一つ残っていなかった。

空の青さはあまりに眩《まばゆ》く、あまりに綺麗で、不吉な印象を与える光景とみごとな対比をなしていた。フォックスビーチ通りの終点付近には多くの家がまだ建っていて、窓は板張りになっていた。ベニヤ板の上には誰かが「イエスさまに祈ろう」とスプレーで描いていた。二〇世紀中頃に建てられた緑色の牧場スタイルの家の前では、木にアメリカ国旗が結びつけられている。道をもう少し下ると、湿った空気の中で板切れが揺れていた。

歩き続けると、オークウッドの果てに広がる分譲住宅エリアに出た。すべての家が低層で、気味が悪いほどよく似ている。偽レンガでできたファサード、安っぽいプラスチックでできたガレージの戸、そして同じくプラスチックでできた郵便受けが立っていた。この日私が訪れた二つの分譲住宅はどちらも過去一〇年以内に建てられたもので、潮汐湿地に分類された区域にある。デベロッパーはニューヨーク市規格要請局から特例許可を得て、[*11] 沿岸湿地帯の埋め戻しを禁止する一九七三年法の適用を免除されたのだった。[*12] しかし、建設に数十万ドルがつぎ込まれ、完成から一〇年も経っていない現在、これらは一つ残らず解体されることになっている。将来の洪水リスクが極めて高いためだ。

道を戻る途中、私はまったく同じ形をした八つの地上型のプールが並んでいることに気がついた。プールには緑や茶色の藻が生え、その陰からミノウ〔小魚の一種〕が出入りしていた。プールは白いプラスチックでできたペラペラの柵にそれぞれ囲われ、隣のプールと隔てられている。柵は、洪水が押し寄せた箇所で曲がっていた。アメリカ全土の多くの地域同様、耐久性ではなく利益を優先してぞんざいに建てられたものだ。粗悪なアメリカンドリームの典型だ。

ドアに解体予告が掲示されていない一軒のタウンハウスのドアをノックしてみた。女性が応じた。

「私たちはまだ土地買収を待っている」と彼女は言った。「書類は提出した、でもまだ待っている」

彼女はロシア出身だった。彼女の足の爪はピンクに塗られていた。指の爪もピンクに塗られていた。彼女の着ているTシャツの前面には大文字でPINKと印刷されていた。「私が幸せかどうかって？　幸せなんかじゃないわよ」と彼女は言った。「以前はこの辺はいいところだった。鳥が鳴く朝以外は、とても静かで。今では家はみんな空っぽ。アライグマとネズミが棲んでるわよ」

「それはお気の毒です」と私は応えた。「とても大変なことでしょう」でも、それがどれほど大変かなんて、私にどうしてわかるだろう？

＊

スタテンアイランド東海岸は海抜〇・三メートルから二・七メートルの間にある。[*13]この地区の地形は比較的平坦であるため、近辺で全体の水量がわずかに増加するだけでも広範囲にわたって中程度の洪水が発生する。この地区の沿岸地域のほとんどが、嵐に対して公式および非公式な防護策を講じているのはそのためだ。オークウッドビーチは高さ三メートルの土手で海から隔てられている。

少し北に向かうと、ファザーカポダンノ大通りという沿岸高速道路には若干高さがあるため、オーシャンブリーズは長きにわたって大西洋から隔てられてきた。しかし、ハリケーン・サンディの進路と海面上昇があいまって驚くほどの高潮が発生したため、嵐の間に前例のない量の海水が湾の開口部に送り込まれた。土手や高さのあるインフラは、通常の洪水からは近隣地域を守る緩衝装置となり、事実そうしている。しかし一旦決壊してしまうと、問題を悪化させる傾向にある。

サンディは動きの遅いハリケーンだった。水位はゆっくりと上昇していった。しかしオークウッドビーチとオーシャンブリーズはどちらも高台に囲まれているため、お椀型の地形[*14]に守られて暮らす住民たちは、高潮が高さを増していることにまったく気づかなかった。午後七時二〇分まで、オークウッドビーチは比較的乾いていた。しかし波の高さが土手を超えると、水が流れ込み、数分間で道路に溢れたのだった。

ニコールはこう言った。「私が出発したのは、たぶん七時半頃だったと思う。その時に突然水が深さを増していったの」

彼女の父の最期のことばはこうだった。「水が押し寄せている。行かなくちゃ」

洪水は段階的ではない。地球の気候変動のように、突然で、暴力的である。異なる均衡の間を急に行ったり来たりするのだ。温室地球《ホットハウス》、そして氷河期。乾燥、そして水浸し。一方から他方への劇的な移行。

二〇一二年一〇月三〇日の夕方にオークウッドビーチで起こったことを想像するのが難しければ、シンクの底にミキシングボウルを置いてみよう。ボウルが浮かばないように下へ押さえつけながら、シンクに水を張る。ボウルの内側は乾いたままである。しかしそれは水がへりに届くまでだ。ほとんど乾いた状態からその正反対への急激な移行が、多くの人々の不意をついたのだ。オークウッドビーチとオーシャンブリーズだけで一四名が死亡した。その数はニューヨーク市全体の三分の一にあたる。

「窓の外を見たら、海水が壁となって道路をやってくるのが見えたのを覚えている」と、モンタルト一家の家から数百メートルいったところに住んでいたロイサン・ケリーは言った。「水は道路をくだってきた。車、木、ポーチなど、行く手にあるものすべてを飲み込みながら」

ロイサンの居間は数分で浸水した。彼女の家は高さ二・七メートルの支柱の上に建てられていた。彼女と将来夫となる人物が八〇年代にこの地所を購入した際、用心のため施工したのだ。しかし、洪水はそれより高くなっていった。「私は恐ろしいものを見てきた。ツインタワーに飛行機が突入したのも見た。でもサンディの方がひどかった。ものすごく怖かった。人生でもっとも長い夜だった」ロイサンは数時間におよび、ワインのように暗くなった居間の、ソファの上で漂流した。彼女の居間はあっという間に、どういうわけか、大西洋の一部となったのだ。「隣の家の人が叫ぶのが聞こえたけど、待つ以外に私にできることはなかった」夜明けを待つ。水が引くのを待つ。「どれくらいかかるのか、さっぱりわからなかった。その内眠っちゃったんでしょうね、目が覚めたら水は消えていたの」

その洪水は、キッサム通りにある住宅の半数以上を破壊することとなった。いくつかの家はぺしゃんこに潰され、別の家は土台から剝がされ、スパルティナが生える中を引きずり回されてからバラバラになって、周囲の塩性湿地に沈められた。パティ・スナイダーの夫は数時間の間、屋根の上で救助を待った。ペドロ・コレアの家が崩壊した時、彼はたまたま前に浮かんでいた別の家の屋根の上に飛び移った。道路を少しくだったところでは、エディ・ペレスがオークの木に登って洪水から命拾いをした。「その夜、木にしがみつく方法を学んだんだ」と、崩れかけた玄関で私と話しながら、彼はそう教えてくれた。

＊

自転車に戻る途中、私はフォックスビーチ通り沿いにある白いバンガロー型住宅の前を通った。二つの植木の間には、立ち入り禁止テープが張られていた。一階は崩れ、建物は左に傾いていた。その時はまだ知らなかったけど、そこはパティ・スナイダーとレオナルド・モンタルトが育ち、のちにレオナルドが娘を育て、ニコールが父の名前を呼びながら戻った家だった。

空き地となった区画をいくつも通り過ぎた。私道に車がまだ停まっていて、明かりがまだついている三軒の家の一つ一つの前で私は足を止めた。

レンタカーの窓から身を乗り出し、写真を撮っていく災害ツーリストがいる、とフランカ・コスタは私に言った。彼女のコテージは虹色の風車三つ、セラミック製の天使六体、ロッキンチェア一台、トマトの植木三つ、プラスチックの造花で覆われたリース二つ、そして「私道の前に駐車しないで」と書かれた手作りの看板で飾られていた。彼女はこの通りで、州の立退き提案を受け入れなかったたった一人の人物だ。何もかもが変化している、とフランカは私に言った。昨年はイルカの死骸が海岸に打ち上げられた。彼女が飼う犬たちは、土手の向こう側で泳いでいたため、細菌に感染し水下痢になったという。今では八月になると海藻が発生し、これまで何もいなかった場所にサシチョウバエやブヨが出るようになった。

そして彼女はこう言った。「ここは天国の縮図みたいな場所だった。立ち去った人々に神さまのご加護がありますように。でも私には去ることはできない。私は、そんなに簡単にやり直すことはできない。この家の借金はまだたっぷり残っている。それに、州が何をくれるとしても、ここ以外の場所でこんなに海のそばにいられることとなんてないから」彼女はパワーバー〔アメリカの補給食メーカーとその商品名〕を一本私に手渡し、安全な旅路を祈ってくれた。「またいつでも来てちょうだい」

誰もがいなくなり、何もかもがなくなったら、ニューヨーク市は洪水の後で道路の修繕をするのだろうか？　S76系統バスは営業し続けるのだろうか？　嵐の後で電気は復旧するのだろうか？　フランカの家はいつまで、彼女が二〇〇二年に支払った数十万ドルの価値を持ち続けるのだろうか？　水浸しになった最後の地所から価値が流れ出たあと、沼に草が生い茂るようになるまでどれくらいかかるだろうか？　そして草はいつまで茂るだろうか？　いずれ海は茎より高くなって、海面の下に消えてしまうことだろう。

私が角を曲がると、白いTシャツにジーンズの男性に出くわした。彼はトレーラーにいくつもの箱を運び込んでいた。もしここにとどまるなら、家の価値はまもなくゼロとなる、と彼は考えていた。「他にどうすることもできない。火曜日に自宅を市に譲渡する」と彼は言い、自分の人生を金属製の長い箱に移す作業に再び戻っていった。

フォックスビーチ通りとミル・レーンのぶつかる交差点には、解体された家の空っぽのコンセント、水のたまった土台とそこに浮かんでいる発泡スチロールのかけらがあった。

「今がその時だ、と思っている」とプロムナード通りにいる女性は私に言った。「私は出て行くわ。毎晩、夫は『そうすべきなんだろうか』と聞いてくる。ここ数ヶ月はとても悲しい思いをしたの。かつては子どもたちが一五人くらいバス停にいたけど、今では二人だけ。前はみんなが手を振っていたけど、今では誰も振ってくれない」

礫《つぶて》が散らばる家々の土台や板張りされたバンガロー型住宅に私は囲まれていた。路肩は崩落し内側がむき出しとなり、スパルティナが水に浸かっていた。この風景の中で私は次のことを理解した。これから到来するものは、水平線の彼方ではなく、足下の大地に一本の糸のように連なる、いくつもの瞬間の一つとして存在しているのだ、と。実際、私はここオークウッドで、きわめて脆い潮湿地をまた一つ発見した。しかしこれは驚くことではなかった。[*15] そう考える人もいるかもしれない。けれども私は、この場で次のことを理解し始めたのだ。こうした脆い場所は鬨《とき》の声に変えることができ、またそうされるべきである、と。実際、湿地帯のコミュニティは海の力の強まりを真っ先に感じる、沿岸部の炭鉱のカナリアである。そしてさらに言えば、団結して支援を求め撤退したオークウッドの住民は、それ以上の何かである。それは私たちが見習うべき模範である。滑走路脇で道を照らす誘導灯《ランパイク》である。彼らは被害者である以上に行為主体である。枯れ木ではなくリゾームである。

＊

スパルティナの英語名、Cordgrass（ひも状の草）は、部分的にはその広大なリゾーム状の根系に由来している。昔の人たちは、この植物の線状の根茎と葉身の双方を織り込み、頑丈なロープを作ることができると知っていた。[*16] 場所の間の距離を測るための結び目のあるロープ。[*17] 集会のために市民たちに印をつけ、集めるための、赤く塗られたロープ。[*18] 初期の投石機《カタパルト》から石を飛ばすための撚《よ》りロープ。[*19] これがこの植物の属名、Spartina の語源であり、古代ギリシア語で「ロープ（cord）」という意味である。[*20] 音を撚りあわせ、三つの音を一緒に奏でることでハーモニーを構成する、同音異義語の chord（和音）同様、cord も織られることで強くなるのだ。この植物の俗名なり学名なりを口にすると、その力強い生体構造が空中に現れる。

健康な沼を掘ることが難しいのは、スパルティナのリゾームが張り巡らす地下ネットワークのためだ。土壌に広がる結合組織の網の目は密生し、頑丈である。しかしスパルティナの周囲で海水が淀むと、リゾームは後退する。そしてリゾーム周辺の堆砂がゆるみ、土壌は文字通り崩壊し始める。[*21]しかし変化はこれで終わらない。通常の根と異なり、リゾームは単に反作用的（reactionary）なだけではない。[*22]栄養を求めて植物塩基から下に向かって成長するだけではないのだ。リゾームには自己の精神がある、と言えるだろう。リゾームは逃走線を見つけ、行動を起こす。たとえば植物が多すぎる塩の脅威にさらされると、水平根は高地へ向かって成長し、自分に適さない要素から身を引き離すことがよくある。沼が移動できる空間があるなら、移動する。それぞれの根から新しい芽が出る。コミュニティ、そしてそれが提供するホームは、内部から作り直されるのだ。

停めていた自転車のところまで戻ると、私は枯れ木に身を預けてひと休みした。沼にせり出す枯れ木のむき出しで、予言的な姿を、私はじっと見つめた。目に見えなくても、私はスパルティナのリゾームが水面下で撤退し、同時に新たな形を作っていることを知っていた。前に進むだけでなく、たとえ場所がいくぶん変わったとしても、自分自身であり続ける方法を見つけようと試みているのだ。アーチを作っている沼草の葉のすぐ向こうでは、解体される家々が並んでいた。ドアにステンドグラスがはめ込まれた色あせた牧場スタイルの家には、引っ越しトラックが接していた。その車体はソファ、家族写真、ポット、フライパン、サッカーボールでいっぱいになった。撤退すべき時が来たことを知っているのはリゾームだけではない。

ちょうどその時、シラサギが頭上を飛んだ。翼を幾度も羽ばたかせ大きく左に傾き、どう名付けたものか分からなくなっているものの上を滑空した。沼の果てではプラスチックの白い袋が葦に引っかかっていた。それは降伏の白旗のようにはためいているのだった。

弱さについて[*1]

マリリン・ウィギンス
フロリダ州、ペンサコーラ

今洪水は確かにひどくなっている。でもね、洪水はずっとひどかったんだよ。この辺は黒人地区で、市が気にかけることはないからね。地面の上に建ってる家や、スラブの上に建ってる家は、みんなしょっちゅう洪水にあっている。私らは水に囲まれてるのさ。メキシコ湾はすぐそこだし、反対側からは雨水がやってくる。ずっと昔、ここら辺は湿地だったそうだ。私が若かった頃、生活のために通学バスの運転をしていたことがあったけど、洪水の水が高すぎて、バスに乗ることができない朝はしょっちゅうだった。玄関から出ると、腰の高さまで水があったものさ。

それに加えて、この辺には古い下水処理場と蚊駆除施設があったんだ。[*2]それらは毒を撒き散らしていた。つまり、すぐそばで強力な化学物質を作っていた、ということ。すぐそこのインテンデンシア通りにあるコリーヌ・ジョーンズ公園の土壌や地下が有毒物質にまみれているのは、それが原因なんだ。だから蚊駆除施設の所有者は公園に二五万ドル支払うことになった。近隣住民の中には苦情を述べる人たちがいる。「有毒化学物質が古い施設から出て、道路の向かい側の公園まで届いた。それで私たちの家が影響を受けていない、なんてことがあるのかね？」って。でもペンサコーラのアシュトン・ヘイワード市長は、このあたりで実際に何が起きているのか、見にくることはなかったね。私の隣人は、蛇口から黒い塵が出てくる、と不満を漏らしてた。でも水の検査をした人からはまだ何も聞いていない。私はいつも誰かの返事を待ってるような気がするよ。

二〇一四年の洪水は深刻だった。私の家は、近所の家よりも一・五メートルから二メートルくらい高いところにあるけど、それでもベランダが破壊された。でも隣の家、裏に死にかけたサイプレスの木がある家は洪水で家を出ていくことになった。コテージや社会復帰施設に水が入ってきて、そこにいた人たちは何もかも失った。さらにひどいことに、大規模な洪水が起きるといまだに下水の臭いがするんだよ。下水処理場がまだ稼働しているんじゃないか、と思えるほどさ。でもそうじゃない。ハリケーン・アイバンのあとで下水処理場は閉鎖されてるんだから。

ペンサコーラ全体では、黒人やマイノリティの居住地区の多くでは、このあたりの水を管理するために調整池がある。でもこうした調整池も、多くの住民にとっての懸念となっていることを忘れちゃいけない。子どもたちが遊んでいた公園があったところに調整池ができるなんて、ひどいことするよ。もちろん調整池は必要さ。でもそれを言うなら四〇年前から必要だったんだ。四〇年前はどこにあったんだい？　誰か私に答えてくれるかね？

私は今六一歳になった。元々タンヤードで生まれ育ったわけではないけど、中学一年生の頃にペンサコーラのこの一角に引っ越してきた。黒人の女が育つにはいい場所ではなかったよ。赤線地帯だったからね。すぐそこに「教皇庁《ポープズ・プレイス》」という名前のモーテルがあって、みなが通っていた。白人の男たちが私のことを娼婦だと誤解したから、家に逃げて帰らなきゃいけなかった日がしょっちゅうだったのを覚えている。私の父親は連中を追い払うために女物のドレスを着てね、ベランダに立って連中に向かって叫んでいた姿は今でもまだ目に浮かぶようだよ。

今、私はタンヤードの町内会長をやっているんだ。この辺で何が起きているか、すべて耳にしている。ここらへんは洪水被害にしょっちゅうあうけど、政府の支援を受けた住宅に住んでいれば市を通じて保険に入ることができる。でもね、洪水にあうたび家を改装してその場に住み続けなきゃいけない、っていう生活は大変な状況さ。保険に一つでも入っていたら、そうしなきゃいけないんだ。洪水があった場所に戻ってきて、そこでもう一度やり直さなければならない決まりなんだよ。道路の反対側の新しい家に住んでいる最近越してきた隣人は、まだ住宅ローンが残っているから洪水保険に入らなきゃならない。その家にもし問題が起きたとしたら、銀行が金を取り戻そうとするからさ。私の場合、ローンを抱えていないから洪水保険に入らなくてもいいんだ。だけどいつかは、誰もが強制加入させられるようになるかもしれない、と聞いたよ。そうなったら私がどうするか、わからないね。そんな余裕があるとは思えないしさ。

リスク

フロリダ州、ペンサコーラ

アルヴィン・ターナーのダブルワイドのトレーラーハウスに到着した頃には、温かく湿ったぼろ切れのような夕暮れがペンサコーラ湾上空に漂っていた[1]。アルヴィンのトレーラーは、水辺から四〇〇メートルほど行った[2]市内でもっとも海抜が低い地区の一つ、タンヤードにある。住民のほとんどが黒人のコミュニティとなるはるか前、タンヤードはヨーロッパへの輸送前に動物の生皮《タン》が処理される場所《ヤード》だった[3]。そしてタンヤードとなる前、ここは潮汐湿地だった。現在のタンヤードはもう湿地には「見えない」。けれど、湿地としてのふるまいをやめてはいなかった。雨が降れば周辺地区から流出した水はすべて下方に流れ、ここに集まってくる。ハリケーン・アイバンがペンサコーラ湾を直撃すると、風速二〇九キロメートル／時の風と、下水処理場を破壊するほど強烈な高潮をもたらした[4]。熱帯低気圧、激しい雷雨、サイクロン、ハリケーンなど、どんな名称の気象であれタンヤードは決まって水浸しになるのだ。

木製の階段を上った私は、アルヴィンのトレーラーをノックする手前で立ち止まった。先週抜いた最後の親知らずの傷口から、激しい金属的な痛みが走ったからだ。手術のせいで私の舌はまだうまく回らない。アスピリンを二錠飲みこんでからノックした。アルヴィンが応じると、彼の背後にある広間から、不気味な冷たい空気が流れ出た。彼の目には目やにが溜まっていた。粘液の色が、暗い室内と彼の黒い肌の中でひときわ目立っている。彼はブルーの格子縞のパジャマのズボンを穿き、右脚には長いひっかき傷があった。向こうずねの感染創は化膿している。恥ずかしながら、私は一瞬こう思った。ひき返そう、と。この貧しく、高齢の、病んだ黒人男性に対し、私はつかの間恐怖を覚えたのだ。女性であり、ノンフィクション作家である私は、仕事で知らない人にインタビューをする機会が多くあり、一つのルールを定めている。状況を読みとり、何かよくない感じがすれば立ち去る、と。

しかし白人女性のノンフィクション作家である私には、盲点、偏見、責任があることもわかっている。そしてこれらは、互いに干渉し合うことがあるのだ。ただ立ち去ること、それは私の取材対象者には選ぶことができるとは限らない特権だということを私は知っている。そして確実に本能だと感じられるようなことが、たとえそれが恐怖の瞬間であっても、実は手垢のついた、有害なものであるケースもありうるということを私は知っている。だから私はアルヴィンに手を差し出し、彼が手を差し出すのを求め、私たちは握手した。

私はすぐに、画面に映るニュース映像だけが光源の、薄暗い居間に案内された。テレビ画面にはルイジアナ州のバトンルージュ〔ミシシッピ川河口にある都市で、ペンサコーラからは四〇〇キロメートル強〕で起きている洪水の映像が流れていた。フロントガラスまで届く水。間に合わなかった家族を探す小船に乗った人々。泥で茶色くなったミシシッピ川の航空写真。そして水の中で渾然一体となったライブ・オークの木々や家々の屋根。

「南部の破壊的な洪水で、数千人が家を失いました」とアナウンサーが冷静に話した。レーダー地図が、鮮やかな赤い色で、この名前のない嵐を示している。傷の周囲を思わせる嵐のほつれた周縁部が躍動する。できたり消えたりするかさぶたみたいだ。アルヴィンはソファに腰をおろすと、近くにあった二人がけのソファに座るよう促した。私はメモ帳とペンを取り出した。「アイバンが、私と妻の住んでいた家をめちゃくちゃにした。だから今はここに住んでいる」とアルヴィンは言った。

今、私は次のことを知っている。歴史的に見て、ものすごく低い土地の多くは、経済的な余裕がなくて文字通りそこ以外には住むことができなかった人々に住まいを提供してきた、ということを。そうした場所は、海がきわめて平穏な時でも頻繁に洪水にあう。湿地は長い間荒地とみなされてきた。[*5]かつてヒポクラテスは、淀んだ沼の水と粘液の分泌を誤って結びつけた。現在ワシントンの街路に響いている「問題を解決せよ（Drain the swamp＝湿地の水はけをよくしよう）」という叫びの中に、その発想の残響が聞こえる。

南北戦争以前の南部では、湿地は空気とそれを吸い込むあらゆるものを腐敗させる、と考えられていた。のちに「グレートディズマル湿地（Great Dismal Swamp）」として知られることになるものについて、バージニア植民地時代に活躍した測量士、ウィリアム・バードはこのように述べている。「この広大なぬかるみと汚濁からやむことなく立ち上る蒸気は、数キロメートル四方の空気を感染させる（……）それにより〔近隣住民は〕、マラリア、胸膜炎、およびその他数多くのジステンパーに感染する恐れがある。多くの人々が死に、生き残った人々も亡霊のごとき相貌を呈するようになる」

*6]逃亡奴隷や追放されたアメリカ先住民が、あちらこちらの湿地に避難所を求め、この国のマルーンや先住民コミュニティの多くが東海岸とメキシコ湾岸沿いの沼や湿原にあるのは、そのためなのである。こういった場は防衛が楽であり、攻撃が難しく、土地自体が誰にも望まれていない。こうした人々は、まさにそのためにアメリカのじめじめした周縁に腰を据えたのである。

脆弱な地形とそこに生息する動植物について調査しようと考えていた私は、脆弱な人間のコミュニティについての調査をすることにもなった。私がペンサコーラにやって来たのは、連邦緊急事態管理庁（FEMA）の一機関、全米洪水保険制度（National Flood Insurance Program）について学ぶためだった。そして同制度が漂着物堆積線（ラックライン）近くで生きる人々の生活を、どのように方向付けているかについて学ぶためだった。保険産業は悪いことが起きなければ成り立たない。[*7] しかし悪いことが起こるのは一度につき少数の人々で、かつ多少なりとも計算可能な方法で、でなくてはならない。一方、洪水の保険金支払い請求は、ほとんどの場合一斉に行われる。そして予測不可能であり、かつ膨大な数になる。そのため民間の保険機関は、歴史的にこの種の保険を提供しようとはしなかった。この状況に対処するため、一九六八年に全米洪水保険制度が創設され、連邦政府の支出を負担することになった。[*8] 住民は年間洪水保険契約料を支払うことで、将来の復興に融資することになる。洪水マップが作成され、ローンを抱えて洪水ゾーンに居住している場合には、保険の購入が要請された。

全米洪水保険制度が販売した保険契約は新規かつ義務的なものであったので、きわめて高い補助利率が適用された。住宅所有者が支払う額は、リスクに対して本来支払うべき保険額の一〇分の一程度に過ぎなかったのである。換言すると、図らずも全米洪水保険制度は氾濫原での生活を実際以上に安全に見せ、安くしたのだ。その後半世紀で、水害常襲地域の住戸数は四倍に増加した。[*9] 現在およそ一五〇〇万戸の住宅が「特別洪水危険地域」[*10] 内に建っている。[*11] 東海岸だけでも一兆ドル以上の不動産が、海沿いの予測不可能性が高まる地域にある。[*12] そしてこういった住宅が洪水被害にあうたび、保険に入っている場合は払戻金を使って、同じ場所に建て直すことが法律によって要求されているのである。たとえその場が過去に繰り返し洪水にあっている場合であってもだ。

出会ってからわずか数分で、私はハリケーンが襲うといつもどうなるか、このあたりが洪水にあうといつもどうなったかについて語るよう、アルヴィンに求めた。避難が必要だった時のこと、彼が失ったもの、どのように建て直すことができたか、どうしていつも戻ってくるのか。そうしたことについて思い出すよう、私は彼に求めた。しかし、探りをいれればいれるほど、私は彼の脚の切り傷を押さえつけ、どれくらい痛むか聞いているような気分にもなっていった。「ごめんなさい」と私は言った。心からのことばだった。あなたの苦しみの肥沃土を掘るような真似をしてごめんなさい。*13 どのように洪水が土台を崩したか、どのように風が屋根を吹き飛ばしたか、戻ってくるたびどれほどわずかなものしか残っていなかったか。そんなことを言うよう、求めてごめんなさい。そして、ほんの少し前に自分の頭に浮かんだことを思い出しながら、心から感じたのだ。自分のいるところから遠く離れた場所に行くことが、私にとってどれほど簡単であるか、と。それについて思いをめぐらすこともなく航空券を買い、他人の家をノックして、入れてもらえるものだと期待してごめんなさい。あなたのことを、予告なしに訪問して出会った男性を、一瞬とはいえ怖がったりしてごめんなさい。私たちの間にある違いしか、最初は目に入らなかったから。

「ごめんなさい」と私は再び言った。アルヴィンは恐縮した。前に進む方法は他にもあるはずだったし、私はそれを探した。「聞いていますから、続けてください」私はそう提案し、身を乗り出した。

アルヴィンは続けた。「私は四〇年近く、いや五〇年もの間ここに住んできた。私たちが、つまり私と妻がここに住んだのは、ここなら手が届いたからだ。ここで子どもたちを育てた。今は何かあれば孫娘が手伝ってくれている。なぜなら妻はもう二年前に死んだからね」人工的で、凍傷にかかった匂いのように、虚無感が室内を満たしているように思えた。「もう仕事もしていないし」と彼は付け加えた。

アルヴィンの二人がけのソファに座る時間が長くなるにつれ、私の目は光の不在に慣れていった。反対側の壁にかかっている聖母マリアの掛け時計、ドア枠に収まっているひっかき傷のついたフォーマイカの調理台がはっきり見えるようになっていった。この男性は私に危害を加えない、と私は考えた。アルヴィンは危険ではない、少しよそよそしいだけだ。他の人間がいないことに、四方八方から脅かされている地区のはずれにたった一人で暮らすことに、慣れすぎているだけだ、と。

＊

人々、とりわけ弱者について書き、報道するという行為は、私の中ではエンパシー（自己移入）に基づくものである。しかしエンパシーを実践する方法はそれほど明白ではない。レスリー・ジャミソンは『エンパシー試験（The Empathy Exams）』の中でこう書いている。「エンパシーは、つねに贈り物と侵害のはざまで不安定にとどまっている」[*14]。そして「それは大変だったでしょう、と忘れずに口にするだけでは、エンパシーとは言えない。困難に光をもたらし、すっかり見えるようにする方法を考えつくこと。それがエンパシーなのだ」とも書いている。「他の人々に悪いことが起きると、自分の身にそれが起こったと想像した。それがエンパシーなのか窃盗なのか、私にはわからなかった」洪水ゾーンへの取り組みにもっとも共振する彼女の定義は、おそらく以下のものだろう。「エンパシーとは、境界がはっきりしているトラウマなどない、と気づくことである。トラウマは血を流す。傷口から、境界から、境界を越えて」

＊

アルヴィン宅を訪問してから二日後、私は年長の共同作業者、サミュエルと一緒にメキシコ湾のはずれに立っていた。アメリカ本土とガルフ・ブリーズ〔ペンサコーラ沖にある細い半島〕、そしてガルフ・ブリーズとビーチをつなぐベイ・ブリッジを渡りこのビーチにやってきたのだ。地元の人たちは、この薄っぺらい砂の陸地を「レッドネックのリビエラ」と呼んでいる。その名称はある程度までは、この地がアラバマ、ミシシッピ、ルイジアナからのバカンス客を引き寄せるために付けられたものだったが、南部では自己卑下がほとんどアートの域に達しているからでもあった。砂は、私がこれまで目にしたあらゆるものよりも白く、更衣室から海へと向かって歩くと足の下でキュッと音を立てた。この細かい砂粒は[*15]、アパラチア山脈から運ばれてきた純粋石英だ。大きな岩がばらばらの小片となり、二〇〇〇年の歳月をかけて川床を転がり落ち、磨かれ、大陸の端へとたどり着いたのだ。

サミュエルはたるんだ水泳パンツの紐を引っぱって締めると、私に歩み寄り、べとついた手を私の肩に載せた。

そして「ちょっと待って」と言いながら、私から離れると、私の背中に入ったタトゥーを声に出して読んだ。それはE・E・カミングスの詩句だった。最後の一行にこう書いてある。「……あなたに口づけをすることはないだろう[*16]」

突然、彼の湿った唇が私の肌に押しつけられるのを感じた。詩句が彫られた場所だった。胃が口蓋まで押し上げられた。ことばが出なかった。体が硬直した。私の身体はサミュエルを殴ってやりたいと思った。しかしそうしてはまずいと告げるもう一人の自分がいた。だから仕方なく私は海に向かった。メキシコ湾最北端で抱卵中のクラゲの群れを目指してまっすぐ歩いた。そして泳ぎだしたのだった。

＊

サミュエルは、フロリダ・パンハンドルで私にセクハラをした唯一の男性ではなかったし、研究中に誰かが不適切な誘惑をしてくるのは初めてのことではなかった。しかし、目の前でマスターベーションをされ、お尻をつねられ、わいせつなコメントで頭をいっぱいにされることが私の職業生活の一部であるからといって、ペンサコーラでインタビューの一人に「夜にパラフォックス・ストリートを歩く時は気をつけな。俺だったらあんたを誘拐するかもしれないぜ」と言われた時はさすがに動揺しなかったわけではなかった。そして酔っ払ったその男は、私が電話に出ないと、呂律《ろれつ》が回らなくなった声で留守電に次のようなメッセージを残したのだった。「どこに行ってたんだい？　FBIがあんたを探してる。連中があんたを見つけたら、裸にして所持品検査《ストリップサーチ》するらしいぜ」

アルヴィンのトレーラーの中で、サミュエルは私と一緒にいた。この時点では、彼がいてくれることは保護のように感じられた。彼がいることで、知らない人の家に入っていく選択をすることは、ずっと簡単になった。敷居をまたぐ前に、私はリスクを計算する。リスク計算――それはサミュエルが専門とするものだ。彼はリスクに晒されている人々やビジネス、政府の意思決定プロセスを研究している。彼は、住宅所有者が保険に加入するかしないかを決定する方法について検討し、保険業界が提供する補償範囲に着目し、自然災害の脅威の高まりによって生じる物理的・財政的な損害はどう削減できるかについての政策提言を作成していた。

近年、サミュエルの仕事は重要性を増している。全米洪水保険制度は、ハリケーン・カトリーナとハリケーン・サンディのあとで、すでに二四〇億ドルの負債をかかえていた。[17] その後、ハリケーン・ハービー[18]が一兆ガロンの雨をヒューストンに降らせ[19]（同市の大部分はかつて沼だった場所の上に建てられている）、三〇四億ドルに定められた借入限度を超過することとなった。初期の報告は、ハリケーン・ハービーのあとで四五万人以上の人が連邦政府に援助を申請することになり、洪水保険制度はますます債務に埋もれていく、と示唆していた。

全米洪水保険制度が生き残るためには、何か抜本的な変革が必要なのは明らかだった。保険契約がより高額となるか、もっと多くの人々が加入するか。多大な損害が繰り返される場合には再建ではなく、土地が買い上げられるか。はたまた再保険、つまり保険会社のための保険といった投機的金融商品の発展によって、民間の保険会社が介入を選択するか。[20] 私が取材したコミュニティでは、どこでも全米洪水保険制度の将来についての噂が広まっていて、それは噂のそもそもの発生源である嵐によく似て、混乱をもたらす力がそなわっていた。ジャン・チャールズ島とオークウッドでは、当地にとどまり続けるならば保険契約料が年間二〇〇〇ドルから一万五〇〇〇ドルに値上がりするらしい、と住民たちは私に語った。ロードアイランドでは、洪水ゾーンが拡大する可能性について人々は話し合っていた。ペンサコーラでは、自宅を完全所有している住民たちが、たとえローンがなくてもまもなく保険契約が強制になるのではないか、と心配していた。それぞれかなりありそうな話ではあったが、全米洪水保険制度の将来自体は未知のままである。なぜなら連邦議会は、負債まみれの事業全体を二〇一八年三月には再認可する必要があるからだ。

高リスクであることを反映した保険料率を住宅所有者が支払うことになれば、その長期的な影響は甚大なものになる。沿岸地区の不動産価格の下落。それに伴う税収の落ち込み。高価格によって引き起こされる中～低所得者の住宅所有に対する排除。それによってさらに悪化する経済的不平等。

保険料率が値上がりすれば、私の出会ったこの国の水浸しの沿岸に住む人々のほとんどが、立ち去らなくてはならない。洪水それ自体のためではなく、保険料支払いのコストが上がるために。

この問題こそ、私が全米洪水保険制度とこの制度が将来たどるであろうさまざまな可能性について、できる限り学習しようと決めた理由だった。しかし学べば学ぶほど議論はますます入り組んでいることが明らかになっていった。そこで私は、リスク計算の専門家、サミュエルその人に相談することにしたのだった。彼の事務アシスタントが電話での話し合いをセッティングしてくれた。私はサミュエルに、全国の湿地コミュニティの住宅所有者たちにインタビューした内容を語った。そして彼は洪水保険改革の周辺で渦巻く複雑な事柄について説明を始めた。ペンサコーラに行くことになるかもしれない、と彼が言った時、私は「じゃあ一緒に（Me too）」と答えた。私たちは共同課題を研究する計画を立てた。ペンサコーラで時間を過ごすことが、ジャーゴンだらけの奇々怪々な議論を、沿岸から遠く離れて暮らす人々のエンパシーを喚起するものへと変える一助になれば、と私は願った。なぜなら私は次のことに気づき始めていたからだ。海岸線の形そのものが変わるにつれ、そこに誰がどのような条件で居住するかを決定する政策も変わってきている、と。

それから六ヶ月後、私はアルヴィンの二人がけソファの上で、サミュエルの隣に座っていた。サミュエル。ペンサコーラを去る前にメキシコ湾で泳がないか、と誘った男。フロントではなく、私の泊まる部屋で荷物を預かってくれと頼んだ男。ビーチに行く道すがら「上級研究員」の地位を私に提案した男。全米科学アカデミーで発表するよう私に勧めた男。彼のお世辞、彼の助成金。彼が連邦政府に持つコネ、彼の評判。サミュエル——リスク計算の専門家。

＊

全米洪水保険制度についての論文を読むのに疲れると、私はペンサコーラの歴史の研究に没頭した。「レッドネックのリビエラ」となる以前、ペンサコーラはヨーロッパ人が初めて年間を通して定住した場所であり、それがのちにアメリカ合衆国となったことを私は知った。スペイン人入植者たちがこの地を征服した時、ここは「新世界」における帝国建設の最前線となるだろう、と彼らは考えた。造船用の木材として有用なサイプレスが豊富に生い茂る沼に囲まれた国際港となるだろう、と。しかしペンサコーラがそうした想像通りに発展することはなかった。[*21] この地域の塩沼、内陸の奥深くまで到達することのない浅く短い支流、航行の難しいバイユー、あるいは砂土。それらは綿花の生産には不向きだったのだ。つまりペンサコーラは、帝国建設活動の中心とは正反対の、南部の前哨地であり続けたのだ。

　それでもペンサコーラは、長い間人々がやってくる場所であり続けた。やって来たのは南部でもっとも純白に近いビーチや、ザ・クロスと呼ばれるサーフスポットの、腰の高さで崩れる波を求めて訪れる人々だけではない。ペッグ・レッグ・ピート〔ペンサコーラビーチにある飲食店〕がラム酒たっぷりのブッシュワッカー〔南北戦争のゲリラ兵を意味するカクテルの名称〕を売り出すはるか以前、ティン・カウ〔ペンサコーラビーチにある飲食店〕がパラフォックス通りで最初のアルコール入りミルクシェークを提供するはるか以前、この狭い土地は湿地であった。そして湿地は、多くの人々にとって、水浸しの要塞である。それは要塞を求める反乱者たちの味方になったのだ。

　スペイン人は人口を増やすこと、そして支配権を主張する他のヨーロッパ人からの攻撃をかわすことに必死だった。だからライバル植民地の奴隷たちに、束縛から逃れ、南へと向かうことを推奨した。彼らは、軍役の代わりに自由を約束したのである。こうしてフロリダ半島は逃亡者たちの灯台となり、北米初の自由黒人の居住地になった。一つの世界が終わり新しい世界が作られたこの地、この時。ペンサコーラとその周辺地域では黒人、白人、アメリカ先住民が頻繁に混ざり合った。そして「メルティングポット」というアメリカでもっとも扱いにくい神話に最も近づいたのだった。[*22] ペンサコーラの自由黒人たちは翻訳者、ガイド、追跡者として働いた。交易所を建設・維持し、船の船長となり、兵士として従軍し、製革所《タンヤード》で働いた。

　しかし、人種間の混合がもっとも進んだ南部都市の一つ、という初期ペンサコーラの声望は、のちにきわめて人種隔離された町となるのを妨げる要因とはならなかった。一九世紀の終わり頃にはペンサコーラに住む富裕な白人の多くが、ダウンタウンを見おろす高台にあるノースヒル地区およびイーストヒル地区に移り、定期的な洪水から逃れた。[*23] その間黒人、クレオール、アメリカ先住民たちは、もとは川床だったロング・ホローや、現在アルヴィンのトレーラーがあるタンヤードを受け継ぎ、住むようになったのである。

　脆弱性は、ガーネットの首飾りや負債同様、継承される。ここにはしょっちゅう水がやって来て、触れるものすべてを腐らせる。あなたがここに住むなら、それによって引き起こされる荒廃に晒されるだろう。そして海が家の外壁に塗られたペンキをごっそり剥がしていくことを知ることになるのだ。

＊

私は身を乗り出してアルヴィンの目を見た。そして彼が洪水保険に加入しているかどうか聞いた。

「ああ」と彼は言った。「保険には入ってるよ」

「そうですよね」とサミュエルが言った。「ですが、きちんと洪水を補償する保険に入っているか、それを知りたいのです。それは住宅保険とは別のものです」私たちの地図によると、アルヴィンのトレーラーハウスは高リスク洪水ゾーンにある。そこは、連邦政府の住宅ローンを抱えている場合には、洪水保険への加入が必須のエリアだった。しかし、それを定めた法律はほとんど実効性を失っていた。

「これ以上保険はいらんよ、払えんからな」アルヴィンは怒鳴った。彼は、私たちが彼のことを騙しているな、と考えたのだ。こいつらは研究者とライターだと称しているが、本当は保険業者なのではないか、と。「固定収入だけで暮らしてると、請求書を支払うだけですっからかんになっちまう。水道光熱費やテレビ代とかで精一杯だ。これ以上、何も払えんよ」

「もし差し支えなければ、収入がおいくらかお聞かせ願えませんか？」

アルヴィンは口ごもり、そしてやめた。「さっき言った通り、私はもう働いていないんだ。社会保障を受給していて、それがすべてだ」

「それはおいくらになりますか」私は訊ねた。

「これ以上、もう何も買わんよ」彼は主張した。

「余裕がない、ということは先ほどからお聞きしています」サミュエルが言った。

「昔は年間五〇〇ドルの保険料を払っていた。今は六〇五ドルだ。私は毎月一三〇〇ドルで生活している。それがすべてだ」アルヴィンは言った。現在、彼が加入している住宅所有者保険に追加して契約しなければならないもっとも基本的な洪水保険は、彼の年収の一〇分の一を若干上回るものだった。

サミュエルは私を見て眉をひそめた。まるでアルヴィンのわずかな年収が驚くべきニュースであるかのように。いったい何を耳にすると思っていたのか、私は彼に問いたかったが、口は閉じたままでいた。

その間、テレビの画面ではニュースキャスターがプロンプターを読み上げた。「現在、大規模な洪水が起きているルイジアナ州で、観測史上最大の降雨量が計測されました。二四時間で七六センチメートルの降雨量とのことです。[*24] 科学者たちは、これが例外的な出来事なのか、それとも新常態《ニューノーマル》となりつつあるのか、議論を始めている模様です」茶色い水が先ほどよりもさらに増え、さらに多くの人々が救命ボートに乗っているショットがいくつか流れた。救命胴衣を着ている人も着ていない人もいた。道路上にある「一方通行（ONE WAY）」の標識に、水がほとんど届きそうになっていた。記録破りの、この名前のまだない嵐と洪水に被災した人々の多くが、アルヴィン同様保険に加入していないことをのちに私は知ることになる。

アルヴィンはテレビ画面を眺める。何かを理解している表情が彼の顔に浮かんだ。彼は椅子にもたれた。目はほとんど閉じられていた。「二年前、タンヤードでもこれと同じくらいの洪水があった。どれくらい大変なことか、私にはわかる」と彼は言い、話題を変えた。

アルヴィンが言及した二〇一四年四月の洪水は、バトンルージュ同様、前代未聞の降水量によって引き起こされたものだった。しかしタンヤードの場合、海に近いことによってその洪水はさらにひどいものとなった。道路や公園の地下、歩道やスーパーの地下、アルヴィンが今座っているトレーラーの地下には、コンクリートでできた広大な排水路のネットワークが広がっていて、雨水を近くの水域に流すよう設計されていた。しかし排水溝を覆うほどの高潮になると、内陸部からの流出水はせき止められる。二年前、二四時間で六〇センチメートルの雨が降った時、タンヤードは浴槽と化したのだった。[*25]

あの日ペンサコーラに降った雨はあまりに大量で、きわめて珍しい事態だった。統計上は五〇〇年に一度の出来事だと言われていた。そしてその八四〇日後、バトンルージュを水浸しにした大雨は、一〇〇〇年に一度の出来事だと言われた。それから一年後、一〇〇〇年に一度と言われたハリケーンによってヒューストンが水没した。たった三年間でメキシコ湾岸の住民は、数千年分の破壊的な水害にあったのである。

「私はここにいたが、生き延びた」とアルヴィンは続けた。テレビ画面では、人々は腰の高さまで来た水をかき分けながら進んでいた。アルヴィンは脚の傷をかきむしり、薄くなった黒い髪をかきあげた。アルヴィンはテレビに映った、自らのものではない、固有の経験を持つ他者の人生を通じて、自分自身の置かれた状況を認識したようだった。そのようなインタビューを目撃するのは、私にも初めてのことだった。アルヴィンはバトンルージュで苦しむ人々を、自分の部族《トライブ》として、リスクに晒されるという条件を不条理にも共有せざるをえなくなった仲間として、みなしているのだろうか。

リスクということばには複数の定義が存在する。[*26]『メリアム＝ウェブスター辞典』によると、リスクとは「危害が加えられる可能性（……）および危険を」ともなう状況、または「（株式や商品などの）投資が価値を失う可能性」である。[*27]前者の定義は身体的なものであり、後者は財政上のものだ。そして最近私は、この二つの間の違いは距離の問題なのではないかと考えている。「リスクに晒される」とは、具体的な空間を当の脅かされている身体が占めているという状況であり、具体的な危険に近づいていることを意味する。しかし危険が主として金銭的なものである場合、リスクを査定する人物は安全な場所に立っている。つまり洪水ラインからも遠く離れているということだ。リスクは、遠くから見れば、情報に基づいた意思決定や保険を駆使して管理できるように見える。サミュエルはこの観点から自然災害を調査しているが、私は前者の定義から考えてしまう。

洪水がもたらすリスクについての私たちの集合的な認識は、過去半世紀を通じて大きく変容した。ロンドン・スクール・オブ・エコノミクスの社会学教授、レベッカ・エリオットは、全米洪水保険制度が出現する前、洪水は「予測することも予防することも不可能な、不運な出来事」[*28]だと考えられていた、と書いている。「洪水に苦しむ人々は、たとえ『適切な判断』をしたとしても、誰の身にも降りかかる可能性のある不運に直面した、罪のない被害者であった」と。私たちはかつて、洪水の被害にあった人々は不当にも、予測不可能で厄介な天候にさらされているのだと、「不可抗力」に苦しんでいるのだと考えていた。

しかし、全米洪水保険制度が洪水リスクの多寡を地図化し、リスクを確率的に計算・査定するようになると、洪水は――エリオットの言によれば――「科学的に予測可能な、パターン化された出来事」になった。洪水は予測、準備ができるものとなった。それに伴い、人々は保険に加入することで「氾濫原で生活するコストの責任を引き受け、管理する」ことが当然だとされた。換言すると、今日保険に加入していない人々は、自身の破滅に加担したものだとみなされているのである。

皮肉なことに、洪水の尤度《ゆうど》についての情報が増えれば増えるほど、私たちはもっとも「リスクに晒されている」人々が援助に値するとは考えなくなっていく。住環境の脆弱性が偶然ではなく、数世紀におよぶ危険で、不公平な開発の結果であったとしてもだ。全米洪水保険制度が創設されてから最初の三〇年の間、この問題は今日ほど重要ではなかった。全米洪水保険制度は、保険料を補助するだけでなく、保険に加入していない人々に対しても、FEMAを通じて、多額の復興資金を提供することができたからだ。しかし史上もっとも被害額の大きかった一〇のハリケーンのうち八つが二〇〇〇年以降に上陸したことで、全米洪水保険制度は崩壊の瀬戸際に立たされてしまった。[*29]物理的・財政的リスク、安全性、さらには誰が安全に値するか――そうしたことに対する私たちの認識は、誰をそしてどの地域を復興すべきかという方針を、これまで以上に方向づけるようになっていったのだ。

＊

私がアルヴィンに提供できるのは、交換だけだ。彼の物語を共有することで、私はアルヴィンに一人の人間がそれをしっかり聞いた、という認識を与える。もっとも洪水リスクに晒されている人々は、多くの場合もっとも自己を守る余裕がない人でもあるということ。そして生き延びることに必死だった祖先から、脆弱性を継承した可能性が高いということ。そのことを熟知している人間が、彼の物語を聞いたのだ、と。

「私らはアイバンで何もかも失った。屋根は剝され、水が浸入し、家は芝生の上を引っ張られ、道路の反対側までたどり着いた」と彼は言う。「そのあとで私らが受け取ったのは、防水のためのブルーシートだけだった」

「どうやって建て直したのですか？」

「自腹だよ。トレーラーの返済はまだ終わっていない。もう一〇年以上前のことだけどね。かなりの額は返したけど、まだ完済していないんだ」

そう聞いて、アルヴィンが暴風や洪水の損害をカバーする追加保険に入っていないことを、私は確信した。なおかつ、彼は自身がおかしているリスクを熟知しているのだ。彼の家の庭の芝生は永久に水浸しである。地下水は汚染されている。洪水を緩和させるために、ゆっくりとではあるが、進行していた貯水池の建設作業は、土に毒素が含まれていることがわかり、最近中断された。

私はふたたびレスリー・ジャミソンについて考えた。彼女はこうも書いている。「エンパシーとは、ただ聞くことではない（……）自分が何も知らないということを知ることが、エンパシーには必要とされる」だから私はこう口にした。「あなたにとって、それがどれほど大変だったか、想像もできません」私の言った「それ（it）」ということばは、以下のことすべてを意味していた。窓枠を引き剝がした風。そのあとの修理。アルヴィンの妻の死。借金。隣人たちが洪水でしょっちゅう何もかも失うこと。それを数十年にわたって知っていること。建て直す、あるいは保険に加入するお金がないために、ただいなくなった人々がいると知っていること。そして「以下のことすべて」ということばは、次の嵐がいつ襲来するか知らないこと、その時アルヴィンが戻ってくることができるかどうかわからないことを意味している。恐怖を浮かべた私の白い顔に、ドアを開くことを意味していた。答えを探している部外者に受け入れられることをつねに想定している側の人間に、ドアを開けることを意味していた。私が想像できることのすべて、そして想像できないことのすべてを意味していた。

その後、私たちは五分ほど話をした。最後に時間を割いてくれたお礼を述べ、ソファを立つと、ドアのところでディナーの約束をした。

サミュエルも感謝を述べた。「とても参考になりました。私たちの研究にとって、あなたの参加は決定的に重要です。われわれは、あなたのような人々が保険に加入できるようにするため、州政府、連邦政府に提言を行う立場にあります」私はあきれた顔をしてみせたくなった。このスーツ姿の男が三〇分かそこらの訪問で何もかもが変わると約束するのはこれが初めてのことではなかっただろう。

トレーラーの外では夜が近づき、コウモリが低いところを飛んでいた。私はちょうど、この間の嵐でアルヴィンが立っていたところに立っていた。トレーラーの脇に広がる海が、ブリキでできたボートをひっくり返した。おそらく彼は、暗い水で覆われた道路を見て、避難することと、とどまることに伴うリスク評価を試みただろう。いかなる額の保険料も己の身体を守ることにはならない、と百も承知の上で。

＊

アルヴィンのトレーラーを訪れた夏の、しばらく経ってからのことだ。学生の一人が私に手紙を送ってきた。彼女の名前はゾーイ。私の教える小規模なリベラルアーツのカレッジから与えられるもっとも権威ある研究助成金を得て、彼女は海外にいた。ゾーイは気候変動によって生活と生計が数世紀にわたって変容した農村でインタビューを重ねていた。そして、問題に巻き込まれた。証言した男性の一人が、彼女に何通もメールを送り、愛を告白したのだ。ゾーイがやめるよう求めると、彼は怒りだした。あらゆる優れた研究者がするように、彼女はその男性の名前をインターネットで検索した。すると性暴力とメタンフェタミン中毒だったという経歴が見つかった。

何よりもまず、あなたの安全を心配しなさい、と私は彼女に返信した。ホテルを変更すること。支援ネットワークに連絡すること。メールを送る際には毎日到着時刻を記し、あなたが安全でいることをその人に伝えること。そして次に私が与えたアドバイスは以下のようなものであった。

「一五歳も年上の男性からあなたに寄せられた、望まない、一方的な関心は、絶対にあなたのせいじゃない。あなたは優秀なインタビュアー、ライターであり、すぐれた仕事をしている。この男性があなたとの関係を求めているのは、あなたが誤った信号を送ったからではなく、彼の方に読みとる能力および意思がないだけなの」ゾーイはこれまで私が会った若いライターの中で、もっとも才能があった。私は大西洋を横断して、彼女の優れた資質を奪おうとしている加害者を去勢してやりたくなった。しかし、とも思う。私はなぜゾーイのおおらかさ、エンパシー、好奇心を守ろうとしているのだろう。私自身、自分からそうした性質を取り除きたくなることが、時々あるというのに。『ニューヨーカー』誌の専属ライター、ジア・トレンティーノは、セクシャル・ハラスメントと性暴力の後遺症について最近このように述べている。「こうした行為のもっとも残酷な事柄とは、あなたのもっとも優れた点のすべてを陥れ、汚そうとすることなのである」[*30]かつては自分の強みだと思っていたものが、弱みに歪められる。あなたがオープンであれば、境界線を引くのが下手だということになる。あなたが共感的であれば、簡単に操れるということになる。あなたが好奇心旺盛でフレンドリーであれば、そうなることをあなたが求めたのだということになる。

私たち二人がキャンパスに戻ると、私たちはカフェテリアでランチを食べた。そこであらゆることを話した。ますゾーイのフルブライト奨学金申請について。それから『チェルノブイリの祈り』の感想を話し合った。そして最後に、持ち時間の半分が過ぎたあとで、私たちはもっとも話したくなかった事柄に向かい合った。

私は、取材中に、あるいは信頼していた知人の男性から、暴行を受けたことがある友人があまりにたくさんいるということを思い出していた。リアリティ番組のスターで、のちに大統領候補にまでなった男〔ドナルド・トランプのこと〕が、女性に対してやりたいことは「あそこ《プッシー》をわしづかみにすること」だってできるし、「何だってできる」と発言している映像について思い出していた。[*31]そしてそのニュースが世間を賑わせたあと、三日も経てば誰もがその暴言を忘れて、〔ヒラリー・クリントンとの〕討論会の間の、ケン・ボーン〔大統領候補討論会で有名になった質問者〕について、彼の仕草についてツイートするようになった経緯について考えた。

「あなたは何も間違ったことはしていない」お皿の上に数粒だけ残っていた冷凍グリーンピースをいじりながら、私はようやく口を開いた。

「もっと準備しておけばよかった」とゾーイは言った。以前は肩までの長さだった彼女の髪は、夏以降頭蓋骨から二・五センチメートルくらいになっていた。今日はダウンベストを着て、バックル付きの革ブーツを履いている。

「どうやって？」と私は聞いた。

「こうなる可能性を知っていればよかった、と思うの。それによって私が――」彼女は中断し、適切なことばを探し求めた。「自信喪失に陥ることも」

「私があなたに言っておくべきだった」と私は言った。こういうことはしょっちゅう起きるものなのだ、と。

ゾーイと私は、女性がフィールドワークを行うことの意味について、他の女性ノンフィクション作家や人類学者と議論する場を持とうと計画した。このテーマは、人類学を学んだ四年間で一度たりとも取り上げられたことがない、と彼女は言った。私たち二人はフィールドワーク中に自分の身を守るにはどうしたらいいのか、アイデアを出し合ってみた。しかし、私たちの戦術リストは驚くほど短いものとなった。おばあさんみたいな服装をする。自分は仕事に真剣であることを繰り返し述べる。名刺を作る。護身術を学ぶ。催涙スプレーを携帯する。

しかしゾーイは、私が気づくよりも先に、このブレインストーミングのばかばかしさに気づいた。「ハラスメントや暴行を受けないようにするためのガイド作りは重要ではないかも。非現実的な目標のような気がする」

私たちは二人とも私たちの指導リストに従おうとしていた。そして二人とも犠牲者となった。私たちの予防措置は私たちを守らなかった。レイプ、スカートをめくる手、海辺でのキス、脅迫的なショートメール。テクストメッセージ。そうしたものから自分を守るための保険は存在しないし、いくらお金を出しても買うことはできない。脅して衣服を剝ぎ取り、中に手を突っ込むことを適切な行為だと考える中年の白人男性を忘れさせてくれるような、保険契約書は存在しない。

アルヴィンの家の入り口に初めて立った時、ほんの少しの間とはいえ、私はアルヴィンがリスクであり、サミュエルこそが微弱な防護だと信じていた。しかし現実はその正反対だった。この知見を反芻すればするほど、リスクの不条理な性質を私は理解するようになった。リスクに晒されている人々は、白人男性中心の権力体系が崩壊することで損害を被る人々に代わって、お互いを恐れるよう、信頼しないよう教え込まれている。このことによって、味方になってもおかしくない人々との有意義な連帯は頻繁に阻害される。身体的なリスクに晒されている人々は、財政的なリスクが支配する世界を生きている。その世界は、私たちの日常的な規則や関心には従っておらず、私たちの身体よりも財産の方をつねに高く評価する。私は自分の脆弱な身体とともに生きることで、安全への配慮を学ぶことになった。しかし、だからといって最大の脅威を見極める方法を学ぶことはできなかった。日々目にする文化商品――テクノロジー企業の調子はずれの広告、映画『キングコング』、『全米警察24時コップス』といったリアリティ番組など――はこう教える。白人女性は黒人男性やそのアバターの暴力に晒されており、それらから身を守るべきだ、と。しかし、そうした暴力が私の身に降りかかったことはただの一度もない。その反対に、白人男性がごく当たり前に、とても狡猾に、私の白い身体の所有権を主張するという事態はあまりに頻繁に起こる。そのため数えることすらやめてしまったほどだ。

疫学では、「リスク群」に属するということは、平均よりも罹患率の高い集団の一部であるということを意味している。[*32] しかしこの定義は歴史的に誤解されてきた。潜在的感染源はたんに場所を指すのではなく集団だとみなされ、そのリスク群は他者に危険を与える集団だと非難されるようになった。たとえばエイズ禍のさなかに生まれた男性同性愛者に向けての暴力的な差別や偏見が典型的だ。脆弱性やさらなるケアの必要性を示すことを意図していた用語が、守るはずだったまさにその人々を孤立させ、大なり小なりおぞましき存在に変えたのである。

アルヴィンの経験と私の経験は同質ではなく、アルヴィンの方がはるかに大きな被害を受けている。しかし私たちは二人とも、終わりがないように思える外部からの連続した攻撃の対象であり、その影響を受けやすい。でも、そうでなくてもいいはずなのだ。ジェイムズ・ボールドウィンはこう書いている。「被害の状況を明確に述べることのできる被害者は、被害者であることをやめる。彼または彼女は、脅威になるのだ」[*33]「リスクがある」ということは、リスキーな存在であることを意味する。それは、お互いにとってではなく、不公平な社会の存続にとってということだ。そして一般的に、そうした社会の統治原理、社会規範、法は、身体的危険による恐怖を自分のものとして知っている人物によって書かれてはいない。

トレンティーノによれば、そうしたものは「あなたの潜在能力を女性の身体に結びつけ、後者を脅かすことができ、それによってあなたが以前のように自身の潜在能力に自信を持てなくなる」ということを知っている人々によって書かれている。どのような悪事を働いたとしても投獄される可能性が低いということを知っている人々によって書かれている。復興プロセスに資金提供する必要がない立場にいて、そのため湿地の開発を求める人々によって書かれている。高リスクの氾濫原の真っ只中に、それがなければ違法となってしまうからといって、(多くの場合がそうであるように)低所得者向けの住宅の建設に特例許可を与え、免責同意書に署名する人々によって書かれている。[*34]他の人々よりもはるかに大きな金額を毎時間に稼ぐ人々によって書かれている。万が一大きな嵐が来ても、事前に逃げ出すことができ、ホテルの宿泊費やレストランでの食事がたいして負担とならない人々によって書かれている。

つまり、さまざまな形の権力を持ち、それによって自分の身体を、以下の事柄から守ることができる人々によって書かれたのだ。キャリアを高めることの対価としてハラスメントや暴行、レイプを経験することから。洪水が起こるたびに分裂し、人々が去っていくコミュニティに住むことから。暴風から。水面に浮かび、そのあと静かに土壌に染み込んでいく化学物質から。嵐のもたらす高潮とそのあとに続く暗闇から。

＊

サミュエルが到着する前に町で初めて迎えた夕刻、私は一人でタンヤードを散歩した。二〇一四年の洪水の後、この郡で連邦政府から何らかの再建支援を受けた保険未加入者全員のリストを、私は入手していた。この再建支援は問題含みだった。というのも、それを受けると、全米洪水保険制度への加入が要請されていたからだ。最初の三年間、州が基本契約の半額を負担することになっていた。そして私がペンサコーラに着いた時点で嵐から二年半が経過していた。つまり、まもなくすべての支払い責任が住宅所有者に移行するということだ。

巨大なビスマルクヤシとライブ・オークの木々が茂るベルモント、ロマーナ、インテンデンシア通りをさまよい、入り口にU－ホール社の白い大型トラックが停まるケージャン・マーケットを通り過ぎた。トラックのフロントガラスには手書きで「バトンルージュ洪水被災者への食料寄付」と書かれた紙が貼られている。私はマーケットを通り過ぎると、ブルーワフー・スタジアム、新タバナクル・バプティスト教会へと向かった。私はペンサコーラに到着したばかりだったけど、リストに載っている人たちの家を訪ねようと思ったのだ。

最初に立ち寄った家のブザーを押すと、年配の黒人女性がドアを開けた。しかし金属製のゲートが開くことはなかった。私はゲートの前で自分の仕事を説明すると、自腹で全米洪水保険制度に加入するつもりがあるかと彼女に尋ねた。すると彼女は「夫が脳卒中になって、左脚を切断したばかりなんだ。今から病院に見舞いに行かなきゃいけないのよ」と言ってドアを閉めた。

二番目に立ち寄った家では、野球帽をかぶった白人男性が、保険契約を継続するつもりだと言った。しかし彼とその妻には、保険料減額にとって必要な嵩上げ証明書を入手するための資金がなかった。「俺たちは忘れ去られた存在なのさ」と彼は言った。「今から親戚の家に行かなきゃいけないから」と言ってドアを閉め、鍵をかけた。

夕食の前にもう一人だけ、話を聞きたい人がいた。書類によると、彼の名はロバート・ブラウン、住所はド・ビラーズ通り三二四番地だ。

ド・ビラーズ通りを下っていくと、ただでさえ小さな家々がまばらになっていく。この方角であっているかどうか不安になって、通りすがりのカップルに道を尋ねた。「三二四番地を探しているのだけど」と。

若い男性は、セブン－イレブンの特大カップに入った飲み物を一口飲むと「このまま真っ直ぐ進みな」と言った。

私は歩みを進めたが、背後で女の子がこう囁いているのが聞こえた。「あの人、何しにあんなところへ行くわけ？」

タンヤードのはずれは、表面的にはどこにでもある荒廃した地区によく似ていた。歩道にちらばった家具。金網のフェンス。割れた窓。長期におよぶ自治体の怠慢や差別的な融資慣行、最低賃金上昇の停滞によってぎりぎりまで追い詰められた人々に窺える忍耐のしるし……。しかし湾岸に近づけば近づくほど、洪水と逃亡のはっきりとしたしるしに気づくようになった。残された住宅の多くに水位標がついているのだ。一色だったペンキの色が、洪水に浸かった箇所を境目に突然明るい色調に変わる。まるで二色に色分けされたイースター・エッグのように。

私は、ようやく三二四番地にたどり着いた。コンクリートブロックの上に、淡いブルーのコテージが載っていた。私はドアをノックし、数歩下がって待った。しかし返事はない。再度ノックしても同じだった。私はドアノブを回した。その時になって初めて、ドアが釘で閉鎖されていることに気づいた。亜鉛のメッキ加工が施された小さな鉄の丸い塊が、木枠の端に列をなすようにして打ち付けられていたのだ。

私は家の横を回り込むと、洪水によって剝がされたであろう、青く塗られた外壁を見ながら、裏口に向かった。玄関口の窓は割れ、すぐ横には溶けたビニール製の椅子があった。背もたれは煤で汚れている。この光景を見て、私は想像した。ロバートは連邦政府から提案された少額の支援を受け取ると、この家を再建せずに逃亡したのではないか、と。これまでの生活の終わりを記念して、焚き火をしたのかもしれない。私は目を細めて、沈みかけている夕日を見た。ザラゴッサ通りの向こうには、放棄された家がもう一軒見えた。そしてその向こうには三軒目があった。タンヤードの果てはただ荒廃しているだけでなかった。放棄されているのだ。

沿岸から、そして洪水リスクからの撤退は結局のところ自主的なものとなるだろう、と私は考えていた。最初に立ち去ることになるのは、とどまる余裕がない人々だろう、と。しかし、後に私の考えは変わった。住民たちに手が届かない保険契約を連邦政府に命じられるような荒廃した地域からの逃亡を自主避難と呼ぶことは、間違っている。[35] ロバート・ブラウンが彼の家を放棄することを決めた時、その決定に関与したのは彼以外の要素が大部分だったはずだ。忍び寄る海や道路に溢れる水。雨水に対するインフラ整備に乗り気でない、あるいは手がけることができない地方政府。全米洪水保険制度の破産を回避するための最後の手段として、これまで以上に多くの高リスク住宅を保険に加入させる必要があった連邦政府。どう見ても住むのに適していない家のために住宅ローンを払い続けるのは損の上塗りをするようなものだという単純な計算。もし私の想像が間違っていなくてロバートがオークウッドの人々とは異なり自主的に立ち去ったとしたら、移住プログラムの支援を受けることはなかったはずである。自治体および連邦政府の双方に裏切られて彼は立ち去ったのだ。

　私はパラフォックスに戻ることにした。街灯はパチパチと音を立て、大気にはチョウセンアサガオの強い香りが満ちていた。もしロバートの電話番号を知っていたら、どうしてタンヤードを去ったのか、正確な事情を聞くこともできただろう。でも、洪水で破壊され横木に蔓がからまる別の家の前を通った時、ふと思い当たった。答えはおそらく、単純で、わかりきったものなのだ、と。これ以上とどまることができなくなった時、初めて人々は立ち去る。そしてさらに重要なことに、多くの場合、住宅取得能力は偏在しがちなのだ。ガルフ・ブリーズでは、連邦政府の補助金と個人資金を合わせて、悪趣味な豪邸《マックマンション》を、もっとも高い満潮よりもさらに高く持ち上げたカップルに出会った。[36] 郡が一二万四〇〇〇ドルを払い、カップルの負担額はその一〇パーセントだった。その嵩上げされた家には、彼らが乗るBMWが駐車している車庫から食料品を運び上げるためのエレベーターさえついている。一方タンヤードでは、置き去りにされた一階建てのコテージの連なりを目にした。壊れた郵便受けが前庭に残されていた。最後の嵐が運んだ堆積物が、洪水で破壊された十数軒の住宅の下部を覆い隠していた。

私はアルヴィンのことを考えた。今のところ、彼は海岸から二ブロック内陸に行ったところに住んでいる。彼はコンクリートブロックで支えられたトレーラーを持ち上げることができると考えている。雨水に対するインフラを改善するよう市役所に嘆願できると考えている。しかし彼が何をしようと、高潮と豪雨が重なればタンヤードには水が溢れる。彼の弱さは、彼一人だけで予防・緩和・克服できるようなものではない。いつの日か、彼の家は水によって以前とは似ても似つかぬ形に、彼の財産では作り直すことができないものへと歪められる。その時、もし彼が嵐を生き延びるとすれば、多くの人々がそれまでにしたのと同様、彼も逃げ出すことになるだろう。

＊

最終的に、私はもうこれ以上仕事を一緒に続けることはできないとサミュエルに告げ、その理由も伝えた。最初に彼が口にしたのは「なんてことだ（Oh my god）」、次に「さっぱりわからない」、そして「覚えていない」。続けて「それ以外の意図はなかった」とも言った。彼はこうも言った。「私は家族を愛している」、そして「君が立ち直ったら教えてくれ」と。

彼が話をやめないので、私は学生が待っているからと嘘をつき、電話を切った。私が全米科学アカデミーで発表することはなくなった。シニアフェローシップを受給することはなくなった。彼と論文を共同執筆することはなくなった。携帯電話を置くと、自分が震えていたことに気づいた。それでも私はサミュエルが矢継ぎ早に口にした陳腐なことばの数々を、派手な色の付箋に書き留めた。そしてすぐに机の上の壁に貼り付けた。他の人に見えないものを、彼にもなんとか見えるようにしてあげたいと、私は望んでいただろうか。水浸しになってばかりいる沿岸に住む、もっとも脆弱な人々を彼に紹介したいと、望んでいただろうか。私の身体が脅かされた時、私は逃げなかっただろうか。[*37]

数ヶ月の間、私はアルヴィンやフロリダ州の端っこでインタビューした人々を裏切ったのではないか、と気に病んだ。サミュエルに背を向けることで、彼らの声を届ける機会にも背を向けたのではないか、と。しかしリスクへの理解が深まれば深まるほど、この逃亡は賢明だったことがわかるようになった。私たちはお互いに、助け合って逃げるべきなのだ。私の場合、それはかなり簡単なことだった。直接の影響は微々たるもので、職業上の機会喪失がいくつかと、もっとできたはずだったという罪悪感だけだ。私の立場、私の特権が、私の回復を保証した。けれどもこの国の湿っぽい周縁に生きる多くの人々は、この安心感を共有していない。今のところ、リスクに晒された彼らが逃げるとしても、誰がどうやって彼らを受け止めるのか不明瞭だ。

もはや私は、水浸しになることのない大地を夢見たりはしない。[*38]それはもはや有用なスキルではない。なぜならタンヤードで起こっていることは、アメリカのあらゆる住民に、世界のあらゆる住民に起きているからだ。真っ先に影響を受けるのは、脆弱な土地に住む人々であったとしてもだ。ジェイムズ・ボールドウィンはエメット・ティルの殺害についてこのように書いている。「この国のどこであれ（……）どこかに脅かされている人間がいる限り、安全だと考えるのはとんでもない妄想だ。つまり私が言おうとしていることは、貧しさに沈められた（submerged）人々の人間性は、他のあらゆる人々、あなたやあなたの子どもたちの人間性と等しい、ということなのだ」ボールドウィンの「沈められた（submerged）」という暗喩は、彼がこう書いてから数十年後、文字通りの意味となった。ボールドウィンのことばで私が気づくのはこのようなことだ。もし私たちに集団的な安全が到来するとしたら、それはこの国の負の歴史を清算し、またどれほど多くの人々が不当にも増大し続けるリスクに晒され続けているかを熟知した結果でなくてはならないだろう。

「罪悪感といったものは、われわれにはもはや許されない贅沢である」とボールドウィンは続ける。「私はあなたがやったわけではないことを知っているし、私もやっていない。しかし私には責任がある。なぜなら私は（……）この国の市民だからだ。そしてまさにその理由で、あなたにも責任があるのだ」

機会について[*1]

クリス・ブルネット
ルイジアナ州、ジャン・チャールズ島

君が前に来てから変わったことといえば……そうだね、僕が禿げちゃったことかな。でも最大の変化は、ジャン・チャールズ島のコミュニティ移転が現実味を帯びてきたということだ。僕らの部族の族長、アルバートは、住宅都市開発省とローランダー・センターを通して、移転支援のために四八〇〇万ドルを獲得した。君も知っての通り、アルバートは過去一六年にわたって移転を推進してきた。その間に連中が僕らの移転先として望んだ場所は、とても受けいれられるものではなかった。あるいは、すべてを実現するための十分な資金がなかった。でも今回は、ついにうまくいきそうなんだ。僕らを支援するこの基金によって、より多くの自由と選択肢が手に入る。どんな変化であれ、選択肢が多いに越したことはないからね。

僕たちの移転計画はコミュニティの開発なんだ。ジャン・チャールズ島のコミュニティは、移転によって生まれ変わることになる。でも、今のところどこに移るかまではわからないけどね。住宅都市開発省とはすでに二度会合を持った。彼らはモンテガット体育館に島民を集めたんだ。僕らが何を望んでいるのか知りたかったのさ。いずれにしても会議が開かれたのはよかったよ。なぜなら、驚くほどのアイデアが実にたくさん生まれたからね。「移転先の排水設備はどうなるのか？」と発言した人もいれば、「公園はどんなものになる?」と言った人もいる。ここでの生活と同じような生活を送るため、釣り堀を建設したらどうかというアイデアも出た。基本的に僕たちは、街ではなく、可能な限り島の近くにいたい、と思っているんだ。

長年にわたりハリケーンや土地損失、洪水などによって、多くの人々が島から出ていった。もし何も行われなければ、いずれは先住民コミュニティが失われてしまうところまで、ジャン・チャールズ島から誰もいなくなってしまうところまで事態は切迫していたんだ。島から出ていった人たちには、彼らもこの移転計画に含まれる見込みなんだけど、この移転は彼らにとってもいいものになるんじゃないかな。すでに島は、本来の姿の残骸となっているし、そしてコミュニティ内部にも同じことが起きている。でも、僕らが高台に移住すれば、少なくともお互いを支え合うことができる。つまり僕が言いたいのは、一緒にいることができれば、失うものも少なくてすむんじゃないか、ってことなんだ。

僕の考えは、すでに他の人たちとも共有してきたものだけど、君の前でこうして改めてことばにしてみると、本当にその通りだ、と思うな。つまり僕が話しているのは、先祖代々の故郷を離れる選択を僕たちは強いられている、ということだ。もっと地盤がしっかりした土地に移ることを僕らが喜んでいるんじゃないか、と思ってる人がたくさんいることは知っている。でもそうじゃない。移転の話を聞いて、パーティーを開いたわけじゃない。僕の家系は、ジャン・チャールズ・ネイキンっていう、島と同名の人物までさかのぼる。二〇〇年もの間、自分たち家族にとってホームだった場所を、僕はこれからあとにするんだ。

ここの人たちと島とのつながりは、とても深い。僕たちは八世代前からお互いを知っているし、僕は人生のほとんどをここで過ごした。僕はアメリカ先住民で、チョクトー族の一員だ。僕らにとって移住とは、一念発起してキャリアアップのために転職する、といったこととは全然違う。僕たちは、自分たちが属する場所から立ち去ろうとしているんだ。

でも、島の未来はどうなる？　僕に関してだけ言えば、ジャン・チャールズ島で生涯を終えることだってできる。もう五一歳だからね。でも次の世代は？　ティーンエイジャーの子たちは？　僕の姪のジュリエットと甥のハワードは？　彼らが今の僕の年になった時のことを考えてみよう。その頃までに、一体何が起きるだろう？　一〇〇年も経たない間に、海水の浸水によってとても多くのものが島から失われてしまった。かつては長さ一七・七キロメートル、幅八キロメートルだった土地が、今では長さ四キロメートル、幅四〇〇メートルになった。だから僕は、明日を生きるために今日決断しなければならない、そう思って移転計画に参加したんだ。自暴自棄になったわけじゃない。怖いからそうしたわけでもない。この先、何が起こるかはわからない。だったらチャンスがあるうちに利用しようと思ったんだ。

現時点では、なんて言ったらいいかわからない。もちろん明日のことを考えるのは難しいことではないし、それで大混乱になるなんてことはないよ。でも、この決断に至るのは簡単なことではなかった。同じような状況、似たような状況にある人たちに、何か教訓めいたことを伝えられるかどうかわからないけど、僕の経験から学べることがあるとしたら、何年も先の人生を見通してみようと試みることかもしれないね。そしてもし問題が見つかったら、もし自分の害になるものがあまりに多過ぎると思うなら、もし水面が上昇し続けるなら、おそらく出発すべき時が来ているんだよ。

僕が今座っているところから、数えてみよう。一、二、三、四、五、六、七、八、九、一〇、一一、一二、一三、一四、一五……。一五本の木がある。でも、ぜんぶ枯れた。切り株すら見えない木もある。あそこだよ、道路のすぐ反対側。以前は二本の大きなオークの木の間を歩くことができた。枝が交わり、サルオガセモドキが垂れ下がり、アーチの下にいるみたいだったんだ。

一度でも塩分が地下水面に入り始めたら、何もかもが死んでいくことになる。でもそれは緩やかなプロセスだ。今になってみれば、あまりに多くのものが失われたことがわかる。でもそう言えるようになるまでには、今日までかかったんだ。なぜなら、その始まりが僕らにはよくわかっていなかったからね。僕はいろいろ考えるようになったよ。沿岸とは何を意味するのだろう？　ルイジアナ沿岸とは何を指すのだろう？　このあたりすべてが閉鎖されてしまったら、何がルイジアナを「バイユーの州」とするのだろう？　何がルイジアナをスポーツマンの楽園にするんだろう？　北の方からやって来る人々がルイジアナの美しさに見惚れるようなものは、どこにあるのだろう？

僕は今ここに座っている。僕は海岸侵食に囲まれた沿岸居住者で、これから内陸に移住する人間だ。たとえどのような技術をもってしても、元に戻すことは不可能だということをよく理解している。ルイジアナの海岸を作り直す方法はない。バイユーや湖、エビやカニの釣り、そしてここに棲んでいた他の動物たちを再生する方法はない。でも、もし潮位の上昇を遅らせるために何かできることがあるとしたら、まだ失われていないものを守る方法があるとしたら、すぐに実行すべきだ。つまるところ、誰もが海岸侵食に直面している。誰もがその影響を受けている。僕たちは島を奪われたけど、いずれ他の場所も同じようなことになる。僕は知らないことも多いけど、それだけは確信を持って断言できるよ。

さよなら、湾に映る雲

ルイジアナ州、ジャン・チャールズ島

長い間、ジャン・チャールズ島の物語はエディソンの柿の木の下で終わったものだと思っていた。[*1] エディソンとクリスの二人は、たとえ取り返しのつかない変化を被ったとしても、自らを形成した場にとどまるものだと。ところが私が初めて島を訪れてから約三年後の二〇一六年五月、『ニューヨーク・タイムズ』紙が「アメリカ初の『気候難民』、再定住へ（Resettling the First American ‘Climate Refugees’）」という見出しの記事を一面に持ってきたのである。わずかに残っているジャン・チャールズ島の航空写真が、トップニュースに掲載されたのだ。

私はすぐにクリスに電話をかけ、島を離れるのかどうか尋ねた。

「そうだよ」とクリスは言った。「祝うわけじゃないけどね、僕も出ていく」

三ヶ月後、これが最後になるだろう、と思いながら私は島に戻った。もしなんらかの変化があれば、それを見つけようと思いながら、アイランド・ロードを車で走った。支柱の上に建つ石油精製所の位置が、少し下がっているかもしれない。あるいはひび割れたサイプレスの木がもっとたくさん、浸入する海の中に沈んでいるかもしれない。水の量は、少しずつではあれ確実に増えているのだから。けれど私の目には、すべてが前回ジャン・チャールズ島に来た時と同じであるかのように映った。とはいえ、私はこれから彼らが移住することを知っている。その知識によって土地が物理的に変化することはないけれど、私と風景との関係は変わってしまった。通り過ぎるささやかなものすべてに、別れを告げなければいけないような気がした。

さよなら、ニューオリンズ式かき氷の屋台。

さよなら、シラサギ。

さよなら、「住宅嵩上げ用厚板、支柱」と書かれた看板。

さよなら、湾に映る雲。

さよなら、藻で覆われた桟橋、水糸を手にした男性たち、近くに駐車されたピックアップ。

さよなら、海藻の中に隠れたエビ。

さよなら、柿の木。

モスグリーンの色をしたエディソンの小屋に着く頃には、別れの挨拶もだいぶ上手くなっていた。小屋に入るとエディソンの妻、エリザベスがテレビを観ていた。最初のうち、彼女はエディソンがどこにいるのか言いたがらなかったが、数年前にエディソンにインタビューしたこと、それからささやかな贈り物を持ってきたことを伝えると、最終的に彼女は私を受け入れてくれた。

「彼は道路の向かいにあるバイユーに行っている」と彼女は言った。「網を打っているところ」と。

バイユーの赤茶色の突起を歩いていくと、最初の入江にエディソンがいた。日に焼けたシャツが汗でびっしょり濡れている。彼の足元では牡蠣《かき》が積み重なり山となっていた。彼は以前よりもがっしりとしていて、髪は長く伸びている。

「エディソン」と私は声をかけた。「私のこと覚えてるかしら。数年前にここに来たんだけど……」

そう言ったものの、次のことばをどう続けたらいいものか、わからなかった。その後、大量に押し寄せたであろうジャーナリストや物書き、ドキュメンタリー作家たちと、自分をどう区別したものか。「祭壇に供えてあった牡蠣の殻をくれたでしょ。だからちょっとしたものだけどお返しを持ってきたの」私は地元プロビデンスで買った手塗りの雄鶏の陶器を手渡した。「家庭に幸運をもたらす、と言われていてね」と私は付け加えた。彼は雄鶏を草むらの上に置くよう合図した。その手はバイユーの塩水で塩を含み、湿っている。

「祭壇はどうなった？」

「なくなったよ。洪水がすべて持っていった」とエディソンは言った。

私は振り返り、道路の向こう側を見た。かつて祭壇があった場所だ。しかしそこには何層にも重なった葦の茎とスパルティナの他には何も見えなかった。私はエディソンの方を向くと、頭の中にある質問リストを探った。でも、それらはすべて同じ質問を言い換えただけだった――あなたは島を出ていくの？

ちょうどその時、コンコルディア社の担当者が二名現れた。彼女たちは住宅都市開発省が再定住を組織的に実行するために雇われた建築事務所の人間だ。そのうちの一人はモッズ風のサングラスをかけ、よその土地の訛りで話した。年上の方が私を見て、邪魔じゃないか尋ねた。

「大丈夫ですよ」と私は言った。彼女たちが何を言うか聞きたかったからだ。

エディソンは、取り囲まれているような気分になったのか、一瞬だけ体を前後に揺らした。

「私たちは調査を行っています」と若い方が言った。

「俺は出ていかないからな」とエディソンは答えた。「ここは俺の家だ。レポートにそう書いておけよ」

「あなたは家の何が気に入っているのですか？」彼女は書類をめくりながら尋ねた。

「島から八〇キロも離れた安普請の家に引っ越すなんて興味ないね」とエディソンは言った。「俺に引っ越してもらいたいなら、俺がどこに行きたいか、なんで俺に決めさせないんだ？　ブルグにある息子の家の庭に新居を建てたっていいんだ」

「再定住に参加するには、コミュニティの人たちと一緒でなければならないんです」

年上の女性はサングラスを外し、つけ加えた。「移住が完了すると、島への道路は、嵐の後で滅茶苦茶になっても補修されませんよ」

エディソンは彼女をまっすぐ見つめた。「あんたは隠していることがある。俺にはわかる、目を見ればわかる」と彼は答えた。

彼女は一言も返事をしなかった。

島民のために約五〇〇〇万ドルが計上された、と初めて聞いた時、私は心から喜んだ。ジャン・チャールズ島を初めて訪れてから三年の間に、いくつもの沿岸コミュニティが州や連邦政府、あるいは民間から撤退資金を得るために結束してきた。オークウッドビーチの住民のように成功した人たちもいれば、アラスカ州キバリナの住民のように成功しなかった人たちもいる。こうした状況の中、ロックフェラー財団主催による計画討論会が開催され、数回に及ぶ討論会を経て国家災害レジリエンス委員会基金（National Disaster Resilience Competition）が生まれた。ハリケーン・サンディの後のことだ。[*2]

同基金は、復興の方法だけでなく、将来の損失を回避する方法について考えることをコミュニティに奨励していた。二〇一一年から二〇一三年の間に大災害に遭ったと認定された、すべての州および地域の政府に参加が要請され、革新的かつ前向きな方法で復興基金を使う計画案の提出が求められたのだ。住宅都市開発省は一三の異なる計画案に一〇億ドル以上を提供した。ルイジアナ州は沿岸湿地帯保全と増大する洪水リスクに耐えるためのコミュニティ改良、そしてジャン・チャールズ島を対象に、次の嵐が来る「前に」住民を移住させるという実験的試みのために、約一億ドルを受け取った。ルイジアナ州は島民のために内陸部の空き地を購入し、人間としてまともな暮らしができる程度の住宅を建設することになる。近年の洪水よりもはるか以前に島を離れた人々も対象となるだろう。[*3] 傍目《はため》には「ウィン－ウィン」のように思えた。

しかし、実際に現地に赴いてみると、移住は私が想像していたよりもはるかに複雑だった。建築事務所の女性が言った、将来道路が修復されなくなるという見通しは、エディソンにとって脅迫に等しい。そしてエディソンはますます意固地になる。

「ここに来るのはやめてくれ。俺を島から追い出し、あんたらが望む場所に連れて行くのも、やめてくれ」とエディソンは言った。彼の声はひと言ずつ大きくなっていった。「俺はテレビを観ながらとっとと老いぼれるだけだ。ほっといてくれ」彼は間違っていない、と私は思った。自分がどこに住むべきか、誰かに指図されるなんてたまらない。自分のいる場所で幸福になる方法を知っていればなおさらだ。

「新しい土地では池を作る計画もあります。だから釣りを続けられますよ」

「人工の釣り堀で釣りをしろと？」とエディソンは言い返した。

「おっしゃることはよくわかりました」と若い方が言った。そして二人は背を向けて立ち去った。エディソンが質問票に記入しないのならば、彼女たちは会話を続けることに興味がないのだ。

そしてエディソンが私の方を見た。あんたまだここにいたのか、と言わんばかりに。

私は本を執筆しているとエディソンに話した。ペンサコーラでは誰も意図していないのに撤退が強制的なものとなったこと、オークウッドでは州政府が土地を買い上げ住民が行きたい場所を選ぶことになったこと、そしてその経緯について話した。しかしオークウッドの住民は、労働者階級の白人や郵便局員や公務員が多かった。一方、ジャン・チャールズ島の住民は、連邦政府がそう公認したことはないにせよ、アメリカ先住民とみなされている人々であることは決定的だ。しばらく話していくうちに私にはわかってきた。わずかな選択肢しか持たず、洪水に飲み込まれていくしかないコミュニティには、容易に想像できることではあるが、移住を公平に実現する道もわずかしかない。

「島に助成金がおりたのは、部族をまとめたいからだとも思うの」と私は言った。でも、これではまるで私がエディソンに島を離れるよう説得しているみたいだ。だから私はこう加えた。「アルバートが言ってた。『バラバラに刻まれた蛇の断片を並べると、また一つになって生き返る』って」

「もし俺たちが引越さなくちゃいけないのなら、責任者が前に出てくる必要がある」とエディソンは言った。私は頷いた。汗の玉が目の中に入った。

暑さが支配するその場所で、私たちは無言のまま立ち尽くしていた。無数のラブバグ〔ケバエの一種〕だけが空中を飛び回っていた。そのうちの二匹が、エディソンの日に焼けた青いＴシャツにとまった。へその近く、コインほどの穴のすぐ近くだ。ラブバグの成虫は、交尾期間に入ると数日間、飛行中すらも、結合したままでいるという。そして生まれた幼虫は腐敗した植物を餌にする。メキシコ湾岸の水浸しになった湿地に生息するラブバグが、過去五〇年間で急増したのはそのためではないかと考えられている。

「エビの漁はどう？」と私は質問し、話題を変えた。

「前よりはいいよ」エディソンはかがみ込むと、容量一八リットルの白いバケツを私の方に傾けてみせた。数百匹の生きたエビがバケツの底で身をくねらせ、三分の一以上が埋まっているように見える。しばらくの間、私たちは潮流やブラウンペリカンについて話した。五年前に起きたディープウォーター・ホライゾン石油掘削施設の爆発という大惨事を経て、ブラウンペリカンは戻ってきたのだ。

「あとでまた来な、エビを洗って持って帰れるようにしとくから」

私はエディソンにお礼を言った。会えてよかった、日没が近づいて涼しくなった頃にまた来るね、と。地面の上に置いた陶製の雄鶏をまたぐ時、彼の方を振り返って告げた。「ここに置いといたからね」

「忘れないよ、絶対に」とエディソンは答えた。

ジャン・チャールズ島へやって来るのは、私のように島で見聞きしたことを島の外へと持ちだそうとするか、島から出るようエディソンを説得する人たちがほとんどだろう。島に何かを置いていく人なんてほとんどいないはずだ。

車に戻る途中、エディソンが書いた立て看板に新しい一枚が加わっているのが見えた。そこにはこう書かれていた。「島はもうすぐなくなる、と連中は言う。俺たちは島を置き去りにしない。島が嫌なら出ていけ。島に神の恵みを！」

＊

エディソンの家の向かいの空き地に車を置いて、クリスの家までは歩いていくことにした。抜け殻になった家の前を通り過ぎながら、ここに捨てられたマットレスの上でハワードとジュリエットが飛び跳ねていたことを思い出した。前回、島を訪れた時のことだ。その家も今では屋根がなくなり、杭は一つ残らず焦げている。空っぽの消防署、放棄された釣り場を通り過ぎた。破損した身体から飛び出た臓器のように中身をぶちまけたトレーラーハウスを通り過ぎた。

やがて私はクリスの家に到着した。踊り場のない長い階段を上って玄関へ。すべてが以前と同じように見えたけど、プールがなくなり、屋内のシーツはすべて取り去られていた。部屋に入るとクリスはホットプレートでハンバーガーを焼いているところだった。二枚のワンダーブレッド〔米国の大手パン会社のパン〕に薄いパティを挟むと、私に手渡してきた。私はそれを受け取り食卓に置くと、再会を祝って抱擁した。初めて島を訪れて以降、私たちは連絡を取り続けていた。クリスマスやイースターになるとクリスはいつも電話をくれたし、私は自分の書いた記事のコピーを彼に送っていた。

「ありがとう」と私は言った。

「何のこと?」とクリスは答えた。「ハンバーガー?　たいしたもんじゃないよ。食べて力をつけなきゃ。一日を乗り切るためにね」

「ちがうの、いつも親切にしてくれるから。初めてここに来た時、私はこれまでに築いてきた生活を捨てようとしていたでしょ。そんな私を迎え入れて、食事をご馳走してくれた。あなたの示してくれた優しさは、この先も絶対に忘れないから」

「なんだ、そんなことか。僕たちはいつだって君のことを大事に思ってるからね。君が乗り越えることができてとにかくよかったよ」

私はクリスに陶製の雄鶏を手渡した。胸にはハート型が手描きされた、エディソンにあげたのと同じものだ。「私が引っ越したプロビデンスという町にはポルトガル人が大勢いるの。一〇〇年以上前、漁業の仕事を求めてロードアイランドにやって来て、その多くが定住した。この雄鶏は家庭に幸運をもたらす、とポルトガル人は言っているの。たとえその家庭がどこにあろうとも、って」

クリスはプラスチックの包装をとくと、巨大なテレビの上に雄鶏を置いた。

「ポーチにおりよう」とクリスは言った。「気持ちのいい風が吹いているから」

私たちは、コンクリートの厚板の西側に伸びた影が段々と家の真下へ移動していく後を追いながら、午前中いっぱいを過ごした。私はロードアイランドについて、新しい仕事について、新しい彼氏についてクリスに話した。クリスはジュリエットが突然ティーンエイジャーになったことや、ハワードのサッカー練習について私に話した。移住の話もちらほら間に挟まる。

「ニューヨーク・タイムズがあの記事を出してから、少なくとも週に三班はテレビやら映画の撮影クルーが来たんだ。僕はあまり出かけないからさ」車椅子の車輪を軽くたたきながらクリスは言った。「いろんな人が取材してくれて、まあよかったよ。先週はオランダからも取材班が来たんだ」

私はクリスを見て微笑んだ。するとクリスは、私が嫉妬しないように付け加えた。「でも誰とも連絡はとってないからね。連絡してるのは君とだけだから」

正午を回ると、白いキャデラック・エスカレードが家のドライブウェイに乗り付け、テレビ局のクルーが、カメラ機材、ブームマイク、台車を下ろし始めた。彼らはこちらには近づいてこない。

「取材があったことを忘れていた」とクリスは声を低くして言った。「たぶん『ナショナルジオグラフィック』の人たちだと思う」

私は取材を受けるようにクリスに伝えた。明日、必ず戻ってくるから、さよならを言うために。

私は後ろに下がり、白髪が混じったあご髭を生やし、べっ甲のメガネをかけ、野球帽をかぶった若い男性たちが私の友人の周りに群がるのを眺めた。彼らはまず、東側の日差しが強過ぎないあたりに車椅子で移動するようクリスに求めた。次に露出計をかざし、小型マイクをクリスに差し出した。音声テストのために何か話すよう彼に合図している。

「今日の選択は、未来のためです」とクリスは言った。なれた感じですらすらとことばが出てくる。

私は島の端から端までを歩き、レンタカーを駐車していたところまで戻った。私が戻ってきたのを目にすると、エディソンは小屋と道路をつなぐ階段をおりてきた。下までおりてくると、獲れたてのエビが詰まったジップロックとエビジャーキーの入ったジップロックを手渡してくれた。

「俺が乾燥させて、味付けしたものだ」とエディソンは言った。

その夜、私は生のエビをソテーし、バターと絡め、スパゲッティと和えた。これまで食べた中で一番おいしいシュリンプ・スキャンピだった。エディソンが家の裏のバイユーで獲ったエビだと知っているから、その味わいはさらに深まる。認めるのは辛いけど、あのバイユーはいつかなくなってしまう。「さよなら」と私は誰に向けてともなく声に出して言ってから、最後のピンク色のエビを口に放り込んだ。

＊

島にはわずかな日数しか滞在できなかった。ペンサコーラ訪問と、新学期開始の間に無理矢理つめ込んだからだ。次の日の午後、私は最後にもう一度クリスに会うために車を走らせた。クリスと私、そしてクリスの従兄弟のウォルトンはバドライトを一ダースほど空けた。これまでの出張とは異なり、今回は調査というよりもお別れ会のような、あるいは帰省のような、なんとも言えない趣があった。調査と哀歌《エレジー》を分けるのは難しいことだった。しかしそれらを混同しているからこそ、私はこう結論づけることができた。クリスの家の下でアルコール度数の低いビールを飲むことは、ジャン・チャールズ島で最後の午後を過ごす最良の方法だ、と。

昨夜、もう一人の従兄弟であるダルトンに男の子が生まれたんだ、とクリスが言った。それ以降、私たちの会話はノスタルジックなものになった。二人は彼らの父親が死んだ時のことを語った。ウォルトンの父親は消耗性の糖尿病にかかってまず右足を、のちに命を失った。父親が亡くなった直後、ハリケーン・グスタフが一家のトレーラーを破壊し、ウォルトンはホーマに移った。そこは島からスープが冷めないぐらいの距離ではあるが、極めて激しい嵐でない限り大きな被害が出ないぐらいには離れている。

「月に一度、時にはもっとちょくちょく会いに来てるよ」ピックアップトラックにバドライトを取りに向かいながら彼は言った。

ウォルトンと私は、国家災害レジリエンス委員会基金の背後でうごめくさまざまな要因について話し、割当予算のうちいくらが移住を直接支援することに使われるか憶測を重ねた。ニューオリンズからホーマまですべての人々が分け前に与《あずか》ろうとしてるから、島から脱出するための資金はみんなが思っているよりもはるかに少なくなるんじゃないか、とウォルトンは考えていた。さまざまな関係者について述べるために数々の略語が飛び交ったが、それに疲れ果てたクリスは会話を遮った。

「そういった気の利いた風なことばを使うのはやめてくれないか」テーブルを手でぴしゃりと叩いてから、冷えたビールを一口飲んだ。

それが冗談だということは、私たちを傷つける意図がないことから明らかだった。クリスは、彼が愛する人をよくからかうのだ。だけど私はクリスのことばで気がついた。これから先、私たちがどれだけ親密さを増したとしても、私はつねに遠方からの訪問者に過ぎないのだ。恋人、賃貸アパート、住みなれた州、仕事上の有意義な関係……そうしたものとの別れにどれだけ習熟したとしても、私は島の人間ではない。二〇〇年の間、気にかける人も訪れる人もほとんどいなかった水浸しの島で、水膨れした家にどうさよならと言ったらいいか、考えなければいけない人間ではない。

クリスはフォトブックを取り出した。彼は今ではすっかり整理がうまくなっていた。バイユーで石油が発見されたことを報じた記事の切り抜きはラミネート加工され、嵐を写したポラロイド写真や家族のポートレートと一緒に並んでいる。「昔の島はどんな感じだったかって聞かれると、これを見せるんだ」と誇らしげに言った。

バドライトの缶を三本空けると、お腹がふくれ酔いが回ってきた。夕方の光は明るく輝いている。つくづく運転してきてよかったと思った。私は、人間のコミュニティは移動するという発想にかなり馴染んでいた。しかし、そうだとしても、そのうち誰も住まなくなることが確かなクリスの家から、家を取り囲む開水域まで立ち並ぶ枯れたサイプレスのむき出しの枝を見ると、やっぱり心が揺さぶられてしまう。

「ピローグはどうするの？」と冷蔵庫のそばにある、底が平らなボートを指差して私は聞いた。

「最近、あんまり乗らないんだよね」とクリスは言った。「最後に乗ったのは三年くらい前だったかな。振り返ってみると、島のほとんどは消滅している。その時知ったんだよ、ジャン・チャールズ島はいつか消えてしまう、って」ここからさほど遠くないプラークミンズ郡のイエローコットン湾やイングリッシュ湾と同様、ジャン・チャールズ島の名前もいずれは地図から消えてしまう。黒字で印刷された文字は、ブルーの網点の中に消えていく。ジャン・チャールズ島の赤色土の最後の一欠片《ひとかけら》がメキシコ湾に沈んだあと、故郷喪失という緊急事態がひと段落したあと、海水からは別の何かが出現するだろう。メイン州のペノブスコット族は、入植者が最後の一頭を殺してから一世紀が経った今でもカリブーを讃え続けている。ジャン・チャールズ島もきっとそうなるはずだ。島についての物語が島そのものにとって代わり、ジャン・チャールズ島を愛する人々がその物語を守っていくことになるのだ。

＊

数ヶ月後、私は住宅都市開発省の元・経済レジリエンス局長ハリエット・トレゴニングの講演で、質疑応答に参加するよう依頼を受けた。[*4] 彼女はジャン・チャールズ島の移住費用を差配した女性だ。イベントの主催者は、私が「現地の視点」をつけ加えることを希望していた。気候変動による厳しい現実を生きている人々に影響を及ぼす仕事をしている、プランナーや官僚や環境工学者といった人々と、クリスやエディソンが体験していることを共有して欲しい——そういう誘いだと私は受け止めた。その責任は重大だったけど、引き受けることを誇りにも思った。

講演中、ハリエットが使用したスライド写真はわずか二枚だった。最初のスライドは島の過去と現在を空中写真で比較していた。一方は巨大で、緑にあふれ、牧歌的だが、もう一方では、メキシコ湾に囲まれた寂しげな道路しか写っていない。「このスライドは、わずか五〇年でどれほどの大地が失われたかを語っています」とハリエットは話した。二枚目のスライドは、アイランド・ロードに嵐が押し寄せた時のものだった。マカダム道路のぼろぼろになったへりに水が溢れる中、一人の人物がジャン・チャールズ島の外郭に向かって進んでいる。

しかし、私はすぐに気がついた。この画像は映画『ハッシュパピー』からのスチール写真だった。写っているのは実際に島に住んでいる人ではなく、映画の主人公である六歳児、ハッシュパピーだった。嵐の光が背後から彼女のアフロヘアーを照らし、ぼろぼろの白いTシャツは雨水の重みで右の肩からずり落ちている。彼女は、他の住民たちと同じように島から立ち去ることを拒否し、チャールズ・ドゥーセ島（映画ではそう呼ばれている）に徒歩で引き返していた。この写真は、ベン・ザイトリン監督がハリケーンの季節に島に張り付いてようやく撮影したショットだった。写真に写る人物はフィクションだけど、風景や洪水は現実のものだ。このシーンは、一・五メートルの高潮を記録した熱帯低気圧リーが島を襲った時に撮影されたものだと思われる。

ハリエットはこの写真が演出されたものだと知っているのだろうか。文脈が変わればこの写真はまったく別のこと、場所が持つレジリエンシーを意味することになる。彼女はそのことを、そしてこの写真の出典がどれだけの意味を持っているかを知っているのだろうか。面白いことに、ベン・ザイトリンがこのマジック・リアリズム風の叙事詩をインディペンデントで撮った時、彼はこの映画がどれほど現実を映し出すことになるか知る由もなかった。島民を移住させるために数百万ドルもの資金が用意される未来も知らなければ、ハリエットの頭上に映し出された画像の出典を知れば、少なくとも次のことがはっきりする。環境の終末的状況《アポカリプス》は、映画の中だけにあるのではない。すでに私たちとともにある、と。私たちの思い描く現在と未来の境目は、日ごとにますます曖昧になっているのだ。

質疑応答では、青いチェックのシャツを着た男性がマイクに向かって進み、値千金の質問をした。「撤退が有効な適応戦略だとして、どうしたら多くの人々に自宅を手放す気になってもらえるでしょう？」

「そんなことができるとは思わない」と私は心の中で呟いた。「それは自分で決めたことでなくてはいけない。強制されていると感じている人が立ち去ることはない」この理屈は誰にでも当てはまる。けれど、苦労して自分の家を手に入れた挙句、自分の属するコミュニティが崩壊し置き去りにされた人々には、さらに当てはまる。

クリスがチャンスだと考えるところを、エディソンは強制だと考える。クリスは歴史家のレンズを用いて──彼の写真と記憶が紡ぐ、過去と現在の島のイメージによって──ジャン・チャールズ島を自分のものとするが、エディソンは自分のアイデンティティが、極めて固有で物理的な場所に結びついていることを知っている。クリスは、たとえ場所が変わったとしても、自分の属する先住民コミュニティとの深いつながりを感じている。けれどもエディソンは立ち去ることで島を失う、つまり彼の一番大きな部分を失うと感じるのだ。

一方では、具体的な段階を踏まえ、一貫した結果さえあれば、撤退を学ぶことは簡単だ、と私は信じたい。それは移住する人々に、自分たちの出発の物語を語るよう誘うことを意味している。それは移住するための資金を提供することを意味している。それは洪水保険契約を変革し、請求金額を受け取れるようにし、その場で再建する代わりに新しい土地でやり直すことを意味している。それは、貧しい人々だけに退去が求められることがないようにすることを意味している。しかし、それでも他方で、エディソンが感じているジャン・チャールズ島とのつながりを、私は尊重している。彼は単に島に住んでいるだけではない。エディソンは自分が何者であるかを知っている。自己についての感覚そのものが、彼が全生涯を過ごした土地に結びついていることを知っているのだ。

この二人の男性と過ごした時間を振り返ってみると、結局のところ、二人に共通する基本的な要素があることに気がついた。二人とも周囲の環境を読み、それに応答する能力を備えているのだ。彼らは、自分の下した決断に合わせて、自身の物語を語る。とどまるべきか、進むべきか。撤退すべきか、残るべきか。たとえその決定がまったく異なるものであったとしても、そこは同じなのだ。多くの変化を前にして、クリスもエディソンも自分をコントロールし続けている。物理的な世界をコントロールすることはできなくても、ことばをコントロールする。それを通じて自分の体験を理解する。崩壊する海岸線で過ごす時間が長くなればなるほど、おそらく人間のみが持つであろうこの適応技術に、私は感銘を受けるのだった。

人がある場所を愛するようになると、その場は形を変えることができる。そして私たちは自分たちの愛を、その場の変容した状態に適応させることができる。ささやかな行為でなんとかなるものだ。獲るエビの量を減らす。バスタブを再利用してそこに入れた土の中に、キュウリの種を植える。柿の木を植える。あるいは自分たちのルーツを引っこ抜き、どこかに移る。思考不可能なほどの喪失に苦しむ時には、かつての姿を思い出すことができる。将来、ハワードやジュリエットが子どもを作るとしたら、その子どもたちは、島について幾千もの物語を聞くことになるだろう。いくつかは本当の話で、いくつかは彼らの祖父母が生まれる前に始まっていた伝言ゲームによってすでに変容していたものだ。満潮よりもずっと高いところに住むクリスの子孫たちが、こう口にするのを私は想像する。「むかしむかし島はとてもすてきなところでした。あまりにすてきだったから、かつてそこに住んだ人々は、その記憶を留めるためにここに移ってきたのです」

第三章　海面上昇

点と点をつなぐ

オレゴン州、H・J・アンドリューズ実験林

アカフトオハチドリは糸巻きほどの大きさである。[*1] 成鳥の平均体重は一セント硬貨一枚半と同じ。メスの方がオスよりも大きく、両性ともに生命を維持するため自分の体重の三倍の質量の食物をほぼ毎日摂取する。この小さな、喉のあたりが赤褐色となっている鳥は、こんなに小さな体でメキシコおよびメキシコ湾岸の越冬地と、[*2] 太平洋岸北西部にある繁殖地の間を毎年八〇四七キロメートル移動する。[*3] アカフトオハチドリの移動距離は、対体長比では世界最長だ。年長の鳥は一月下旬に移動を開始し、そのすぐあとに若鳥が続く。

五月の終わりに私がH・J・アンドリューズ実験林を訪れた時、アカフトオハチドリはすでに到着していて、最初に花を咲かせた高山植物にその羽の生えた舌を深く突っ込んでいた。オレゴン州は中央カスケード山脈の豊潤な谷にある、この六〇平方キロメートルの敷地にたどり着くために、私も長い距離を移動してきた。しかしハチドリと違って、私の旅の燃料は花の蜜ではなかった。ボーイング737が数千ガロンのジェット燃料を燃やす間、私は映画を二本見て、ハムサンドイッチを一つ食べた。もちろん、森の中にあるキャビンまでの最後の六メートルは自分の足で歩いたけれど。これから二週間、ここが私の家になる。私はこの森のライター・イン・レジデンスを務めるのだ。

三日目の朝の八時少し過ぎ、私は屋外にいた。周辺の老齢樹の上部に棲むアカキノボリヤチネズミがたてる音が、私の頭をすっきりさせた。夜明け前から目を覚まし、書き物をしていた私は、休憩を必要としていた。髪につく朝露の最後の一滴を感じる必要があった。この小さな林に優に四〇〇年以上生い茂ってきたベイマツの幹を、そこに流れる細密画のような深い小川と風景を、何もせずにだまって眺める必要があった。私とはまったく異なる時間尺度で共鳴し合う自然界の一片は、すぐそこにある。私がここにいるのはそのためだ。ここで数週間を過ごすことで私の中で何かが目覚めるのを、私は待ち望んでいた。この本のページに押し込むことができないほどの巨大な何かが、私のことばの中に生まれるのを。

　科学研究員たちが宿泊する小屋を通り過ぎる。小屋は低く、泥のような色をしている。通路の上にぶら下がっている手彫りの木製の看板には、当地の地理的特徴や生息種にちなんだ建物の名称が彫られていた。私はまずクオーツ・クリークを、次にレインボー・ビルディングを通り過ぎる。その名の由来はみんなが大好きな、この地域の固有種のニジマスだ。鳥の担当班が寝泊まりしているロズウェル・リッジにたどり着き、私は立ち止まった。誰かが柵とハチドリの餌箱を並べていたのだ。私はそこで初めてアカフトオハチドリを見た。鳥は細い嘴をガラスの飲み口に差し込み、下にある蜜を吸い上げていた。

　この小さな鳥が蜘蛛のように糸を吐き出すとしたら、移動にともない一年に八八四九本の糸巻きを巻くことになる。[*4] その羽毛で覆われた体の背後に、一本の虹色の糸がたなびくのを想像した。そのあとで、アンドリューズに生息する数千のアカフトオハチドリがそうするところを想像してみた。私の手よりもずっと小さいこのハチドリたちは、大陸がキルトであれば布地を縫い合わせて一つにするだろう。私が目を細めて一つ一つの羽ばたきを見分けようと試みると、別のアカフトオハチドりが近寄ってきた。なんて素敵な生き物だろう。風を起こす小さな体で、ここやあそこ、山や低地で、布を織るように飛び回っているのだ。

＊

H・J・アンドリューズ実験林は、全米に二八ヶ所点在している長期生態研究（LTER）センターの一つである。一九八〇年代初頭、国立科学財団はそれまでに資金提供したほとんどすべてのプロジェクトが単独の研究者によって担われ、プロジェクトの範囲が限定的であることに気づいた。多くの場合、こうしたプロジェクトが五年以上に及ぶことがなく、それは在職期間の制限のためであったが、いずれにしても同財団は、長期にわたる生態学的プロセスの研究に特化した拠点への投資を開始した。この考えは三〇年前には、斬新かつずいぶん気前のいいものであると思われたことだろう。しかし現在こうした研究センターは、アメリカ国内でもっとも有意義な気候変動データを生み出している。アラスカのボナンザ川では、遠隔地における人間と動植物の移動に北極の氷の減少が与えている影響が調査されている。ミシガン州のW・K・ケロッグ生物研究所の科学者たちは、さまざまな農作物が吐き出す二酸化炭素の割合を測定している。そこからわずか数百キロメートル南に行ったところにあるカンザス州のコンザ・プレーリーでは、温暖化と降雨量の増加が、草原の生態系の生産性に与える影響が研究されている。

アンドリューズ実験林は気候についての研究拠点であるだけでなく、アートへの資金提供も行っている数少ない長期生態研究ステーションの一つでもある。同所の長期生態省察（Long-Term Ecological Reflections）プログラムは年に二名の作家を招聘し、森の中にレジデンスを提供している。[*5] 作家は事前に定められた研究施設を訪れ、そこで自分が感じたことを記述することになっている。それぞれの作家は、以前に別の作家が訪れたのとまったく同じ場所について省察する。そうすることで、継時的に変化する人間と森の関係についての創造的な記録を、集団で生み出すことになるのだ。二〇一六年に私がそのプログラムに参加することになった時、二〇〇年をサイクルとして計画されたこのプロジェクトはすでに一三年目を迎えていた。私は、招聘されるかどうかとは関係なく、すでにプログラムの最初の一〇年間で生まれたエッセイの多くを読んでいたので、森で過ごす時間から何が生まれるか、わかったつもりになっていた。

朝起きたら本書『海がやってくる』の校正作業に取り組み、午後になったら、あちこちを精力的にハイキングして過ごそうと考えていた。アンドリューズ実験林に点在する、四ヶ所の省察区画（reflection plots）のすべてに行きそびれないようにしなくては、と思っていた。夜には、夕食のために銀鮭を自分で調理し、樹齢五〇〇年を超える倒木が横たわるルックアウト・クリークのせせらぎを聞きながら眠りにつくだろう、と想像していた。

けれど、アカフトオハチドリを初めて目にした時、ここに滞在することで生まれるものへの私の想定は、変化した。この本は校正されるのではなく、加筆されることになる、と。海抜四一一メートル、そして最寄りの塩性沼沢から東に数百キロメートル離れたところにいても、私は海辺で起きている変化について考えるのをやめられなかった。アカフトオハチドリのお腹のあたりでぴくぴく動く虹色の羽毛を見ても、皮膚の下にある血液の流れや、風が吹いたらちぎれてしまいそうな腱を思い描くことはなかった。私は必ずしも鳥を見ているのではなかった。鳥そのものではなく、彼らが移動した地図であり、その道中に通り過ぎた数多くの湿地や樹木の生い茂る低地を思い描いたのだ。

＊

私が初めてサラ・フレイに会ったのは、それから約一週間後のことだった。サラは、気候変動が森林に与える影響を専門的に研究している、数少ない研究者の一人だ。私たちが出会った時、サラは緑のダウンパーカを着て、ヘッドライトをつけていた。私がレインボー・ビルディングの背後に広がる野原に到着したのは朝の九時だったが、サラは夜明け頃からここに座り、ハチドリをつかまえ、受動集積トランスポンダー（ＰＩＴ）タグと呼ばれる極小の追跡装置をその体内に埋め込んでいた。サラは、駆け出しの女性科学者、と聞いて誰もが想像する通りの人物である。真面目そのものの顔つき。睡眠不足。そして好奇心。

サラと彼女の夫、アダム・ハドリーは、三段階からなる新規の長期研究を二〇〇八年にアンドリューズで開始していた[*6]。第一段階では、垂直温度分布を測るセンサーを森中に設置する。これにより、山岳地帯の林冠〔太陽光線を受ける森林の上層部〕より下の気温の幅を、これまでにない細かさで示すデータが得られることになる。第二段階では、繁殖期の間に森を移動する鳥の動きを追跡する。第三段階では、アンドリューズに棲む鳥の分布に、気温が与える影響を分析する。気候変動が生物多様性にさまざまな悪影響を与えると想定される現在にあって、思いがけなく他所よりも気温が低くなっている場所がアンドリューズに点在しているかどうか。そして鳥たちがそのような場所を探し始めているかどうか。この夫妻のチームはそれを知ろうとしたのだった。

「一羽つかまえた」。別の捕獲ネットで「監視」をしているアダムに、サラは呼びかけた。アダムは折りたたみテーブルのそばにやってきた。サラはこれから簡単な外科手術をそこで行うのだ。アダムは「LTER」と書かれている野球帽を引っぱると、妻が作業に集中できるよう話の続きは自分が引き受ける、と私に提案した。

　子どもが太いマーカーを握るようにサラはその小さな鳥をつかみ、丸っこい胴のあたりに五本の指で圧力をかけ、私の目の高さまで持ち上げてくれた。アカフトオハチドリは生気に溢れていて、その動物らしい顔立ちに私はすぐさま感動をおぼえた。私の猫と彼氏の容貌も見出された。これほど至近距離でまじまじと見た生き物は、この二つしかいないからだ。そしてハチドリの嘴は、思っていたよりはるかに威嚇的だった。まるでイッカクの牙みたいだ。体の大きさに対して奇妙なほど不釣り合いに長く、尖っている。

　私がさらに近づくと、サラは反射的に握りしめた手を緩めた。すると自由の可能性を感じとったアカフトオハチドリは、下草に向かって飛び立った。「ちゃんと見てもらおうと思ったの。そしたら逃しちゃった」と私から目を逸らし、がっかりした様子で彼女は言った。

　オーデュボン協会によると、この美しいハチドリは二〇八〇年までに米国内にある非繁殖地の一〇〇パーセントを失う、とのことである。[*7] 非繁殖地のほとんどは、サイプレス植生地が沼に接する、メキシコ湾周辺の低地森林にある。ジャン・チャールズ島の水没していくバイユーに並んだ数百本の枯れ木を思い出し、この鳥の越冬地がすでに消滅し始めていることを知った。

「ここ」と「あそこ」がつながっている、そしてつなげているのはこの小さな鳥たちである、と言ったら、それは言い過ぎなのかもしれない。[*8] しかしナポリ出身の移民たちは、イタリアのかけらをニューヨーク市にもたらした。メデリン出身のコロンビア人たちは、プロビデンス市の北端にアンデス山脈をもたらした。アカフトオハチドリたちも、ここに到着するまでに通り過ぎたあらゆる場所の断片を、ウィラメット国有林のへそ、とサラが呼ぶこの場所にもたらすのである。

別のアカフトオハチドリがものすごい速さで飛んできた。この鳥たちの越冬地が消えてしまったら一体どうなるのだろう。一月にアカフトオハチドリが生活するための場所がなくなったら、アンドリューズには五月に戻って来るのだろうか？　アカフトオハチドリが来なければ、スカーレットギリアやセイヨウオダマキの蜜を求めて、彼らがその細長い嘴を深く突き刺すこともなくなる。花粉にまみれた顔や体を引き抜くこともなくなる。この鳥がそうすることがなければ、受粉の可能性が低下するかもしれない、と私は想像した。そうすると形成される種子も減ることになる。種子が減れば、再生産される花も減っていく。そしてその鮮やかな色彩は、カーペンター山の背からゆっくりと失われていく。

こうしたことが起きる可能性は少なくない。アカフトオハチドリが去った穴を埋めるため、別の受粉媒介者が押し寄せる可能性もある。あるいはアカフトオハチドリは越冬地と移動ルートを変更し、よその山腹にある別の花の蜜を吸うことになるかもしれない。私を深く悩ませているのは次のどちらなんだろう。アカフトオハチドリと、この鳥に部分的に依存している生物多様性がすっかり失われる可能性。それとも最終的にどのような展開になるのか、さっぱりわからないでいること。

＊

それから数日後、この夏にオレゴン州を襲った三つの記録的な熱波のうち、最初の熱波がようやく収まった頃、私はアンドリューズの最高所へと車を走らせた。カーペンター山道はここから始まる。このあたりは保護区内で最も標高の高いところで、駐車場からも絶景がひらけている。狭い小道の脇には延齢草《エンレイソウ》、ヤナギトウワタ、キンポウゲ、黒人参などが咲き乱れている。ロードアイランド、ブルックリン、東南アジアに住む前、私はここ、太平洋岸北西部に住んでいたことがある。「オレゴンが恋しい」と、いろんな人に言い回っている。机で執筆する朝。パウエルズ書店で過ごす午後。レインコート必須の林でハイキングする週末。どんな時だって完璧で、美しい雪に覆われる長いカスカディアの冬を最後に満喫してからすでに一〇年が経過していたけれど、この土地に来るたび帰郷したような気分になるのだ。私は一年おきに、この苔で覆われた土地への巡礼をしている。それは、いまだジャン・チャールズ島の人々が保っている島との関係にも似ている。ウォルトンはもうバイユーには住んでいないけれど、少なくとも月に一度は島に戻って網を投げ、クリスとおしゃべりをしている。

ジグザグ道が続く中を、私は少しずつ登っていった。頭が空っぽになっていく。谷のあちこちで山の周囲に雲が集まり始めていた。拳銃のように折れ曲がって生えているアメリカツガの木立の中を蛇行する道は、次第に平らになっていった。薄い空気の中を揺れる、「魔女の髪（witch's hair）」と呼ばれる不気味な緑色の地衣類が、幹や枝を覆っていた。「魔女の髪」に近づいてみると、ボサボサだった。一本一本は弾力があり、ニューロン発火にも似ていて、それらのまとまった房は神経回路網のようでもあった。冬にはこれが鹿やカリブーのごちそうになるという。その日は、多くの糸の端が皿状になっていて、事前に図鑑で学んだ知識によると、これはめったに見られない繁殖のシグナルだそうだ。

この地で増殖中の生物は「魔女の髪」だけではなかった。アンドリューズは数百種のさまざまな渡り鳥の繁殖地となっている。ミサゴ。キノドメジロハエドリ。シロハラアメリカムシクイ。夜鷹。オリーブチャツグミ。ヒバリヒメドリ。アメリカキクイタダキ。その他たくさん。夏至前後の日が長くなる時期に、こうした渡り鳥たちは、アカフトオハチドリ同様、生産性の高まる北部の生態系を本能的に利用する。そしてアカフトオハチドリ同様、こうした渡り鳥たちは、大陸を横断して連なる沼、河口、湿地、ボグの網を移動する。そうした場所は餌場、そして膨大な運動量によって疲れはてた体を休める休憩所のパッチワークを形成している。連邦鳥類学者のフレデリック・リンカーンは、一九二〇年代初頭に渡り鳥の飛路という概念を導入した。[*9] 私たち人間同様、羽毛で覆われた鳥たちも習慣の生き物である。移動の際には自分たちになじみのある経路をたどることがほとんどで、毎年同じ場所で休憩する。現在、米国に四つある主な渡り鳥の飛路に沿って、数百の休息地がネックレスのビーズのように連なっているのだ。

その日の朝早く、小屋の上でゆっくりと重々しく旋回する一対のミサゴを見たあと、私は「オーデュボン気候レポート」を読んだ。同書は北米の鳥たちの将来についての案内書だ。全鳥類の四〇パーセントが移住性である、という情報には驚かなかった。北米ではこうしたノマド的な生物の三分の一が絶滅危惧種であると考えられていて、海面上昇が沿岸湿地帯にもたらす脅威がその小さくない原因になっている。[*10] ハイキングを進めながら、私はそうした発見について考えた。将来私たちはニワトリと卵の逆をいく問いを立てることになるのだろうか？[*11] ミサゴと干潟、どちらが先だろう？　オダマキか、それともアカフトオハチドリか？

ほどなくしてジグザグ道が険しくなった。苔はしぼみ、アカフトオハチドリ追跡ステーションが増えていく。だけど私はただの一羽のハチドリも目にすることはなかった。偶然だろうか、それとも何かの兆候なのだろうか？　残りの上り坂の間、この考えがつきまとった。種の絶滅とは、当然ながら、個体の死ではなく、ある種類の動物全体の取り返しのつかない消滅を意味する。[*12] けれども不気味なことに、ある種の規則性が伴えば、もっともおぞましい出来事すらもありふれたことになってしまう。そして私はもはや「絶滅」ということばを、驚きをもって受けとめられなくなっている。多くを失うという考えに自分がすっかり慣れていることに、この山腹で私は気づいたのである。

森を抜け、たった一週間前まで雪に覆われていた、ごつごつした高山玄武岩が突き出す山頂に到着した。頂上には板を打ち付けた火の見やぐらがあった。まだ季節が早いので、小屋の管理人は不在だった。木製のベランダに上がると、まだ雪解けしていない、火山性のスリーシスターズ山の山頂が視界に入った。近くの小峡谷から冷たい風が届き、私はバッグからジャケットを引っ張り出し、金色のアルミ箔に包まれたチョコレートのブロックを三つ食べた。眼下に広がる谷の果てから、ひとりぼっちの鳥が仲間を呼ぶ鳴き声がループしていた。私はノートに走り書きをした。「私の祖父母だったらきっと神に尋ねたであろう、壮大な問いとともに私は山にやって来たのだった」谷では鳥が鳴き続けていた。何度も。私は首を伸ばし、風で傾くベイマツの方向に耳を向けた。でも返事は聞こえてこなかった。

＊

ブライアン・ドイルは私のレンタカーのボンネットの上に一枚の地図を置いた。ラミネート加工が施された地図には、一八三の黒い点が打ってある。この黒点は、過去八年間で六度あった繁殖期に、ブライアンもメンバーの一人として参加しているサラ・フレイ率いる野外班が、林冠で鳥の鳴き声を一〇分以上聞き、録音した場所を示していた。このデータは、サラが垂直方向に計測した温度マップに集計される。研究が完了すると、熱、つまり気候の変化が、アンドリューズ全域の繁殖鳥の移動にどのような影響をおよぼしているかが示された図を、サラは手にすることになる。

一八三個ある点のうち、一から一八二までは連続した番号が振られている。そのあとに四〇〇番となっている点がある。そこはアンドリューズの長期バードカウントの最北東部にあるスポットで、最寄りの小道または道路から優に一・六キロメートル以上離れている。午前三時四五分、夜明け前の暗闇の中、ブライアンと私はハイキングに出かけようとしていた。

私は最後にもう一度地図の上を指先で軽く叩くと、ヘッドランプを消してから車に乗り込んだ。ブライアンは助手席に乗り込むと、腐敗するベイマツを思わせる黄土色の六〇センチメートルほどもあるあご髭を払いのけた。私はアンドリューズの奥地に向かって車を走らせた。木々やサーモンベリーのつるが作る長いトンネルをくぐり抜けると、車の下で砂利が激しい音を立てた。ほとんど何も見えないぐらい濃い霧が立ち込める野原を、高山の草原の端に沿って私たちは進んだ。四〇分後、ブライアンはGPSのスイッチを入れると「ここだ」と冷静に告げた。私は道の真ん中に車を停めた。路肩はなく、後ろから来る人もいない。

ブライアンは野球帽を被り、私もそれに倣った。彼は私にレンガほどの大きさの無線機を手渡した。「三チャンネルにあわせて」と彼は言った。「それから『話す』を押すんだ」空気には静電気が満ちていた。「念のためにね」と彼はつけ加えた。私もそのフレーズを繰り返した。

次に彼は向きを変えると、未舗装の道路から足を踏み出し、ツタカエデの鬱蒼《うっそう》とした茂みの中へと消えていった。ツタカエデは、一般的によく知られるヒロハカエデと類縁関係にあるけれど、よりも太い幹を持つヒロハカエデとは異なり、数十にも及ぶ細い幹を持っている。ここみたいな急な坂では、幹は脇道に向かってたわみ、何かをつかむために広げた指のような枝が互いに結びついて網の目を作っている。

「くじらのヒゲを通るのって、こんな感じじゃないかな」私よりも三メートル先を行くブライアンが言った。彼は腰の高さまで足を上げ、前に向かって蹴り出し、もつれる幹を切り開くようにして進んでいく。転ぶんじゃないかとみえたその足取りはコントロールされていて、彼が通り過ぎると枝々は道を塞ぐようにして元に戻る。私はブライアンの真似をしてみたが、ヒロハカエデが容赦なく太ももに絡まってくる。慣性を使って前に進まなくてはいけないのだ。思い切って足を前に出してみる。重力に身を任せてみる。すると私も坂を半ば転がり落ちるようにして、くじらの口に入っていった。林冠が近づくにつれ、あたりはますます暗くなっていく。丘はつねに私たちの背後にある。

「難しかったら、脱出を試みて」とブライアンが叫んだ。

ヘッドランプを点けていても、彼の姿はよく見えない。森の中ではトレイルをたどらなければならないという発想を捨て、代わりに耳と触覚を頼りに進むことにする。小枝がたわみ、足元で折れた。未来はこんな姿なのかもしれない、と私は考えた。私たちが長い間暮らしてきた土地が、海面下に消えるとこうなるのかも、と。最初のうちは方向感覚を失って落ち着かない。けれど、徐々に心と体が解き放たれ、未知のものを受け入れるようになるのだ。

三〇分後、ツタカエデの生い茂る地帯を抜けると、かつてベイマツの植林地だった場所に出た。ヘッドランプを消すと、空は鯨油のような汚れた灰色に染まっていた。足元の林床は乾いていて弾力があり、一つの長い起伏が低くなったり、高くなったりしていた。四〇〇番地点に着く頃には、歩き始めてから一時間以上が経っていた。汗を吸った服が肌に張り付いてくる。私はジャケットを脱ぎたくなる衝動を抑えた。アメリカハリブキの茂みを匍匐《ほふく》前進するには、これが必要なのだ。低木はトゲだらけだ。[*13] セイリッシュ族はこの悪魔的なトゲを「防御力」とみなし、儀式の際にはこの灰を熊の脂に混ぜて顔に塗るのだ。

「愛鳥家たちが、こんな強者《つわもの》だとは知らなかった」と、息を切らしてバッグを地面におきながら、私はブライアンに言った。

「ここまで来るのは、アンドリューズの人たちがほとんどだけどね」

ブライアンは腕時計を顔に近づけカウント開始の合図をすると、首をかしげ、クリップボードを構え、メモを取り始めた。彼は、サラが考案した鳥の鳴き声の識別テストに最近合格したのだ。彼の同僚でまだテストに合格していない人たちは、パン箱ほどの大きさの録音機を奥地まで運ばなくてはならない。ブライアンが使うのは自分の耳だけだ。磨かれた石の上を流れる水のように、鳥の鳴き声が林冠から下りてくる。少し離れた丘からは、極小のマシンガンを連射しているような規則正しいトリルが聞こえる。間を置くことなく囀《さえず》り続ける鳴き声もあれば、あっちへ行ったりこっちへ行ったり、旧友と会話しているような鳴き声も聞こえる。

一〇分経ってから、ブライアンに何を聞いたのか尋ねてみる。アンデスから来たオリーブチャツグミが三羽。ネバダ州や東部諸州から来ているミソサザイが一羽。地元出身のステラーカケスとムナオビツグミが一羽ずつ。メキシコの山から来たキノドメジロハエドリが一羽。そしてブライアンと同じように中西部からやって来たアメリカキクイタダキが一羽。

ブライアンが鳥のさまざまな出身地について説明している間、このベイマツの木立にいるほとんどの鳥と二人の人間とが、よその土地から来ていることに思い当たった。誰もが避暑客、放浪者、移民、旅行者なのだ。私たちの誰もが、日が長くなり、雨が降るようになったら、アンドリューズとその老齢樹を去ることになる。そして私たちの誰もがまた戻ってくる。その意味で、ブライアンと私は、アカフトオハチドリやその他頭上にいる鳥たちとそれほど違わない。私たちも終わりのないループの中を飛んでいる。私たちは、己の尾を咥《くわ》えて坂を転がり落ちる蛇なのだ。[*14] 終わりと始まりには違いがない。他よりも強い引力を持つ、一つきりの故郷などないのだ。

冬になりバードカウントの季節が終わると、ブライアンはミネソタ州セントポール市にある酒屋で夜勤をする。彼は「タイプライター」という名前のワンマンバンドもやっている。この夏発表予定のセカンドEPは、H・J・アンドリューズ実験林を意味する「宇宙ステーションHからの歌(Songs from Space Station H)」というタイトルだそうだ。

「ここはあらゆるものから遠く離れている。だから変な話、ここにいると自分が時間の外にいるように感じるんだ。でもそれと同時に、とても調和がとれている……」ブライアンはそう言って、バッグから取り出したばかりのグラノーラバーに目を向けた。

ブライアンの話を聞きながら、鳥たちがここに来るまで通過してきた場所について考えてみる。アカフトオハチドリが後にしてきた、崩壊しつつあるサイプレスの沼地。オリーブチャツグミがサンフランシスコのサウスベイに長い間探し求めた、柳の木立。ミサゴがメキシコ湾を横断する前に休憩した、沈みつつあるバイユー。鳥たちは皆ノマドであり、旅こそが彼らの家である。彼らの通り道にある通過点が消滅し始めたら何が起きるのだろう？　私たちはみな、いずれ方向感覚を喪失することになるが、それは一体どんなものになるのだろう？　しかし、こうした波乱の中でこそ、私たちはもっと自分らしくなれるのだ、と私は考えたい。喪失を通じて、私たちは回復するのだ、と。

＊

ブライアンと私は、シダに覆われた渓谷をよろめきながら下っていった。私たちが向かっているのは五九番地点、この朝にカウントを行う次の地点だった。この谷はとても広大で、草木が青々と茂り、どこまでも果てしなく広がっているように見えた。私が引き合いに出せるのはアニメ映画『リトルフット』ぐらいだった。ブライアンにそう言うと、話題は恐竜に移った。かつて恐竜たちが生きていた頃、世界は現在よりもずっと温暖だった。海水面は今より一六八メートルも高かった。[*15]もし現在の海面が今より一六八メートル上昇したら、沿岸を通る渡り鳥の飛路にある休息地のほとんどが水没するのはもちろんのこと、地球上の陸地の三分の一が水に飲み込まれてしまう。[*16]

「私たちがひそかに恐竜映画を愛するのは、絶滅は何かしらの形でひっくり返すことができる、と思わせてくれるからかもね」と私は言った。

その瞬間、ブライアンが足をひねり、後ろ手をついた。体が倒れ、林床の上で跳ねた。数秒後、彼は立ち上がると「まったく何だよ、このブーツ」と言い、ズボンについた松葉を払い落とした。

切り立った坂の間を流れる小川に出た。この小川は下流でマック川につながっているそうだ。私たちは小川に架かったベイマツの巨大な丸太を渡った。丸太の下にはシダが生い茂り、もし足を滑らせたらどこまで落ちることになるのかよくわからない。でも、今回に限ってはこの不確かさがありがたい。

五九番地点では、キノドメジロハエドリ二羽、キガシラアメリカムシクイ一羽、ムナオビツグミ一羽、オリーブチャツグミ一羽の鳴き声を聞いた。その歌声は上空へと旋回していく。鳥の鳴き声を学ぶことはどれくらい難しいものなのか、私はブライアンに尋ねた。とても難しい、という答えが返ってきた。誰もが想像する通り、鳥はさまざまな歌い方をする。たとえばキガシラアメリカムシクイには六つの鳴き声がある。ブライアンはその性質を、愛情をこめて「いかさま」と呼ぶ。

外国語を学習する者は総じて、人は新しい言語体系を学ぶことで謙虚になる、と言うだろう。異なることばや文法構造について知るだけでなく、自分たちとは異なる世界や文化について知ることになるからだ。新しい言語を学ぶと、自分たちの生活様式を多くの中の一つとして捉えることができるようになる。たまたま地球上の一区画を占めるようになった自分の居場所を、他所と同じように脆く移ろいゆくものとして捉えることができるようになる。サラと彼女のチームは、鳥たちが気候変動にどのように適応しているのか、直接尋ねることはできない。けれど、たとえわずかであってもタイランチョウの言語を学ぶことはできる。そして四〇〇番地点に向かい、その鳴き声の断片に注意深く耳を傾けることはできるのだ。

　アンドリューズは長期的な科学研究の場であると同時に、自然界に対する深い畏怖の念を呼び起こす場でもあるのだ。ここで仕事をしている科学者たちは誰もが別の視点から事物を見ることを学んでいる。アカフトオハチドリの目や、地中をさまようベイマツの根がそれを教えてくれるのだ。私は植物学者のロビン・ウォール・キマラーが——彼女はアンドリューズの二番目のライター・イン・レジデンスを務めたが、それは偶然なんかではない——『植物と叡智の守り人』で記した一節を思い出した。「畏怖と謙虚さをもって科学を実践すること。それは人間以上の世界（more-than-human world）と相互依存する力強い行為である（……）データへの愛（……）確率値への驚嘆の念（……）こうしたことは私たちが生物種の境界を越え、人間の皮を脱ぎ、羽毛や木の葉を身に着けてできる限りきちんと他者を知ろうとする方法に過ぎないのだ[*17]」

　過去三年間、ブライアンは夏の間を頭上高くにいる仲間たちの鳴き声を聞くために、苦労してこの険しい山地を歩いて過ごした。これはとても手間のかかる仕事だ[*18]。何かを引き換えに受け取ることなく何かを「払う（pay）」ことがほとんどない今日の世界において、ただ注意を払うことが求められる作業だ。けれど、他者に注意を払うというそれだけの行為が親密さを育《はぐく》み、孤独感を埋めるように、科学的な観察を通じても、私たちは生物種の境界を越えて似たような関係性を持てるかもしれないのだ。聞くことで、何度も林に赴くことで、私たちに似ても似つかない存在たちがたてる物音に耳を傾けることで、私たちはカトリックのエコ神学者、トーマス・ベリーが人間と他の生命との間の「大いなる会話」と呼ぶものを、再び育みはじめる。[*19] この作業には地に足をつける効果があるのかもしれない。もっと大きくもっと深い、別の孤独を回避する助けとなるかもしれない。神聖なるものがもしあるとしたら、それはきっとこれだろう、と私は思う。「これ（this）」ということばで、私はあらゆるものを指している。やぶの中で熟し始めるサーモンベリー。それを少しずつかじるカンムリカケスのしわがれた、怒ったような鳴き声。空の真っ青な大聖堂に向かって伸びるベイスギのまっすぐな幹。資本主義が壊そうとしているように見えることが多々ある、生命のつながり。

林冠からフルートのような鳴き声がすっと流れてきた。「これってオリーブチャツグミ？」私が聞くと、ブライアンはうなずいた。

このオリーブ色の放浪者を、自身の仲間として、散り散りになった自身の部族の一員として、断固として守るべき人々や場所の星座の一部として考えるための最初のステップは、その声を知ることである。木立に侵入した部外者を知らせるために、そして他のツグミの関心を惹くために空中に放たれる囀《さえず》りと甲高い鳴き声。身を護るための歌声。そして子作りのために歌うメロディー。アンドリューズに生息する多くの生物たちと同様、オリーブチャツグミもまたカリフォルニア沿岸の沼を通過し北上してきた。その名を空に記すという欲望に突き動かされて。

＊

今日の最終目的地、四〇番に到着したのは午前一〇時二八分だった。その頃にはブライアンは髭を編み上げ終え、鳥たちは静かになってきた。彼は四つの異なる種を聞き分け、それを記録した。私は大きな切り株の上に腰かけた。この老木の幹は、およそ一〇〇〇年前に伐採されたものだ。ブライアンから写真を撮ってあげるよ、と言われ、カメラを手渡した時のことだ。ひらけた空間にニシアメリカフクロウが舞い降り、六メートルも離れていない枝にとまった。

私はニシアメリカフクロウの姿に釘付けになった。その目はビー玉のように大きくて丸く、黒曜石のように神秘的だった。丸一分間まばたき一つしない。ふわふわの羽毛の下でちらちら瞬《またた》く知性は、私自身が備えるそれとはまったく異なるものだった。その知性は原生林に属するもので、私はそれに与《あずか》っていない。アンドリューズを通過するだけのあらゆる生物と異なり、フクロウはこの場で交尾し、繁殖し、そして死ぬ。ここだけだ。この森は、この鳥が知るたった一つの故郷なのだ。

アンドリューズでのライター・イン・レジデンスを引き受けた時、ニシアメリカフクロウを見ることができたらどれだけいいだろうと思い描いたが、もし見られなかったら失望は大きい。だから私はその気持ちを抑えることにしていた。現在、太平洋岸北西部には約二〇〇〇のニシアメリカフクロウのつがいがいて、そのうち四つのつがいがアンドリューズで交尾することが知られている。[*20]

八〇年代後半から九〇年代初頭にかけて起きた「森林戦争（Forest Wars）」では、この地域の原生林の将来をめぐる闘争が激化した。[*21] 木材産業は伐採と雇用創出を求め、環境団体は保存を求めるお決まりの展開となった。当時、カスケード山脈を通る林野部の道路では、「木こりを救い、フクロウは食べてしまおう」と書かれたバンパーステッカーをつけた車がガタガタ走行するのがよく見かけられた。不況で多くの人々が失業しているなかで、もしフクロウが絶滅危惧種に登録されたとしたら、わずかに残った木材関連の仕事もなくなってしまうのでは、と懸念されたのだ。

しかしH・J・アンドリューズのニシアメリカフクロウ研究チームは、このなかなか見つからない生き物を探し求めて、四〇年もの間低木層の中をさまよってきた。そして、森林戦争のさなか、彼らはこの恥ずかしがり屋の鳥たちが原生林でしか繁殖しないこと、北西部の古い樹林の伐採によって個体数が減少していることを証明したのである。一九九〇年、一人の判事がこの小さな事実をもとに、一〇〇〇平方キロメートルにも及ぶニシアメリカフクロウの生息地で、樹木伐採を禁止する命令を出した。[*22] 現在、この広大な原生林は、オレゴン州の一六〇億ドル規模に及ぶ野外レクリエーション産業[*23]の一端を担い、かつて木材に依存していた農村コミュニティに収入をもたらしている。[*24]

もう一羽、急降下しながら別のフクロウが現れた。鳥は私の目をまっすぐに見つめる。私はノートに意味不明なことばを書き連ねた。異種間コミュニケーションの瞬間的な体験を、その興奮をどうにかことばにしようと必死に試みた。これほど野性的な存在の目を、これほど長い間見つめたことはこれまでなかった。しかしすぐに諦め、畏怖の念と無知に身を委ねることにした。書き起こすのは後にしようと言い聞かせ、水玉模様の輝く羽に見惚れることにした。一方のフクロウがもう一方に向かって飛び、羽が大気を切り裂いた。二羽は肩を寄せ合って同じ枝にとまり、何かを待っていた。でもそれが何かは私にはわからない。私は一時間近く彼らを見つめていた。人間の屈折した意図によってその命の重要性が高まることになった、絶滅の危機に瀕したこの生き物たちの他には誰もいない時間を過ごしたかったのだ。

*

翌日の午後、私は本部に戻ると、ニシアメリカフクロウ研究の主任を務めるスティーブ・アッカーズに会いに行った。グレーのカーハートの野球帽、グレーのKEENのサンダル、グレーのTシャツ、そしてグレーの速乾パンツ……スティーブは全身グレーで現れた。アンドリューズのライター・イン・レジデンスとなる申し出を受けた日、私はスティーブが登場するエッセイを教材にしていた。そのつながりは、当時は偶然と思われた。しかしこの地で過ごす最後の午後にスティーブと話していると、ニシアメリカフクロウとの出会いを回想する私の頭に偶然という発想はまったく浮かばなかった。この場所のあり方を形成すると同時に、この場所によって形成される存在のネットワークの一翼を自分が担っていると私は感じていた。

「一羽のフクロウが、まばたき一つせず、たっぷり一分間私を見つめたの」と私はスティーブに熱く語った。そのまなざしは、すばらしい贈り物のようだった、と。

「フクロウがどうしてそんな行動に出るか、知りたい？」とスティーブが尋ねた。「どうして人間に見つめられるがままにしているのか」

「イエス」と私はささやいた。

「僕たちは一〇年以上フクロウと接触してきたんだけど」と彼は言った。「たいていの場合、ネズミを持っていくんだ」

「じゃあ、私がバッグに手を伸ばした時、フクロウが怖がらなかったのは……」

「餌のネズミが入った箱を引っ張り出す、と思ったんだよ。すっかり人間に慣れているんだ。研究をしていて、好きになれないことの一つだ」

私はスティーブのオフィスを見渡した。ニシアメリカフクロウの写真があちこちに貼られていた。広がった翼、興奮して開かれた爪……スティーブがバックパックからネズミを取り出したのは、この謎めいた生物の姿を記録する、という明確な目的があったからだ。そしてその写真が広く共有されると、アンドリューズの森を守る一助となった。スティーブとニシアメリカフクロウは絆を形成したのである。注意を払うことで得られる相互扶助に基づいた一種の親族のような絆を、交流を重ねる中で鍛え上げていったのだ。写真を撮らせてくれるなら、ネズミをあげるよ。一四年もの間、意識的であるかどうかはともかく、彼らはこの林の保全を共同で達成してきたのだ。ルックアウト・クリークの水面の下に横たわる岩を守ること。大きな嵐のたびに下流に移ること。下から川を作り直すこと。高く伸びるオダマキを、五月になるとそこでごちそうを楽しむハチドリのために守ること。拳銃のように曲がったアメリカツガと、そこに絡まる「魔女の髪」を守ること。オリーブチャツグミが希望に溢れる歌声を放つ枝を守ること。野性の喪失は、その他の数多くのことを守るために、フクロウが払わなくてはならなかった対価なのだ。

事実、ニシアメリカフクロウの繁殖地は伐採禁止によって守られてきた。行動の背景にある意図に反して生み出された結果を見てみよう。たとえばここで意図されたのは特定の種、ニシアメリカフクロウを救うことである。けれどもそれだけじゃなく、伐採禁止令によって守られた数々の場所の多様な地形について考えてみよう。これは「ステージの保全（conserving the stage）」と生物学者たちが呼び始めている実践の一例となっているのだ。[*25] 彼ら科学者たちは、単一の種や場所の寿命に焦点を絞るのではなく、地球物理学的多様性に富む地域の保全を提案している。私たちの惑星の生命の多様性を維持するためには、地形に特別な注意を払う必要がある、と彼らは言う。それはこういうことだ。地球が温暖化すると、生物種は移動する。[*26] 多くの種が、一〇年ごとに一二メートル高度を上げるか、一八キロメートル極地へと近づく。[*27] こうした種は、サーマルニッチ、つまり自分たちの生存と繁栄の可能性が高い温度の場所を探し求めているのだ。ここ、太平洋岸北西部で優勢な老齢樹となっているベイマツは、海抜〇メートルから約一・八キロメートルの間で生育する。[*28] 偶然にも、広大な土地に手をつけずにおけたことは、地質学的に多様な景観を持つ地域を保護することになった。それによって、ここに生育する植物相と動物相——少なくとも移動可能な種類のもの——に、気温の上昇に応じて山腹を上っていく機会が与えられたのである。

スティーブに、どこでニシアメリカフクロウを見たかわかるかと訊かれ、私は「イエス」と答えた。午前一〇時二八分。私がいたのは長期バードカウント調査四〇番地点だ。スティーブは四〇番がどこだか知らなかったので、私は鳥類班のアパートまで走り、ブライアンに地図を貸してもらえないか尋ねた。

レインボー・ビルディングを通り過ぎながら、私は渡り鳥と沼のことを考えていた。景観レジリエンスを、多様な地形が持つ機能の一つとして分類すると、潮汐湿地とそこに依存する数千もの種がいかに脆弱であるかを説明する上でとても役に立つ。つまるところそれらの種の多くが、もっとも高くなる高潮から〇・九メートル以内の高さに生息しているのだ。そのことはまた、米国に生息する一四〇〇以上の絶滅危惧動植物のおよそ半分が、一生のある時点で湿地を通過することの説明にもなっている。[*29] そのため、ミサゴやアカフトオハチドリをどのように救うかという問いは、大陸を横断する旅路の間に彼らが休息する場所をどのように保全すべきか、という問いに変わる。そしてそれら潮汐湿地の多くはアンドリューズと異なり、痛ましいほどに平坦だ。だから解決策は単純なようで複雑である。なぜなら潮汐湿地に生きる生物に気温と海面の上昇に合わせて上昇するチャンスを与えたければ、沼が高地へ移動する可能性を制限している人間のコミュニティを動かさなくてはならないからだ。

スティーブのオフィスに戻り、地図を広げると、私は四〇番を示す黒い点を指で叩いた。数秒間、スティーブは沈黙を続けたが、ようやく口をひらくとこう言った。「本当にニシアメリカフクロウだった？　アメリカフクロウじゃなくて？」

「そう思うけど」と私は言い、証拠を見せるためカメラを引っぱりだした。

スティーブはすぐにこの鳥を認識した。「あいつらだ。オスは二〇〇六年に孵化した。メスは少し年上で今一四歳くらいだ」と彼は言った。「三月から全然見かけなかったけど、ようやくその理由がわかった。移動したんだ」

この一〇年で初めて、フクロウたちは長い間自分たちの棲処だった山腹を離れ、マック・クリークを超え、さらに上方へ移ったのだ。私がその意味に気づいたのは、それから数ヶ月後のことだった。私はある文学者と、プロイセンの探検家で博物学者、アレクサンダー・フォン・フンボルトについて話していた。フンボルトは高度が変わると気候も変わることを観察したことで知られている。アンデス山脈を六〇メートル登るごとに、気温は一度下がる。そして気候が変わると、生息種も変わる。

その日のうちに、私は自分で撮影したバードウォッチ地図の写真を開き、フクロウ研究者が使用している地図と比較した。そして四〇番地点と、フクロウがかつて繁殖していた木の間にある等高線を数えた。四つの細い帯が二つの地点を隔てている。それは、四〇番地点が、フクロウのかつての棲処よりも二四四メートル高所にあること、そのため一度か二度気温が低い可能性があることを意味していた。フクロウたちはサーマルニッチをたどろうとして移動したのかもしれない。アンドリューズでは気温がゆっくりと上昇し始めている。森の中でもっとも移動が少なく、縄張り意識が強いこの鳥は、そのために上方へと移動することになったのかもしれない。

私はスティーブにEメールを送り、アイデアを提案した。彼の返信は素早く、職業的なものだった。「サーマルニッチの仮説には多くの価値があると思う。しかしきちんとしたデータを用いずに、高度の変化が気候変動への反応であるというストレス要因の結果を導き出すのは難しい」

　最初はがっかりした。私は自分で撮ったフクロウの画像を開き、とまり木から私を見つめるフクロウを見た。すると、フクロウの運命、そしてハチドリやミサゴやオダマキやスパルティナやスカーレットギリアの運命も、私にはうまく説明できない方法で私の運命とつながっているような気がしてきた。私は説明を試みてはみたのだ。飛行中のアカフトオハチドリの翼のように揺らめく言語から、何か持続的なものを生み出そうと試みた。少なくとも、生物の生存のチャンスを決定する上で地形が担う役割に注意しようと試みた。

　アンドリューズに戻りたい、と私は何度も思った。けれども私が戻りたいのはニシアメリカフクロウを見つめた林でも、カーペンター山の山頂でもなかった。私と同じく旅人である渡り鳥の、枝から聞こえてくるフルートのような歌声にじっと耳を傾ける必要性を初めて学んだあの日、あの光の中に戻りたいと思うのだった。

回復について*1

リチャード・サントス
カリフォルニア州、アルビソ

俺はアルビソで生まれた。当時多くのポルトガル人がそうしたように、俺の父親は缶詰工場で働き、果物をワインにするためにこの土地にやってきた。やがて父親は沼の中にある浸水地をいくらか手に入れた。手に入れたはいいが使い道がなく、他人に売ろうとしたけど上手くいかなかったから、ゴミ集積場にすることに決めた。そしてそれがわが家の家業となった。父親は定期的に契約を得て、町のほとんどのゴミを集めるようになった。

アルビソに住むすべての人間にはひとつの共通点があった。俺たちはみな貧しいということだ。そんな風に考えたことはなかったけどな。みなが果樹園で働き、日が暮れると土手で釣りをした。ハックルベリー・フィンみたいな生活だったわけだ。

俺がガキの頃、トミー・レーンと一緒に塩田まで行った。ロープの端に棒をくくりつけたものをトミーのトラックのバンパーに結びつけ、それで水上スキーもどきをやったもんだ。このトミーってやつは水泳のチャンピオンだった。やつの家にはトロフィーが一〇〇はあるはずだ。俺が高校生だった時、一九五九年のことだ。サンタクルーズの水泳クラブのコーチがやって来た。その男はトミーにこう言った。「俺がおまえをオリンピックに連れていってやる」アルビソの田舎者で、七歳児程度の知能指数しか持たないトミーは、こう言いやがった。「やなこった。俺はベバリーと結婚して、道路の反対側にある発電所で働くんだ」そしてその通りにしやがった。四〇年間発電所で働いたんだ。

釣りについて俺が知っているすべてのことは、トミーから学んだんだ。一九七九年にアルビソの歴史始まって以来最大のチョウザメを俺が釣り上げた。リールを巻くのに一時間一〇分かかった。二・一メートル、四〇八キログラムのチョウザメさ。ようやくボートに釣り上げたと思ったら、ボートをめちゃくちゃにしやがった。だから水に返したのさ。それから数年後、今度は重さ九四キログラムのチョウザメを釣り上げた。俺たちは地元の中華料理屋にその魚を持っていった。三七人くらいいたかな。チョウザメは甘酢と玉ねぎと一緒に炒められた。たいしたご馳走だったよ。頭を切り落として、はらわたを取ると、巨大な身の塊が落ちたんだ。

当時この辺は塩田と果樹園ばかりだった。ハイウェイ二三七号線はなかった。州道九号線しかなかった。この辺は奥地だと思われていた。判事、下院議員、州知事といった連中は、みんなここに来るとバールズ・レストランに行ったものさ。その店はいまでも営業している。甥っ子が引き継いだんだ。バールズ、それからアルビソ全体は、ものすごく辺鄙なところにある。何もかもが遠い。だから法の目はあまり届かなかった。酒を飲み、ギャンブルをし、売春が行われた。列車が町を通過し、ホーボーたちが飛び降りた。俺の父親は警察署長になったんだが、連中にその場で挨拶すると、こう訊いたものさ。「働いているのかね?」そして答えがノーだと、車に連れ込み、町のはずれまで運転し、車からおろして、二度と戻ってくるな、と言ったんだ。当時、この辺は移住者のキャンプでいっぱいだった。ポルトガル人、アルメニア人、スペイン人、黒人、オクラホマ人。誰もが寛大だった。たいていの場合、一番貧しい人間が一番たくさん分け与えてくれるものだ。俺はキャンプの火のそばに座り、連中が歌うのを聞いていた。連中はトルティーヤを食わせてくれた。

それが今では、誰もがアルビソの一部を手に入れようとしている。だがそうはさせない。密集した住宅やら、ハイテクキャンパスなんざ、まっぴらごめんだ。俺の孫たちには山を見て、土手の脇で走り回ってほしい。そりゃ過去に洪水にあったことはある。だが俺には洪水について第六感が備わっていて、洪水がまた起きるとは思わないんだ。例の湿地再生プロジェクトが、防護をたくさん加えていることが大きいよ。これまでそんなのなかった。俺が子どもの頃にはこの辺にいた、さまざまな魚が戻ってくるのを助けているのさ。

ようするに、この町はアルビソの住人である俺たちのもので、大金を持った連中のものではない、ということだ。数年前、あるデベロッパーが俺に近づいてきた。「サントスさん、あなたは四〇〇〇平方メートルの土地を所有されている。一〇〇〇平方メートルにつき一〇〇万ドルお支払いしますよ」そこに数百軒の家を建設することが、連中の望みだった。「俺はその四〇〇万ドルでいったい何をすればいいんだ？　ビバリーヒルズに引っ越す。ジャーマンシェパードを二匹飼う。ビールを飲み、サンドイッチを食べる。だけど、誰と話せばいいんだ？　売られてしまったから家に帰ることはできない。サンドイッチとビールは好きなだけ買えるが、それでどうやって幸せを見つけられるんだ？」そのデベロッパーは、俺のことを変な男だと思った。俺にとってはやつの方が変な男だけどな。

俺に消えてもらいたいと思っている金を持った連中は、サンノゼには大勢いる。奴らは開発の見通しを立てたい、ただそれだけさ。アルビソの歴史と特色を守りたいから、俺は必死に戦っている。この場所について俺たちが語る物語には力がある。金よりも強力だ。ハイテク産業が提供するかもしれない、あれやこれやのすばらしき未来なんかよりも強力だ。ここに小箱が一つあるとしよう。そこにネズミを一四匹入れると、殺し合いになる。でも四匹だけなら生き残る。この小箱がアルビソさ。アルビソは存在できる。ビジネスを誘致することもできる。だけどあんまり詰め込むことはできない。サンノゼ市はそんなこと気にしちゃいない。派手な成功《スラムダンク》が欲しいだけなんだ。

数年前にアルビソの諮問委員会は、シスコシステムズが町の南端にオフィスビルを開発するのを認可した。それから年月が経ち、ドットコムバブルは弾け、シスコシステムズにはビルを建設する余裕はなくなった。だから、巨大な工場とトラック配送センターを作りたがっている別のデベロッパーに土地を売った。だけどトラックが夜の間中、騒音を立てて町中を、学校のすぐそばを通過することを、俺たちは望まない。俺たちが承認したのは、そういった開発ではない。サンノゼ市の連中は、俺たちが計画を認可した、と言ってデベロッパーにゴーサインを出した。過去に何度もそうしてきたように、強引に押し通そうとしているのさ。

けれども湾で行われている湿地再生プロジェクトによって、かなりの広さの土地がデベロッパーの手の届かないものとなっている。そしてアルビソ周辺を空き地のままにしている。そしてあの辺りが空き地になっていると、洪水の水を吸収してくれるんだ。そうでなければ、町の中を水が流れてしまう。連中はあの辺の湿地にスタジアムを建設したがっていた。でも今ではその土地がプロジェクトの一部になっている。だから開発は非合法なんだ。俺にとってはそれこそがまさに派手な成功《スラムダンク》だよ。

ドン・エドワーズ環境教育センター周辺に出かけるとチドリ、シラサギ、アナフクロウ、カヤネズミなんかに出くわす。グラスシュリンプが戻ってきた音が聞こえる。最近は釣りに出かけることがなくなってきたけどね。みんな一〇年前より増えたと思うよ。それにね、長い間見かけなかったジャックウサギがたくさん、最近その辺を走り回るようになったんだ。

こうした湿地はコミュニティを救おうとしているんだ。それを守るために、俺は長い間戦ってきた。当初、俺は懐疑的だった。そりゃそうさ。マリファナを吸いすぎた環境保護主義者たちの集団だと思っていた。だけど今では、アルビソをアルビソたらしめる、最大のチャンスだと思っている。これはコミュニティを、それからカモやガチョウやチョウザメやその他の動物を救うためのものだ。俺が七十数年の全人生を過ごしたこの場所をすばらしい場所にしているのは、そうした動物たちなんだ。

振り返る、そして前を向く

カリフォルニア州、サンフランシスコ湾

「ここで僕たちがやろうとしていることの規模は、人々を驚かせている」。サウスベイ塩田再生プロジェクト（South Bay Salt Pond Restoration Project）のエグゼクティブ・プロジェクト・マネージャー、ジョン・ブルジョワはこう言った。同プロジェクトは、ミシシッピ川以西で最大となる湿地回復の試みだ。時は二〇一七年。ジョンと私は、ドン・エドワーズ環境教育センターにあるガラス張りの見晴台にいた。西側にはアルビソという労働者階級の小さな町があり、その奥にはシリコンバレーが広がっている。欲望の追求が大地をガラス張りに変えていた。私たちはトレーラーや古い運河、デル、グーグル、マイクロソフトといったハイテク企業のキャンパスと最寄りの埋立地のゆるやかな傾斜を見わたしていた。サンフランシスコのサウスベイは、ある意味でアメリカの沿岸の縮図だ。ここにはフェイスブックの若き幹部や、沈みゆくパイの一切れを握りしめる清掃作業員まで、ありとあらゆる人間がいる。

そして私たちの眼前には、プロジェクト名の由来となった旧塩田が広がっていた。「最北東部にあるのが塩田A1。『A』はアルビソ・コンプレックスを意味していて、『1』はそれが取水池であったことを意味しているんだ。かつてレスリー〔製塩会社〕が、次いでカーギル〔アメリカの食品会社〕が、湾内の海水をここに流し込むシステムを作った」とジョンは言った。やがて水が蒸発し、塩濃度が高まる。「それから塩田Ａ２に水を送り込む。そこでさらに水を蒸発させ、Ａ２からＡ３、Ａ４、Ａ５へと水を送り込み、最終的にＡ22まで至る。システムに入った塩の分子が収穫されるまでに五年を要したと言われている」

現在、いくつかの塩田は開水域となっている。他方、ピックルウィードやホタルイといった多年草が緑色のパッチワークを織りなしている塩田もある。塩田の多くは優に一〇年以上製塩に使用されていないという。この日は、数週間におよぶ豪雨の影響で、塩田と塩田を隔てる盛土が不安定になっていた。ジョンの運転するプリウスの重量すら支えるのが難しいという。「歩いていくしかないね」とジョンは言った。「でもまず、プロジェクトの全体像を、少なくともこのセクションの鳥瞰図のようなものを、君に見せたいんだ」ジョンはスレートブルーの瞳と、信じられないくらい長いまつげの持ち主である。そしてベイエリアで会った他の専門職の男性同様、トレイルランニングシューズ、ジーンズ、ボタンダウンシャツを身につけていた。私たちが出会ってから一〇分後、彼はそのシャツの裾を出した。

ジョンはルイジアナ州ラファイエットで生まれ育ち、教育を受けた。そこは湿地が日々の生活を支配する土地で、それが崩壊する際にあっても変わらなかった。「船場に行くため、二時間かけてドライブしなきゃいけなかった。そこから前のプロジェクト現場に着くまで、一時間半船を操縦したんだ」と彼は言った。「サンフランシスコに来た時、こう思ったよ。『いったい湿地はどこにあるんだ？』って。西海岸最大の河口を見ているなんて、信じられなかったよ。現存する最大の潮汐湿地と言われているのに、石を投げて水切りができるなんて。でも、その時気づいたんだ。サンフランシスコ川河口がどれほど荒廃し、破壊されているかを。開発のためにどれほどのものが失われてきたかを」

ジョンと私が見わたしていた風景は、二〇〇年前に遡るとまったく異なるものとなる。堤防はなくなる。開水域はなくなる。現役稼働中の数少ない塩田に生息する微生物の活動による、薄い紫色もなくなる。代わりに、あらゆる緑のグラデーションが海のように広がっている風景を想像してみよう。濃いエメラルドグリーン、ホタルイや霧の作る霞みがかったグレー。はちみつ色がまじったライムグリーン。乾燥したパピルスのくたびれた色。淡水の川に沿って柳の木が繁茂し、南米からやって来たアメリカイソシギが列をなして干潟で羽ばたく。これが想像できれば、ジョンが取り戻そうとしているものを、少なくとも部分的には想像できる。

カリフォルニア半島の先住民は長い間、製塩のためにサンフランシスコ湾南の海脚を使用してきた。[*1] しかし一八五〇年代に非先住民たちが家族経営を始めると、干潟は大きく変化した。塩は西部開拓の必需品だった。食品の保存、およびシエラネバダに数十万の金探鉱者を送りこんだ採鉱過程に不可欠だったからだ。需要は過熱し、地元の「塩メーカー」は工程時間の短縮を試みた。そしてサンフランシスコ湾岸の低地エリアを様変わりさせた。湾岸の干潟の端に沿って土を積み上げるために労働者を雇い、潮汐流を制限し、蒸発率を加速させた。堤防が次々と作られ、干潟と沼に届く湾の海水の律動的な増減はやんだ。やがてレスリー・ソルト・ワークスが、こうした比較的小規模な事業を牛耳るようになった。同社は次々と製塩会社を買収し、しまいにはサウスベイの東側および西側に一七八平方キロメートル以上を所有するにいたった。その面積はマンハッタン島三つ分に等しい。

二〇〇三年にはカリフォルニア州が、レスリーの後継者となったカーギル社からこうした塩田の多くを買い上げた。そしてアメリカでもっとも革新的かつ前向きな、湿地回復を試みる道が開かれた。以来プロジェクトの面積は広がり続けている。現在では、ベイエリアが回復を試みているかつての干潟一六二平方キロメートルのうち、六〇平方キロメートルがプロジェクトに含まれている。[*2]しかしその試みは、気候変動によってかなり複雑なものとなった。カリフォルニアで湿地再生が始まった時、その目的はノスタルジックなものだった。物事をかつての姿へ戻すことだけが目指されていたのだ。しかし現在では、地球上でもっとも平坦で、もっとも脆弱な地形の一つを、より強固なものへと、次の世紀にも生き残る場所へと変える方法を見つけ出すことが必要とされている。

　これまでに私が取り上げてきた他のあらゆる沿岸レジリエンシー・プロジェクトとサウスベイを分かつのは、その規模である。たとえばロードアイランド州では最近になって合衆国魚類野生生物局およびザ・ネイチャー・コンサーバンシーが、そこだけ鉄床《かなとこ》のような形で海に飛び出ている、サチュエスト・ポイントという分解しつつある潮汐湿地に砂を撒いた。このプロジェクトの目的は、海面上昇についていけるよう沼を底上げすることだった。けれども、沼の移動を妨げている高台の縁に沿って走る道路については、何一つ顧みられなかった。数世紀におよぶ開発によってせき止められた近隣の河川も、同じように無視された。こうした河川が運ぶ堆積物が、侵食される大地を補充することはもはやないのだ。私は失望してこの現場を立ち去った。沼は月面のように荒涼としていた。長期的な海面上昇に対応するための地球物理学的なプロセスからは完全に切り離されていたのだ。この土地の面積（約四万五〇〇〇平方メートル）と、隣接地の利用形態（観光と廃棄物処理）によって、プロジェクトの範囲とその外で残されるものが規定されていたのである。

　アンドリューズで一月を過ごしたすぐあとに、私はサチュエスト・ポイントで朝を迎えた。そしてこう疑問に思うようになった。一〇年や二〇年単位ではなく一〇〇年単位で、広大な潮汐湿地をどのように回復し、育《はぐく》み、維持をしたらいいかを考えている人はいるのだろうか。危機に瀕している沿岸の景観を、それらを長らく支えてきた川や森とつなげ直そうとしている人が、誰かいるのだろうか。広域におよぶ介入を要求するかもしれない謎めいた生物種が何か存在しているのだろうか。または、徐々に不確実性を増していく私たちの未来に配慮する、異なる保全へのアプローチが生まれつつあるのだろうか、と。

私が最初に見つけたのは、ピュージェット湾〔東岸にシアトルをのぞむワシントン州の湾〕沿いに「ポケット河口」なるものを作っている先住民のコミュニティだった。このプロジェクトの目的は、移動するキングサーモンの休憩所を作ること、そしてスウィノミッシュ居留地の近隣の村に高潮が流入するのを抑えることの二つだった。それは一つの始まりではあったけど、どちらかといえば局所的なものであった。その後、私は自分の根《ルーツ》を引っこ抜き、移住する準備をしている数十の沿岸コミュニティを一巡した。オリンピック半島のホー族とキノールト族。アラスカのニュートック村とシシュマレフ村。ニュージャージー州のセイヤービルとローレンス・タウンシップ。だけど私はもっと大きなもの、その規模だけで論争を巻き起こすようなプロジェクトを探していた。そして二〇一六年六月、ベイエリアの有権者の七〇パーセントが湿地再生のために年間一二ドルの区画税支払いに賛成した、ＡＡ法案の存在を知ったのだった。[*3] 私はすぐに記者、政治家、活動家、科学者に電話をかけた。会話を終えるたび、私はいつものリクエストをした。「話を聞いたほうがいい、とあなたが思う人を二名、私に紹介してください」するとたいていの場合、ジョン・ブルジョワに連絡を取るよう言われたのだった。

そして今、私はジョンの隣に立ち、これまで目にしてきたものとは異なる気候変動適応戦略を眺めている。六〇平方キロメートルもの土地に広がるサウスベイ塩田再生プロジェクトは、規模としてはエバーグレーズ国立公園に次ぐ、アメリカ国内では最大級の沿岸湿地回復の試みだ。ジョンと彼のチームは、このプロジェクトの圧倒的な規模によって、地形を改造するほどの介入をともなう実験ができるようになった。少なくとも沿岸湿地ではこれほどの規模での介入は初めてのことだ。そしてその目的は、失われたものを取り戻すことだけではない。私たちがあまりよく理解していない将来に備える、という目的が明示されているという点においても、前代未聞なのである。

＊

フーバーはこうして数々のダムを建設した。[*4] ミシシッピ川以東の土地には農業を支える上で十分な降雨量があるが、以西の土地ではそうではない——この話はこの原則とともに始まる。まず一〇年におよび干ばつが続いた。続く一〇年で、フロンティア入植者たちは、あてにできる水源をもつ敷地のほとんどがすでに誰かの所有物となっていることに気がついた。それでも、入植者たちは国を横断し続けた。世紀の変わり目をはさむ五〇年の間に、ロサンゼルスの人口は一〇〇〇倍となった。ラスベガスの人口は約三〇〇〇倍となった。一九〇二年に開拓法（Reclamation Act）が議会を通過し、砂漠を農場に変える灌漑《かんがい》事業に連邦政府から補助金が拠出されるようになった。最初の二〇年間、同事業は失敗続きだった。しかしそれは次のプロジェクトが、険しい坂を転がる雪だるまのように、さらに巨大なものになる、ということを意味した。一九二二年、ハーバート・フーバー商務長官は、コロラド川が流れる七つの州の間で、水資源を各州に不公平な取り分で分配する取引をまとめた。一〇年も経たずして、当時ボールダーダム（Boulder Dam）と呼ばれていた建設事業を、一枚岩とは言いがたい六社コンソーシアムが四八八九万九九五ドル五〇セントで落札した。岩盤にはトンネルが掘られ、コロラド川は一時的に流れを変え、渓谷の壁を迂回することになった。学士号取得にかかるのと同じくらいの時間を費やし、世界最大のコンクリート建造物が完成した。その時、西部でもっとも荒々しい川が、全長二二五三キロメートルの運河へと大きく変容し始めたのだった。現在コロラド川は三六〇〇万人に水を供給し、一三〇〇万人に電力を供給し、二万四〇〇〇平方キロメートルの農場に水を引き、川岸で楽しまれるレクリエーション活動によって年間二六〇億ドルの収益を上げるまでになった。川の流れは八つの主要ダムが「コントロール」している。あまりに成功したため、一九六〇年代初頭以来、コロラド川はカリフォルニア湾の河口まで自然に流出することはほとんどなくなった。その代わりに、メキシコ北部のどこかで勢いを失って止まるのだ。過去一〇年でコロラド川の地下水は消え、その貯水池の多くは水位が数十メートル下がった。その一方で人口は膨張し、干ばつは悪化し、気温は上がり続けている。

＊

退氷作用によって海岸の傾斜の多くが緩やかになったアメリカの東海岸とは異なり、西海岸は地震断層線に沿っている。数千キロメートルにおよび、かちかちに固まった粘土と蛇紋岩《じゃもんがん》が代わる代わる海に堆積され、海岸山脈（Coastal Range）と呼ばれるものを形成している。苔に覆われたこうした山々はアラスカからメキシコまで広がり、コロンビア川とバハ・カリフォルニア州〔メキシコ北部の州〕の間に、わずか一ヶ所だけその壁が途切れる場所がある。[*5]

太平洋はゴールデン・ゲート・ブリッジの下から内陸に押し寄せ、インゲン豆の形をした三つの湾は海水で満たされている。サクラメント川＝サンホアキン川デルタ、およびシエラネバダ山脈西側から流れてくる淡水はこの湾で海水に混ざる。そしてスペイン人宣教師が到着する前の数千年の間、豊富な草が生えた数十平方キロメートルにおよぶ湿地が湾を囲んでいた。[*6] 西海岸は、この湿地を除くとそのほとんどが岩がちなため、この守られた土地に沿って五〇以上の異なる部族が居住していた。彼らはここで牡蠣《かき》、ハマグリ、チョウザメ、水鳥などを獲った。[*7]

　かつては誰のものでもなく、つまりは皆のものだった何かは、二世紀後には商品になった。売買し、耕し、保有するために。地球上の他のどこよりも多くの塩を生産するために。低所得者向けの住宅や、きらびやかなハイテク企業キャンパスを作るために。何百もの下水処理プラントや、囲い柵で囲まれた計画コミュニティや、ゴルフ場や、模造石の泉に変えるために。こうして最初はヨーロッパ人による布教と彼らがもたらした疫病のために、ついでスペイン人、メキシコ人、アメリカ人の到来に伴う強制労働のために、ベイエリアの先住民の文化はほぼ壊滅した。すると、この地域の湿地にアクセスする権利は誰のものか、という考えも変化したのである。

　アメリカ兵がメキシコ領カリフォルニアを占領してからわずか三年後、一八五〇年沼沢地法が議会を通過した。同法は、水害が起きやすい土地であっても排水が可能でさえあれば、その土地を個人に売ることができる権利を、新しく誕生した諸州に認めた。この法律により、フロリダのエバーグレーズからサンフランシスコの干潟まで、国中で湿地の壊滅に拍車がかかった。沼沢地法は、植民地的プロジェクトの特徴ともいえる「手っ取り早い金もうけ」の古典的な形態だった。先住民の土地を奪う。最高入札者に売る。それから固定資産税を課税し、長期的財源を確保する。そしてもともとこの国に住んでいた人たちから、将来の経済的安定という約束を取り上げる。わずか二年で、約三〇〇〇平方キロメートルにおよぶカリフォルニアの湿地が、二〇〇人に満たない個人所有者の手にわたった。[*8] 彼らは一エーカー〔約四〇四七平方メートル〕あたり一・二五ドルという破格の安値を頭金なしで支払い、ダム、堤防、用水路の建設を進め、大西洋岸最大の河口を埋め立てた。

　そして狂乱の時代が幕を開ける。沼沢地には堤防が築かれ、灌漑され、核果類やアボカドがなる土地へと変えられた。沼沢地は掘り返され、私的所有される牡蠣養殖場となった。沼沢地はエンバカデロ地区を含む商業地へと変わり、サンフランシスコのダウンタウンは今日ある姿となった。沼沢地は世界最大の製塩複合施設となった。沼沢地はオークランド、リッチモンド、ユニオンシティ、フレモントの住民コミュニティを支えるために埋め立てられ、そのいくつかは今世紀に入っても比較的安価な住宅を提供し続けている。

二〇〇〇年の間にこの地域の湿地の九〇パーセントが、昔日のそれとは似ても似つかない姿に変えられた。[*9] ほとんどの場合、私たちはそこが湿地だったと認識することすらできない。旧軍需品集積所から飛行場へと変わり、そのあとでプレシディオ公園となって皆に愛されている、クリッシーフィールドの昔の姿は？　元々はイェラム族が居住していた塩沼だった。ブラックパワー運動の中心地として名を馳せた半ダースほどの地区のひとつ、イーストパロアルトは？　見わたす限りハマチャヒキに覆われていた。ジャック・ロンドンが『野生の呼び声』のインスピレーションを得たと言われる犬に出会ったアルビソは？　元は干潟だった。

ドン・エドワーズ環境教育センターにいるジョンに会うため、車でアルビソを通過した時のことだ。私は瞬時にオークウッドビーチを思い出していた。労働者階級向けの住宅ストック。街路を吹き抜ける潮を含んだ甘美な空気。大都市の慌しい生活から、いくらか隔絶されている感覚。けれどもそれ以上に共通するのは、オークウッドもアルビソも、腫れあがった親指のように周囲の沼から突き出しているということだ。

「有力な移住先候補になるかもね」と、のちにジョンと一緒にアルビソの北端の縁に沿って走る堤防を歩きながら、私は言った。桃やアーモンドといった、水を大量に消費する作物を育てるのに地下水の汲み上げが必要だったため、町の大部分は前世紀の間にかなり沈下していた。[*10] 二階建ての、無人になったベイサイド・キャニング缶詰会社の旧工場を、私たちは一緒にのぞき込んだ。まばゆいアーチ道。生産ラインに果物を運ぶ、長い黒髪を三つ編みにした女性たちが描かれた壁。窓はほとんどなくなっていて、壁も多くが消えている。私は、廃工場のすぐ向こう側に建つ住宅の切妻屋根を注視した。私が左を向くと、ここが海面からわずか一・五メートルの高さにあることが確認できる。一方右を向くと、この家の屋根裏部屋をのぞき込むことができる。アルビソは、町が成立して以来、これだけ地盤沈下しているのだ。

ジョンは移住についての発言に同意しなかった。沿岸部の撤退可能性について質問した場合、それが却下、あるいは無視されるのは初めてのことでもなければ、最後でもなかった。撤退の発想を受け入れるということは、西海岸最大の湿地再生プロジェクトであってさえも、有効期限があると認めることになるからだ。

「洪水は起きる？」と私は尋ねた。

「町全体が海抜より四・八メートル低くなっているんだ」と彼は言った。

「だから洪水は起きる。川岸、そして沼から。だけどこの辺りに大きな嵐が来ることはめったにないから、ここ最近は起きていない。それに、ここにあるような、レスリーが塩田周辺に建設した古い堤防があるから、決して工学的なものとは言えないけど、それでもそれなりの防御をしてくれている」

この地域に潮汐流を戻すために、ジョンは塩田と湾を隔てている盛り土を除去しようとしていた。しかしその前に、除去される盛り土の代わりとなる堤防を建設しなければならなかった。その堤防はベイランズパークから出発し、アルビソを囲みニュービーアイランド廃棄物処理場まで到達し、長さ六・四キロメートルとなる。「陸軍工兵部隊は、堤防の高さを三・八メートルにするよう推奨した。だけどこの見積もりには、海面上昇が考慮されていない」[*11] ジョンはひと息つくと、将来の洪水防止設計に使用される分析に気候変動の要素が加味されないなんて実に馬鹿げている、という表情で私を見た。「僕の雇用主である沿岸保全事業団（Coastal Conservancy）は、サンタクララバレー水道局（Santa Clara Valley Water District）と協力して、一六〇〇万ドルの追加予算を決定した。堤防を海面上昇に対応させるためだ。それによってさらに数メートル堤防は高くなり、かなり広くなる」

「広くなる？」と私は言った。そのことばで私は足をとめた。

「三〇：一の堤防もあれば、一〇〇：一のものもある」前者の場合、高さ三メートルの堤防は幅九〇メートルとなり、後者の場合は幅三〇〇メートルとなる。堤防の幅を広げると、現在ではほとんど見られない景観の地形的多様性が高まる、というのが基本的な考えだ。「移行帯生息環境を作るためには、幅が必要なんだ」とジョンは言った。「最大級の大潮《キングタイド》の時にここに来れば、タカが堤防の上をクルーズして絶滅危惧種をつかまえるところが見られる。これからどんどんひどくなっていく。こうした動物の繁殖地、採餌域は、海と周辺コミュニティの間で押しつぶされているんだ」

　水平状の堤防について話を進めるうちに、ジョンはどんどん興奮していった。現在、サウスベイ塩田再生プロジェクトの目標は、急速に海面の上昇が予測される二〇三〇年までに、できるだけ多くの湿地生育環境を再生することだ。そしてそうすることが可能な場所では、高台の端を水平堤防とつなげようとしている。ジョンが望んでいるのは、少なくとも短期的には、潮汐湿地が移動できるチャンスを作ることである。約五年にわたり、私は湿地コミュニティについて執筆してきた。しかし人間以外の種を、低地にあることで脆弱さを運命づけられた土地でしか生きられない種を救う可能性を、具体的に実践している人に会うのは、これがほぼ初めてのことだった。

「土砂ブローカー、なるものだっているんだ」とジョンは続けた。「シリコンバレーはまた好景気を迎えていて、狂ったように建設が行われている。そうすると土砂が生まれ、それが埋め立てに使われることになる。でも今では処分料を払う代わりに、建設会社はパシフィック・ステイト社〔地元の骨材サプライヤー〕に土砂を渡す。同社は資材を追跡、試験してから僕たちのところに持ってくる。クリーンで、確認ずみ、圧縮ずみの一五三万立方メートルの盛り土が、僕が望むまさにその場所に、無料で手に入るんだ」

ジョンの話を聞いているうちに、私は自分が人間の視点でアルビソに関心を寄せていたことに気づいた。私が思い描いていたのは、水が押し寄せるのを待ち、堤防の後ろに立っている自分自身の姿だった。他方ジョンは、湿地の観点からアルビソを眺めている。人間のコミュニティや私たちの適応能力を、彼はそれほど気にしていない。われわれには適応能力があるし、適応するだろう、と彼は言う。彼がより心を砕いているのは、北米の湿地帯に固有の絶滅危惧種の五〇パーセントを守る方法についてなのである。彼が優先するのは、ピックルウィードなどの多年草の中で生きる、サワカヤマウスやカリフォルニアハイイロクイナを守ることなのだ。それによってアルビソが時間を稼ぐことができれば、それに越したことはない。

「西海岸から干潟がなくなれば、カリフォルニアハイイロクイナもいなくなる。単純なことだよ」とジョンは言った。

「水平堤防を見ることができる場所ってどこかにある？」

「オロ・ロマ（Oro Loma）に行くべきだ。このコンセプトのテストケースなんだ。処理済みの廃水も堤防を通って流れている。なぜなら人間の排泄物は下方に流れるからね。そして僕たちの下水処理プラントはすべて湾岸にある。人間の副産物を使って、移行帯に育つ植物に栄養を与えることができるかもしれない、と考えているんだ」

私はノートに「ORO LOMA!」と書いた。「Drawbridge!」の文字の隣に。それは下水処理プラント近くの、塩沼のど真ん中にまだ残っているゴーストタウンの名称だった。その横には「Measure AA!（AA法案）」と書いてある。ジョンの水平堤防プロジェクトのような広域湿地回復やレジリエンスに資金を供給する区画税のことである。来たる二〇年で、この税金によって五億ドルが集まることをジョンは期待している。

「サンフランシスコ・フォーティナイナーズの新スタジアム建設に、一三億ドルが出ているんだ。もしこれだけの資金があれば、サンフランシスコの湿地をすべて修復し、その一つ一つの高台の端に水平堤防を作ることができる」と言って、ジョンは頭を振った。「アメリカンフットボールの方が、あるいは僕たちのアメフトへの愛情を利用して金儲けすることの方が大事なんだろうね、たぶん……」彼の声はだんだん小さくなっていった。

＊

ニール・アームストロングはこうして月面を歩く準備をした。[*12] まず、長さ一五メートルのアームの端にある、重さ三トンの金属製の球の中に横たわる。技術者がスイッチを入れると、このスチール製の遠心分離機は時速一四三キロメートルで円形の軌道を周回する。地球大気圏離脱時にアームストロングにかかると想定されるG力を与えるためだ。あるいはそのように彼らは考えた。もちろんアームストロングの前に、彼と同じ状況に置かれた人はいない。ゴンドラによって、被験者をさまざまな位置に置くことができる。乗っている間にアームストロングの「眼球が突出する」こともあれば、「眼球が引っ込む」こともあった。どちらの場合でも、彼が筋肉をリラックスさせると、目隠しをされているように彼の視界は狭くなり、何も見えなくなった。その後、レプリカの月面着陸機を使って操縦練習をした。ジェットエンジンがカリフォルニア上空七六メートルまでポッド〔燃料を入れる筐体〕を押し上げる。モハーベ砂漠や、ロジャース乾湖に作られたエドワーズ空軍基地や、基地に隣接する世界最大の羅針図の上空へ。それからエンジンの出力はホバリング寸前まで抑えられ、機体重量の約五分の一を支えた。モジュールが地球に向かってゆっくり落下する中、アームストロングはロケットブースターをスロットルで調整した。月面着陸はこんな風になるだろう。あるいはそのように彼らは考えた。最終的にアームストロングの体は六つの吊具の上に乗せられ、地面に対し垂直に吊るされた。こうするとアームストロングはほとんど体重を感じなくなった。彼は月面着陸研究施設の壁に沿って歩き、ジャンプし、走り、転倒した。重いバックパックを背負ってやる時もあれば、そうではない時もあった。月の上を歩くとこんな風になるだろう。あるいはそのように彼らは考えた。

＊

サウスベイ塩田再生プロジェクトを私が初訪問した前夜には、小雨が降っていた。エンバカデロ地区、ホグアイランド・オイスター・カンパニー、サンフランシスコ・フェリー・ビルディング、スターバックス、スランテッド・ドア〔サンフランシスコのベトナム料理レストラン〕を歩いて通り過ぎ、私は考えた。過去一万四〇〇〇年、つまり人間がこの地域に居住してきた時間の圧倒的大部分を通じて、この土地には値段がついていなかった、と。[*13]「サンフランシスコで最上級のダイニング体験」を謳う、ハード・ウォーターという名前のカクテルバーを通り過ぎた。コワーキングスペースと建築事務所を通り過ぎた。それからエクスプロラトリアム（Exploratrium）のロビーに入った。いかにもサンフランシスコらしい、小洒落た科学博物館だ。友人の友人であり、私と同様に科学ライターであるメアリー・エレン・ハンニバルが、この博物館にあるフィッシャーベイ展望台（Fisher Bay Observatory）を訪れてから調査を始めるよう助言してくれたからだ。メアリー・エレンが言うには、この展望台のひそかな意図は、海面上昇がベイエリアに及ぼすかもしれない影響を来訪者に伝えることなのだ。その日は月曜日でエクスプロラトリアムの休館日だった。でもメアリー・エレンのおかげで、私はプライベートツアーに与《あずか》ることができた。

キュレーターのスーザン・シュワルツェンベルグが曇りガラスの向こうから現れた途端、私はこの人のすべてが好きになることがすぐにわかった。縁がグレーの丸メガネ。静かな熱意。どういうわけか出会った直後に、最近亡くなった批評家、ジョン・バージャーについて話しこむことになった成り行き。私たちはお互いに次のことを打ち明けた。バージャーの著作『イメージ――視覚とメディア（Ways of Seeing）』が、見るという行為はつねにそして本質的に相互的なものであると理解することの助けになった、と。あなたが見る時、あなたは同時に見られている。そして見られるということは、あなたを見る誰か、あるいは何かと関係を築くことを意味する。私はオレゴン州の中央カスケード山脈にいるスティーブ・アッカーズとニシアメリカフクロウについて話した。異なる生物種の間で注意を払うということは、祈りの一形態であることを彼らが再認識させてくれた、と。するとスーザンはお返しに、次のことを教えてくれた。

フランク・オッペンハイマーはこうしてエクスプロラトリアムを創立した。[*14] まずフランクは、下院非米活動委員会によって裁判にかけられた。それからミネソタ大学所属の原子物理学者の地位を追われた。研究は禁止され、ブラックリストに載ったことで大学の常勤職に就けなくなり、牧場主となるためにコロラドの田舎に引っこんだ。しかし完全に科学から身を引いたわけではなく、地元の高校で教えるようになった。教科書の代わりに鋼線や段ボール箱、プラスチックの円すいや送風機で教室をいっぱいにした。こうしてフランクの生徒たちは、自らの手で実験を設計し、科学的観察技術を実践することができたのだった。時が過ぎた。ジョセフ・マッカーシーによる「度を越した（……）非難すべき（……）下品で侮辱的な」行動を非難する決議を、上院が採択した。[*15] フランクは霧の都市《サンフランシスコ》に引っ越すと、「意識を育み」、見ることと見られることを目ざした新しいタイプの科学博物館を開館する。彼は自分の手で資金集めを行った。手製の計画とともに国中を回り、著名な物理学者の友人や地元のアーティストを訪問した。そうして新しい科学博物館エクスプロラトリアムが誕生した。その扉は、あまり注目されることなくひっそりと開かれた（フランクには盛大なパーティーを催す資金はなかった）。ニール・アームストロングが月の上にしっかりと足をつけてから数ヶ月後のことだった。

私たちは、湾に張り出す大きな桟橋の上に建てられた科学館を端から端へと歩き、一番奥にある展望台に向かった。全面がガラス張りの、水の上に浮かぶ箱のような場所だった。鉄灰色の湾で潮が作る蛇腹を私は見つめた。商品を詰め込んで重たくなったコンテナ船が二艘、オークランド港を出港し、外へと向かう海流にのった。コンテナ船は、それに比べたらちっぽけな沿岸警備隊船と、緑色に点滅する航海用ブイを通り過ぎた。握りこぶしほどの大きさの鳥の群が空に散らばり、子アシカが海岸に向かう。この湾の広さ。そして交易路と、渡り鳥や海洋哺乳類の大陸間移動によってこの場所とつながっている、あらゆる場所の広さ。ここでは、それがすぐに理解できるようになっているのだ。

「この展示室を設計する際に考えたのは、来館者に外で起きていることをよく見てもらうことだったの」と言うと、スーザンは反対側も見るようにと指差した。私が体の向きを変えてみると、そこにはサンフランシスコ中心街のスカイラインが誇らしげに輝いていた。トランスアメリカ・ピラミッド。セールスフォースタワー。五五五カリフォルニアストリート〔ドナルド・トランプは同ビルの株を三〇パーセント所有している〕。「もしゴールドラッシュが起こる前の一八四八年にこの場所に立ったとしたら、海岸線はここ〔展望台〕から今よりも二倍ぐらい内側に見えたはず。当時の海岸線はモンゴメリー通りに沿っていた。それより東はすべて沼か開水域だったの」

それから私たちは、テーブルに目をやった。そこには産業化前の海岸線を示す地図が投影されていた。スーザンはボックスに入った半透明のオーバーレイをパラパラとめくり、その内の一枚を地図の上にそっと載せた。「一八五三年の段階で、すでに都市が湾を侵食していたのがわかる。埠頭付近は、ありとあらゆる種類のがれきやゴミで埋め立てられ始めた。テレグラフヒルを掘り返して、そこで取れた土砂を海に投げ込んだの」スーザンが地図の上にもう一枚レイヤーを置くと、海岸線はふたたび変化し、外側に広がった。「それからすぐの一八五九年、埠頭の遠端に初めて巨大な防波堤が建設された。粗石を積み上げただけなんだけどね。でもこれがきっかけとなって、一八七〇年までには今日のサンフランシスコ沿岸と同じ姿になった」

都市と地図を交互に眺めながら、私は以前見たビデオを思い出した。最大級の大潮《キングタイド》が押し寄せ、海水がエンバカデロ地区〔サンフランシスコ半島北東岸のエリア。エクスプロラトリアムもこの地区にある〕を覆いつくす映像である。歩道が水浸しとなり、仕事先へと向かう通勤者は困り果てていた。その表情は、ここまで湾になってしまうなんて間違っている、と物語っているようだった。しかしこれらの地図によると、間違っているのは海岸線があるべき位置についての彼らの考えの方なのだ。

彼らの表情を見て私が思い出したのは、ウェンデル・ベリーの『アメリカ的不安：文化と農業（The Unsettling of America: Culture & Agriculture）』の冒頭にある、シンプルかつ率直なことばだった。広い心の持ち主だけどとげとげしいところもあるベリーは、このように書いている。「われわれの土地は、われわれの身体を出入りする。ちょうどわれわれの身体が、われわれの土地を出入りするように（……）われわれ自身とわれわれの土地は互いの一部となっている。だからこの地に隣人として生きとし生けるものすべて、人間と植物と動物は互いの一部なのであり、単独で繁栄することはできない（……）そのため（……）私たちの文化と場所は互いによって形成されたイメージなのであり、互いに切り離せないものであり、一方が他方より優れたものとなることはできないのである」私たちの文化が、生まれた土地を反映する方法を忘れる時、いったい何が起こるのだろう？　かつて多くの果実を実らせ、共有資源によって五〇もの異なる部族が共に暮らすことを可能にした湿地を舗装すると、いったい何が起こるのだろう？　サンフランシスコ湾に暴風雨が訪れるのはたまにしかなかったけれども、湿地は洪水を防いでくれていた。ベリーならこう言うだろう。私たちは苦しむことになる、と。私たちの文化は苦しむことになる。かつてその場所を棲処としてきたあらゆる植物と動物は苦しむことになる。現在は海面が上昇したことで、その苦しみは二重になる。ウェンデル・ベリーや、エンバカデロ地区や、二世紀ちょっと前の開水域について考えを巡らし、本来なら自明であるべきことを私は理解した。そもそも最初から、私たちはこの場に立っているべきではないのだ。

スーザンは私の頭の中で歯車が回転していることに気がつくと「このあたりは、基礎工事で新たに地面を掘り返してみると埋没していた船が出てきた、なんてことが今でもよくあるの」と付け加えた。拾得物の寄せ集めが詰まったケースを私たちはのぞき込んだ。真珠色のティーカップ。ブルーの吹きガラス。骨のかけら。フランス製シャンパンの空ボトル。その一つ一つが、建設業者が掘り出した船や倉庫から出てきたものである。

フィッシャーベイ展望台を後にする前、スーザンは最後の展示を見せてくれるという。私たちは、部屋の中央に展示されている車ほどの大きさの地形図に向かった。ミニチュアの立体地図を使ったプロジェクション・マッピングで、現在の海岸線が青い光で示されていた。「ここは来館者に海面上昇について考えてもらうための展示室なの」スーザンはそう言うと、展示の土台に付いたノブを回した。しかし、彼女は未来の方向に向かって回したのではなかった。過去へ、時間を遡る方向へノブを回した。「これは一万八〇〇〇年前」とスーザンは言った。当時北米の大部分は巨大な氷床で覆われていた。[*16] 海面は今より九・一メートル低く、特徴的なインゲン豆の形をしたベイエリアの水域はすっかり消えてなくなっている。それからスーザンはゆっくりとノブを前に回し、映像は現在に向かって旅立った。約五〇〇〇年の間、海岸線の形はほとんど変わらなかった。ところが突然、変化が起こった。海が陸地のかなりの部分を急速に覆い始めたのだ。

「ちょっと待って」と私は言った。「戻ることはできる？」

スーザンは私の要望に応じてくれた。私は水が引くのを眺めた。それから再びノブを回転させると、海が内陸に押し寄せた。もう一度推移を見せてほしい、と私はスーザンに頼んだ。でも今回私が見ているのは水ではなかった。私は鍵を見ていたのだ。うすうすそう思っていたとおり、飛躍が起きたのは一万二〇〇〇年前と一万三〇〇〇年前の間だった。氷河学者がメルトウォーターパルス1Aと呼んでいる事象だ。マイアミ大学でハル・ワンレスが、海面上昇は突然、ものすごい速さで変化する傾向がある、と論じたものだ。私がこの本を執筆している間に、今世紀末までの海面上昇の予測値は二倍になった。[17] たとえその予測値の半分であったとしても、来たる八〇年で三メートル以上、上昇することになる。

スーザンが地図を現在に戻すと、海岸線の色が変化した。埋め立てられたすべてのエリアが、針葉樹のような深い緑色で満たされた。道路はピンクで空港はオレンジ色である。まず〇・三メートル、それから〇・六、〇・九、一・二、一・五メートルとスーザンが水位を上げていくと、都市の大部分が青い光の下に消えていった。

「たった〇・六メートル上昇するだけで二つの空港がなくなるなんて、なんてことなの。さらにちょっと上昇するだけで、橋に通じるあらゆる道が、国道一〇一号線と州道三七号線はほとんど沈むし、州間ハイウェイ八〇号線のかなりの部分がなくなってしまうなんて」アルビソ、レッドウッドシティ、フレモント、リッチモンド、イーストパロアルトといった、現在でも手頃な値段で購入できる数少ない地域は、すべて海に沈む。オークランドの一部も。マリン郡とサンフランシスコ中心街も。私たちが海岸線と考えているものは曖昧である。地図を見ながら、私は考えた。フィッシャーベイ展望台は、海面上昇について来訪者に考えさせるだけでなく、考えもおよばない事態を想像させるために設計されているのではないか、と。アメリカの沿岸が安定を失うこと。ハイウェイ。橋の土台。スランテッド・ドア。スターバックス。有色人種のコミュニティ。かつて缶詰工場があった町。ミッションベイにある住宅。フェイスブックのキャンパス。グーグルのキャンパス。埋め立てゴミ処理地と下水処理プラント。こうしたすべてを移動させること。この展示は、私たちが二世紀をかけて開発し、守ろうとしてきた、沿岸についての静的なイメージを放棄する長い旅路の最初の一歩なのではないか、と私は考えた。

＊

フランクの兄、ロバートはこうして爆弾を作った。[*18] 始まりは事故だった。二名のドイツ人科学者が硝酸ウランに中性子を浴びせると、突然原子が二つに分裂した。それから一年も経たずに世界は戦争に突入し、かつては想像すらできなかったぐらい大量のエネルギーを生み出す道具が、潜在的な兵器となった。J・ロバート・オッペンハイマーの古くからの助言者は、高速中性子連鎖反応の研究を開始するよう奨励した。八ヶ月後、アメリカ合衆国は正式に参戦し、ロバートはマンハッタン計画の「高速破壊調整官（coordinator of rapid rupture）」に任命された。政府は科学の発展とそれが必要とする施設に対して二二億ドルを投じた。爆弾開発の努力が最高潮に達した時点で、一三万人の男女が雇用されていた。世界初の大規模原子炉を備えるワシントン州のハンフォード・サイトは、その建設と稼働に四万四九〇〇人を必要とした。ロバートが所長となったロスアラモス国立研究所では、数十名が下水溝を掘った。木を伐採したものもいた。トイレや机や寝台を清掃したものもいた。郵便物を届け、火をおこすものもいた。病院で働き、科学者の子どもたちの保育を任されたものもいた。二四人がそこで死んだ。不凍剤が混入したマスカット・ワインを飲んで死んだものが四人。溺死が一人。トラクターの事故死が一人。交通事故死が数名と自殺者が一人。ソフトボール大のプルトニウムの塊を使用した「臨界」試験中の事故の後、二人が死んだ。その塊はのちに「デーモン・コア」と呼ばれるようになった。同じ種類のプルトニウムが日本に投下された。そちらは「ファットマン」と呼ばれた。日本では、プルトニウムは実験で使用されたのではなかった。爆発から数日後、数週間後に日本人の喉が腫れ上がったとき、それを祝うべきか嘆くべきか、ロバートにはわからなかった。日本人の髪は抜け、歯茎と直腸から血が流れた。皮膚が剝れ落ち、肺や腎臓や腸などの内臓が溶けた。溶けた内臓が口から溢れ床に落ちたという報告もあったそうだ。

＊

エクスプロラトリアムを訪れた翌日の午後、ジョンと私は旧塩田に接している土手を歩いた。半ダースほどのくし形の島が、水の中に浮かんでいた。数年におよぶ野外試験を経て導き出されたその独特のシルエットは、繁殖鳥が風から身を守ることを可能にする。それぞれの島の中央では、オニアジサシの求愛の鳴き声が太陽光発電のスピーカーから流れていた。

健全な干潮のある地形を再現しようとする人工的な介入が、いたるところに見受けられた。通りすぎる渡り鳥をだまし、滞在させ、交尾させるためのものだ。一方で私はこのような印象を持った。湿地を回復させ、海面上昇に備えるために費やされたこうしたとてつもない労力は、前代未聞かつ賢明なものだ、と。しかし他方では、やりすぎだ、とも思えた。第一世界でしか通用しない例外の、もう一つの例なのではないか、と。私たちが引き起こした惑星全体におよぶ地球物理学的変容から脱することは可能だ、という妄想の一例なのではないか、と。

「過去一五〇年の間、私たちはアメリカ合衆国の海岸線の形を変えてきた。この国の干潟を干拓し、排水し、埋め立て、開発してきた」と、エクスプロラトリアムで見た地図に思いをめぐらして、私は言った。「一歩引いて、また同じことをしているんじゃないか、って、考えてみたことはない？つまり、水平堤防とかこういった島を作るために、湾に土砂を流しこまなきゃいけないわけでしょ。別の発想に依拠した考え方ではあるけど」

ジョンは「へえ」と笑った。まるで驚いたみたいに。そして、問いをもっと明確にしてくれないかな、と言った。どう返答しようか考えていると、彼はそれを待たずに話し始めた。

「景観規模の変容について話したいんだったら、ルイジアナを見ればいい。ルイジアナの南端はすっかり消えてしまった」と彼は言った。「ここの湿地がそうなる運命を避けるために、僕たちは自然過程を再生しようとしているんだ。リスキーじゃないかって？　それはそうさ。だけど僕は何もしない方がリスキーだと思う。プロジェクト開始以来、鳥の生息個体数は倍以上に増えた。僕たちの持つ知識を用いて、最善の判断をしているんだ。そして僕たちには、たくさんの知識がある。これは完璧かって？　そんなことはない。アルビソをじゃまにならないところに動かして、沼が内陸に移動できるようにしたいかって？　それはそうさ。そっちの方がいい解決策ではないかって？　まちがいない。でもそんなことは政治的に不可能だ」

「撤退している場所もあるけど」

「本当？」と彼は聞いた。

私はジョンにオークウッドビーチやジャン・チャールズ島について話した。しばらくの間彼はぽかんと口を開けていた。一二輛編成のコースト・スターライトが、空を突き抜ける矢のように沼を通り過ぎた。干潟のコミュニティで生活し、働いている人々は、別の場所で同じような困難に対処している他の人たちについてほとんど何も知らない。私はそのことにいつも驚かされる。

「問題はね、サンフランシスコのベイエリアは、一平方フィート〔約九〇〇平方センチメートル〕あたりの地価が全米でもっとも高い、ということなんだ。[*19] 近いうちに人々がそれを手放すなんて考えられない」と、ついに彼は口にした。この所感は、この調査旅行の間に私が出会ったほとんど全員によって、何度か繰り返されたものだ。サンフランシスコ湾保全および開発委員会（San Francisco Bay Conservation and Development Commission）の元エグゼクティブ・ディレクターから、サンマテオ郡第一区の行政官といった人まで。

私たちは堤防の切れ目を通り過ぎた。湾内の海水はそこから塩田に入ってくる。橋の鋼製格子の下では、潮水がごぼごぼと音を立てて流れ、塩田の中央からはオニアジサシがしわがれた声で「クワックワックワッ」としつこく鳴くのが聞こえた。それが実際の鳥のものか録音なのか、私には区別がつかなかった。いずれにせよ、私が人工島に目を向けると、先がダークグレーになっている翼がはためくのが見えた。

「神のようなふるまいをしている、と怖くなることはない?」と、私は言った。同じ質問の言い方を変えただけだ。「あなたのプロジェクトはグーグルアースでも確認できる」

「数十もの異なる利害関係者がいて、僕たちが前進しようとするたびに全員から署名を得なくちゃいけないんだ。サンタクララバレー水道局。シエラクラブ。シリコンバレー・リーダーシップグループ。カリフォルニア水鳥協会。サンノゼ市環境サービス局。ベイ・インスティチュート。それにアルビソとヘイワードの住民たち。僕たちは大きな困難にみんなで一緒に対処している。それだけで自信を持って、僕たちのプロジェクトには価値があると言えるよ。複数の組織の間で合意を形成するということは、それ自体で一つのレジリエンスなんだ。将来の課題を解決するために団結しなければいけない時、つながりの網がすでにできているわけだから」ジョンのことばには説得力があるけど、それでも私の質問への答えにはなっていなかった。私は落ち着かず、満足できずにいた。

その夜、私は自分がある島で難民となっている夢を見た。私の他にも大勢が追放・剝奪の憂き目に遭い、海沿いにあるチーク材でできた空き家の床で寝ていた。そこはかつて豪邸だったようだ。ある日、大きな嵐がやって来た。藍色の竜巻きが水の泡から生まれる。何十万もの鳥の群れが紫色の空をいっぱいにする。鳥が逃げ去るのを見て、他のことは何もわからないけど、どこか撤退する場所を持つということが生き残るための鍵であることを知る。私も立ち去らなくてはならないことをわかっている。でもどこに行けばいい？　私は母と父の手を取り、建物の中を走り抜け、反対側から出る。長く延びる波止場を走り、隣接する沼に飛び込む。高潮がきていて、ほとんどの草は水で覆われている。巨大な波が押し寄せ、水平線が消える。一方の手にはボトルカッターが、もう一方の手には剪定鋏《せんていばさみ》があった。私たちの真上に嵐がくると、大きく息を吸い込み、水の中に飛び込んだ。そこで私は目をさました。

＊

ハリエット・タブマンはこうして数百人もの奴隷を解放した[*20]。かつて奴隷主が仕掛けた罠にかかったマスクラットを獲った、ブラックウォーターと呼ばれる沼や湿地を越えて逃亡し、まず自らを自由の身とした。それから自分の名前をアラミンタ・ロスからハリエット・タブマンに改名した。北部に移ってから数年後、彼女は帰還した。ハリエットがメイソン＝ディクソン線〔合衆国の北部と南部の境界〕を越えるのはいつも冬だった。休眠中の土地に夜がぴんと張りつめ、家を所有するものたちを屋内にとどめるからだ。プランテーションに到着すると、彼女は奴隷に扮装し、歌を暗号に使ってやりとりをした。「静かに揺れよ、愛しい荷車。私を故郷へ運んでおくれ」荷車とは地下鉄道〔奴隷解放の秘密結社〕、故郷とは自由のことだった。この歌が聞こえたら、逃げる時が来たということだ。彼女が歌うのはいつも土曜日だった。なぜなら日曜日は休息日で、新聞は月曜になるまで逃亡通知を印刷しないからだ。ハリエットが歩くのはいつも夜だった。北極星を追いかけ、曇りの夜にはテーダマツに生えている苔で方角を確かめた。その苔は必ず日陰側に生えているからだ。

彼女は神と話した。泣き叫ぶ赤ん坊に薬を飲ませた。誰かが疲労したり、戻りたがったりしたら、その人物の頭に銃を突きつけこう言った。「自由になるか、それとも奴隷として死ぬか」

＊

ロビン・グロシンガーと初めて会ったのは、水曜日の午前八時のことだった。彼は息子のレオの外出を手伝っていた。レオはのちにオークランド・アスレチックスの試合で国歌を演奏することになっていて、一方の肩に通学鞄をかけ、もう一方の肩にはクラリネットをかついでいた。

ベイエリア高速鉄道の駅を降りると、バークレーとオークランドの境界に位置するロビンの家まで私は歩いて向かった。通りには、何百もの多肉植物が咲き誇っていた。アズマツメクサ、アロエ、カネノナルキ、トウダイグサ。小さな黄色い花の先端が、大きな皿くらいの紫色のアエオニウムから突き出していた。これまで目にしたいかなるものにも似ていなかった。五年におよぶ干ばつに終わりを告げた雨が、ほとんどすべての植物の花を咲かせたのだった。去年四月までのウルジー通りはまったく違った光景だっただろうと知っていても、楽観的になるのを抑えるのは難しかった。製塩が盛んだった歴史、環境を強く意識するアイデンティティ、イノベーションの福音に対する信仰のおかげで、ひょっとしたらサンフランシスコは、少なくとも短期的には、海面上昇に追いつけるかもしれない。少なくとも人々は努力していた。

ベイエリアで湿地再生に携わっているほとんど誰もが、一度はロビン・グロシンガーと共同作業をしている。彼はサンフランシスコ河口研究所（San Francisco Estuary Institute）の歴史生態学者であり、沿岸測量図、新聞記事、写真といった過去の記録を用いて、サンフランシスコ湾のかつての姿を再構成している。ジョン・ブルジョワのような人々は、こうした過去のデータを3Dにレンダリングした画像を用いて未来の地形を設計、構築しているのだ。ロビンは、インターネット上の情報からは、落ち着きのある、好奇心旺盛な人物に思えた。メタンの数値を測定し、マミチョグを追いかけ回しながら、沼の泥の中で時間を過ごすことを好む風変わりな部族の一員のように見えた。著者写真では、実用本位の日よけ帽子の下から耳が突き出している。けれども卵の黄身のように黄色いバンガローの戸口に立った彼は、少し違って見えた。ギークというよりは、サンフランシスコ風のシックな雰囲気が漂っている。人の目を惹きつける華さえある。思慮深い、瑪瑙《めのう》のような瞳。風変わりな映像作家である妹のミランダ・ジュライ〔『いちばんここに似合う人』など、日本では小説家としても知られている〕に似ているかと尋ねた時、作家の友人は「確かにとても魅力的な人物だよ」と言った。実際、私はいささか緊張していた。ワイルドな干潟再生の世界では、四五歳以下の旅の仲間に出くわすことはあまりないのだ。

　家の趣味もすごくいい。ミッドセンチュリーモダンを模倣した明るいオレンジ色のイケアの椅子があった。「私の家にも同じのがある！」いつになく自慢げになってしまう。壁掛け、手彫りの動物の木像、たくさんの写真に覆われたコルクボード。階段のそばに積み上げられた靴の山を通り過ぎてキッチンに入ると、ロビンは私にジンジャーティーを出してくれた。「コーヒーを淹れるの、苦手なんだ」と言った。

「私も苦手なの」と答えたあと、裏庭のベランダに移動して話をした。

「まだ博士課程の院生だった頃のことだけど、僕の研究は過去のサンフランシスコ湾干潟の地図の調査から始まった」とロビンは言う。「正直言って、当時はひどく退屈な作業だと思ったよ」私はうなずいて同意する。海面上昇について書くということは、自分の時間のほとんどを塩沼で過ごすことに費やさなければならない、と最初に気づいたときのことを思い出した。それまで私はこの地形にほとんど関心を持っていなかったのだ。「サンフランシスコ湾がどのようにして今日ある形となったかを理解するには、どのような生物種、どのような生態系が多くの変化に耐えることができたか、残っているけど隠れているのはどれか、完全に消えたのはどれかを理解する必要があった。探偵小説みたいだと思うようになったんだ」

「探偵小説」と私は口にした。「それ、いいわね」過去を発掘する過程で、自分の思考が向かう方向性を見出すこと。それはかねてエコロジストとエッセイストが共有する実践だ。結論ははじめから定められてはいない。地層の中に埋まっているものを掘りだす過程で到来するのだ。

彼ともっといろんなことを話し合いたい、私はすでにそう思うようになっていた。私は同志を前にしているように感じた。過去数百年の間に私たちが蹂躙《じゅうりん》し、貶《おとし》めてきた生態系について人々に関心を持ってもらうことがどれだけ難しいか。私たち自身を含むとても多くの生物種の将来にとって、こうした場所がどれだけ重要であるか。今、私はそれを理解する人を前にしていると思えたのだ。

数年がかりで公文書館が所蔵する地図の山を掘り起こし、その美しさやそこに示された手がかりにすっかり心を奪われた、とロビンは話してくれた。その後、地図のコピーと実世界とを見比べて、どの要素がまだ残っていて、どれがそうではないかを探した。「かつて、サンフランシスコ湾には四三キロメートルもの砂浜が広がっていたことを知った時のことをよく覚えている。とても驚いた。でもこうした事実以上に重要なことがあることにも気づいた。つまり、それらの砂浜が僕たちの記憶にないということは、僕たちの語彙《ごい》からも抜け落ちているということだ。僕たちの語彙になければ、河口を復活させ、緩衝地帯を作ろうと試みる景観設計者や博物学者のパレットの中にも存在しないということになる」

アーティストにとって、パレットとは絞りだした絵の具のかたまりを置いておくための、楕円形の木板である。それは出発点だ。記憶の引き金だ。市場だ。創作プロセスの中間段階だ。ある色がパレットの上に存在していなければ、その色が選ばれることはない。私はここでもジョン・ベア・ミッチェルのことばを思い出した。メイン州のペノブスコット族は、精神的および物理的パレットを狭めることで環境に適応することができた、と彼は言った。でも、過去の地形を研究することで、失ったものとばかり思っていた色を見たり、取り戻せるとしたら、どうだろう？

現在もセントラル湾に残っている沼の多くは、かつては浜辺に接していた。そしてその浜辺が湿地を保護していたのである。侵食を遅らせ、滋養に満ちた堆積物を供給し、沼が沼のままでいられるように助けたのだった。「僕たちはこうした歴史的洞察を、現在の地形への介入に適用している」とロビンは言う。「マリン郡では、可航水路から浚渫《しゅんせつ》した堆積物を再利用している。もっとも急速に侵食が進行している沼沿いに、緩衝となれる縁を築いているんだ」サウスベイにおけるジョンのプロジェクト同様、ここも沼地が本来持っている適応能力を高めるために、リサイクルした土砂を当てにしている。「本当に素晴らしいことだよ」と舌を鳴らしてロビンはつけ加えた。

レジリエンスとは、できるだけ多くの選択肢を持ち続けることを意味するのかもしれない。エコロジストのパレットに載せられる限りの、できるだけたくさんの絵の具を載せること。そしてさまざまな色の組み合わせを試してみること。それによって私たちは、将来どこで、何がうまくいくかについて、もっと明瞭な考えを得ることができる。「僕たちはとても長い間、さまざまな方法でレジリエンスを定義してきた」とロビンは言う。「でも、ほとんどの場合、ハチドリが避難できる温度や、鮭が避難できる水流速度を生み出すといった、複数の介入の寄せ集めに過ぎなかった。固有の場所に棲む、固有の動物のための、固有の解決策。だけど地形がどのように機能してるかを科学的に理解したら、もっと大きな戦略が必要だ、と考えずにはいられなくなる。さまざまな地形を横断する形で、生態系を接続し直す必要があるんだ。たとえばダムを撤去する必要がある。そうすれば貯水池に溜まった堆積物が下流に流れ、湾に達することができる。それによってシステムのさまざまな局面でレジリエンスが向上するはずだ。水柱に沈泥が多く入り、集積速度が速まり、沼が土を得る助けとなるはずだ」

ロビンが提案するのは、オレゴンのニシアメリカフクロウ居住地と同じく、「ステージの保全」を指向した、一つの転換である。けれどもさらに範囲が広く、目的がはっきりしている。そこで問われているのは、特定の種が生存するためにどのような場所や生態系が必要となるか、ということなのではない。「ステージの保全」とは、生物多様性を育む物理的要因を考慮し、その保全に取り組むことを意味している。土壌の性質、水循環、地勢の多様性。そして特に重要となるのが地形である。ロビンのアプローチは、自然はダイナミックかつレジリエントである、という認識に基づいているのだ。時代遅れの自然観の記念碑として、選ばれた地域（特定の国立公園）や生態系の種類（湿地の保護区制定）を切り離すのではなく、進化が展開し続けることができるアリーナを作る必要がある、とロビンは論じる。

四〇年前、この地域の湿地をめぐる闘争が組織された時、現存する沼地の一部を保存するため、環境保護主義者たちは絶滅危惧種保護法をよく持ち出した。ピックルウィードの中を動き回るサワカヤマウスが一匹でも見つかれば、そのわずかな空間を開発から守る訴えを起こすことができた。ロビンの提案は、こうした保全戦略から大きく飛躍している。「塩沼自体が存在しなくなれば、そこに棲むサワカヤマウスを保全することはできない」と彼は言う。そのことばは、多くの絶滅危惧種の運命は西海岸の干潟の未来と分かちがたく結びついている、というジョンの主張と共鳴する。

「科学は僕たちに示している。大いなる自然について、地形規模の変化についての理解を、僕たちの仕事に取り入れる必要がある、と。そしてそれにはさまざまな行動が含まれ、さまざまなエージェンシーが関与する必要がある。そうしたエージェンシーには、問題のすべてを解決する責任はまったくない。しかしオロ・ロマで僕たちがやっているように、さまざまなエージェンシーの間で協力関係を築くことができれば、とても重要な結果をもたらすことになるかもしれない。オロ・ロマでは、湿地再生、洪水レジリエンス、下水処理など、すべての問題に一緒に取り組んでいるんだ」

「オロ・ロマ？」と私は口にした。すでにジョンから聞いていた、魔法がかかったようなことばを繰り返した。

「ああ、絶対に行った方がいいよ」とロビンは言った。「こんな風に考えてみてほしい。もしオロ・ロマがうまくいけば、歴史上初めて、僕たちは淡水の川を湾につなげ直すことになる。その暁には、ある場所が持つ深遠な性質とのつながりを取り戻すと、僕たちは感じることになる。こんな風に考えること、いや、生きることは、僕たちみんなにとってずっといいことになるはずだ。僕たちはもっと健康的で、もっと幸福なコミュニティを手に入れることになるんだ」彼は話をとめてまっすぐに私を見つめた。僕の言うことを信じる？　海面上昇は天変地異の触媒になるだけじゃない。大規模かつ、最終的には有益な文化的変容の道を開くことになるかもしれない、と信じるかい？

もちろん、と私は言いたい。そう信じる、と。でも私たちの中で一体誰が、水辺に設計される、気候変動に備えたレジリエントな都市に住むことになるのだろう？

＊

ロバート・モーゼスはこうしてニューヨーク市の分断を確かなものとした。[*21] 彼を公職に選んだ人は誰もいないけど、市長や州知事を凌ぐ権力を持っていた。その権力は市長と州知事を合わせたよりも強大だった。ある時期には一二もの異なる役職に就き、ニューヨーク州電力委員会（New York State Power Commission）委員長、トライボロー橋・トンネル局（Triborough Bridge and Tunnel Authority）局長、公園監督者、ニューヨーク市建設調整官を兼任していた。アメリカでもっとも差別的な学区制度を持つ今日のニューヨーク市は、モーゼスのニューヨークである。彼は排除を促進するように設計したのだ。通称「マスタービルダー」として君臨している間、モーゼスは一三の橋と、六六九キロメートルの景観整備道路を建設した。ホワイトカラーの労働者が郊外と市街地を行き来するために、古くからの労働者階級地区を切り裂くようにして作られた。そこには明確な目的があった。道路が建設されると、ブロンクスのモット・ヘイブン、ハンツ・ポイント、イースト・トレモント、サウンドビューなどの住宅価値が急落した。地主たちは建物を燃やし、貧民の中の最貧民のみが残った。破壊は大規模かつ意図的なものであり、その影響は現在も感じられる。モーゼスがロングアイランド高速道路を建設した際、一八〇におよぶ高架陸橋の高さをすべて二・三メートルになるよう設計した。これだと公営バスが通過するには低すぎる。こうしてジョーンズ・ビーチと当地の高級プールは、そもそもの歪んだ設定により、自家用車を所有する余裕がある人々にのみ手が届く場所であり続けている。モーゼスが建設した六五八の行楽地の圧倒的多数は、裕福な白人が住む地区にある。そしてスパニッシュ・ハーレムにプールを作った際には、水温を「あえて冷たく」し、誰も泳ぎたがらないようにしたのだった。

＊

午後にいくつか予定されていたインタビューのため、ロビンの家からカリフォルニア大学バークレー校へと向かう間、私はアルビソで初めて過ごした朝を思い出した。この地区の最西端の高所に建つ、二つの巨大なガラス張りの立方体が目に入ってくる。これがリチャード・サントスが反対したトラック輸送・流通センターだった。ジョンと私が立っていた場所からは、この立方体は他のものより一〇倍くらい高く見えた。オズ王国を見下ろすエメラルドの都さながら、一階建ての住宅群を圧倒していた。ジョンはこの立方体とザンカーゴミ処理所を位置確認に使っていた。「あそこのすぐ右にあるのがインテル。その向こうにあるのがヤフー。そのさらに奥に見える、とがった白い屋根はすべてグーグルだ」と彼は言った。

歩きながら私はリチャードについて、それからアルビソ、イーストパロアルト、レッドウッドシティ、リッチモンドの住民たちについて考えた。[*22] こうした土地は洪水の問題があるから比較的手頃だったのではないか。「ステージの保全」はある種のストレス要因を除去するかもしれない。しかしまた別のストレス要因があるのではないか。資本の強欲さについて私は考えた。自然保護区の制定、そして洪水レジリエンス計画によって、こうした地区はより安全となり、より美しくなる一方で、地価高騰によって現在の住民を追い出すことになるのではないか。上昇する潮と、シリコンバレーとに挟まれた住民たちが置かれた立場は、湿地に生息する種が現在置かれている立場とそれほど違わないのではないか。

きらめくビルの海を私たちが見つめていた時にジョンが発したことばについて、私は考えた。

「昨年、シリコンバレーの企業のうち、湿地再生のために献金をしたのはフェイスブックだけだった。彼らは一万五〇〇〇ドルを寄付してくれた」

「クッションの間にはさまっていたお金を集めたら、それくらいになったんじゃないかな」と私は答えた。私たちは笑ったけど、そんなに面白い冗談だとは思えなかった。

後日、私は次のような事実を発見した。フェイスブックがこのような端金を寄付する一年前のこと、彼らはレイブンズウッド塩田に隣接する旧工業用地二六万三〇〇〇平方メートルを一四億ドルで購入していた。そこは水害が起きやすい土地だった。環境報告書によれば、同地は海面上昇緩和措置を要請しなければならない土地である。州によれば、今世紀半ばまでに海面が四〇センチメートル上昇する、洪水被害にあいやすい土地である。[*23] 開発によって、現在塩田のそばに生息する多くの生物種が内陸に移動する可能性が阻まれることになる土地である。あれこれの実際的措置によりフェイスブックがまだ支援していないプロジェクトから直接恩恵を受けることになる土地である。

破滅的なほど低地にあるテックキャンパスを取り囲むようにして広がる労働者階級地区に、アマゾンやオラクルやインテルやフェイスブックの社員が引っ越すことになったとしても、支柱の上に家を建てるだけの資金が彼らにはあるだろう、と私は考えた。洪水保険を支払う財力もある。古くからの住民には不可能な方法で、海面上昇から自分たちの身を守る財力もある。沈みゆく土地にカネを注ぎ込めば地価は上がる。すると、水を防ぎ、固定資産税を流入させるために必要な革新的かつ大規模な洪水レジリエンス計画に、地方政府が資金提供をする可能性が高くなる。私はクリスとエディソンについて考えた。ジャン・チャールズ島の人々がモルガンザ＝湾岸保護計画から排除された経緯について考えた。そのプロセスには、ジャン・チャールズ島に住んでいる人々を含むことにかかるコストだけでなく、この土地が持つ知覚価値も関係しているに違いない、と考えた。ジャン・チャールズ島がビロクシ＝チティマシャ＝チョクトー族ではなく、グーグルの本拠地であれば、今頃は堤防で囲まれていたことだろう。雨が降っても、嵐が来ても氾濫するタンヤードに住む人々、そこを離れるお金もそこにとどまるお金もない人々について私は考えた。嵐が来るたび、彼らが手に入れたすべてが少しずつ侵食されていくことについて考えた。

それからフランカ・コスタについて考えた。スタテンアイランドで買い上げが始まった時、彼女は譲らなかった。彼女は、ささやかな「楽園の一画」を去ることを拒んだ。なぜなら彼女の抱えているローンが、州の提案する買い上げ金額を上回っていたからだ。しかしその後、彼女の年間洪水保険料は大幅に増加したため、家の売却を検討するようになった。「今は年間一九〇〇ドル払っているけど、二〇〇〇ドルになったらとても払えない。家を持ち上げる資金もなければ、保険をかけるお金もない」ある日の午後、仕事のあとで電話をかけると、彼女はこう言った。「六月までに出ていかなくちゃならないの。その頃に保険料がまた値上がりするから」

私はオニクイナ、サワカヤマウス、ベニヘラサギ、オニアジサシ、ダイサギ、アカフトオハチドリ、トゲオヒメドリ、コオバシギ、サイプレス、ブラックチューペロについて考えた。水平堤防は何かしら助けになるには違いない。でも、いずれにしても全員が移動できるだけの空間を提供することはできない。過去五年間で私が水辺で遭遇したさまざまな生物種について思いを巡らせてみると、私たちは一蓮托生であることがわかる。でも、集団的にそういう風に考えることは、まだできていない。それでも私は、いつかはそうなると願って、いや、祈っている。なぜなら、現在絶滅危惧とみなされている種を移動させ、そしておそらくその半分を溺死させながら、海面上昇が経済的・社会的不平等を悪化させていくのに対して私たちが手をこまねいていれば、海面上昇時代のロバート・モーゼスがいたとしても、彼の出る幕などないことを私は知っているからだ。そんな人物など登場しなくても、分断と排除と絶滅が自ずと進行するからだ。

シリコンバレーとハイテク産業、そしてサンフランシスコの革新的エートスが、二一世紀に登場した相も変わらぬ一攫千金の企みに過ぎないことを、私は考えた。それは進歩によって埋蔵された岩石をロケット燃料に、砂漠をトウモロコシ畑に、薄い大気を資本に、盗まれた沼地を私有財産に変えることを約束する、相も変わらぬ言い草に過ぎない。フェイスブックはもともと干潟だったところに、四万平方メートルにおよぶキャンパスを建設したばかりだ。その地は現在、海抜わずか三〇センチメートルとなっている。同社はその設計のためにフランク・ゲーリーを雇った。建設費用は一億九五八二万四四五二ドル。数十本のセコイアの幹が、屋上のベンチと、テント型のブランコに変えられた。会議室には「ベイを飛び回るカモメの名はベーグル（Seagulls over the Bay Are Bagles）」や「アンバーガーの文字で終わる食べ物（Foods That End in Amburger）」といった、人をばかにした名前がつけられている。「WHY」ということばが床から天井までを覆う壁もある。建設前に、フェイスブックは五万五四三〇立方メートルの土砂を敷地に流し込んだ。基準洪水位よりも高くするためである。その上で一階はさらに高く持ち上げられ、建物全体が高さ三メートルのコンクリート製の支柱の上に載っているのである。[*24]

フェイスブックは意図的に、苦心して、将来の洪水の第一波から自分たちを守るために新しいオフィスをまるごと持ち上げた。その一方で、ビルが依存する基礎構造《インフラストラクチャ》の高さについてはほとんど手をつけていない。同社が車道や配管や下水システムの高さを上げることはなかった。それらが氾濫したら、費用を負担するのは納税者である。駐車場のすぐ東側に棲むサワカヤマウスが水に飲み込まれてしまっても、それを知るフェイスブックの社員はほとんどいない。なぜなら彼らがやっていることや彼らが何者であるかは、会社のある土地には依存していないからである。フェイスブックがいずれ高台に移るとしても、同社はそれ以前とまったく同じ存在であり続ける。人間の生活が営まれる物理的環境とは接続を絶ちながら、ユーザーを地球規模で接続するソーシャルネットワークのプラットフォームであり続ける。移動できるということ、そして変わらずにいられるということは、現在水辺に住む人間を含めたあらゆる種に共有されているわけではない。これは彼らの特権なのだ。

バークレーに近づき、欠陥だらけの時間軸で思考することに自分がどれほど疲れているか、と考えていた。せいぜい五世代程度の人間の時間軸。祖父母、両親、私、まだ見ぬ私の子どもと孫たち。メンロ・パークについての環境報告書の時間軸は、わずか四〇年である。保険会社の時間軸、つまり平均的なローン期間は、アメリカ合衆国では三〇年だ。デベロッパーの時間軸では、五年ごとにビルを購入することが標準的である。政治家の時間軸では、四年ごとに再選されなければならない。すでに氾濫を経験している土地の上に意図的に建てられているビルの屋上庭園、支柱、低湿地帯、おしゃれなウォールアートを、気候変動に適応させる超現実的な努力に、自分がどれほど疲れているか、と考えていた。ここから抜け出す方法を思いつくことができるという信念は、私たちが諦めることを学ばなくてはならないさまざまな悪癖の一つだと考えていた。私は正義について考えていた。海面上昇は大地と私たちの関係、そして人間同士の関係を修復する機会だと捉えてみた場合、正義とは一体どのようなものとなるだろう、と考えていた。

＊

私たちはこうして撤退の準備をする。これまで何度も私はこう聞かされてきた。上昇する潮の危険を回避するために、すべての人を移住させられるだけの資金は連邦政府にはない、と。そんなことはない、と私たちが決断しない限り、それはその通りだ。最近私は、カリフォルニア州のＡＡ法案を真似して、全国規模で年間一平方フィートあたり一ペニーの固定資産税を制定すべきではないか、と考えている。その名称は「脱出税」でも「タイタニック号のデッキチェア再整備おことわり税」でも「絶滅危惧種の半数を救う税」でも「火星を代替策とするのはやめよう税」でも「エンパシーをともなう行動の決意税」でも、なんでもいい。その税金を払うことで、不動産の所有が特権であると同時にリスクでもあるということを、私たちの誰もが常時リスクにさらされているということを、私たちは認識するようになるだろう。定期的に洪水に見舞われる多くのコミュニティで、住民がそこを離れない理由は以下の二つのどちらかだ。移住する資金がないから。あるいは強制されていると感じているから。ちゃんと運営された撤退税は、前者の障害を乗り越える助けとなり、あわよくば後者の障害にも効果を発揮するかもしれない。このプロセスが広がれば、不公平だとは感じられなくなるだろう。私たちはみんな一緒に、欲するものから立ち去ることができるようになる。「海面は上昇している、だから私たちも高いところに移ろう税」という名称でもいいかもしれない。

＊

私はオロ・ロマを訪れた。[*25] その控えめな佇《たたず》まいは、息をのむほど美しかった。水平堤防の背後には淡水を処理する小さな湿地がある。そこでは蒲《がま》やホタルイによって排水が幾分か濾過され、汚染物質が分解され、湾内で海藻が大繁殖する原因になる栄養素を排水から除去している。水は、列を作って並んでいる柳、クリーピングワイルドライ、イグサ、スゲ、ブタクサ、クロイチゴを通過し、広大な堤防に入り込む。こうした植物は、湿地による排水の濾過処理を継続し、残存する硝酸エステルやリンを吸いあげる。

この地域では、過去三〇年間で多くの塩沼が再生されてきた。けれども潮汐環境と陸生環境の間にある、かつて移行帯の役割を果たしていた小川の河口、湿潤牧草地、柳林が塩沼の再生プロセスに含まれることはほとんどなかった。オロ・ロマは、排水の洗浄と、切望されている洪水防護の供給という二つの機能を果たしながら、失われた要素の幾ばくかを景観に戻そうと試みている。それでも、この広大な人工堤防を見わたしながら、私の思いは同時に二つの方向へと引っぱられるのだった。

オロ・ロマは、過去に行われてきた巨大インフラの失敗に酷似してはいないか？　一見したところ大きな影響をもたらすことはないように思われる解決策だけど、予期せぬ形で問題を悪化させる可能性はないか？　あるいは、この土でできた幅一五二メートルの土手は、たとえサンノゼからマリン郡まであらゆる再生湿地に作られたとしても、結局は小さすぎて役に立たないのではないか？このちっぽけな規模では、海面上昇がすでに引き起こしている巨大な変化に間に合わないのではないか？　私はプロジェクトを歩いて二周、三周、四周した。しかし確信することはできなかった。大きすぎるのか、小さすぎるのか？　傲慢すぎるのか、視野が狭すぎるのか？　少なくとも、オロ・ロマが防波堤や支柱とは違うことは確かだ。少なくとも、過去二世紀にわたって私たちが舗装しつくしてしまった天然の防御物を模倣しようとする試みではある。少なくとも、私たち以外の生物種のためになるよう設計されている。それはきっと重要なことだろう。

辺りは下水から立ち上るカビ臭に満ちていて、プロジェクトと湾を隔てているコンクリートの擁《よう》壁《へき》には海水が打ち寄せていた。公衆衛生局が西海岸最大の河口に処理済みの排水を流すためには、さらに多くのテストを行う必要がある。今のところシステムは閉鎖されている。多くの人々に期待されている実験は、適応戦略の一つとなるだろう。まもなくして私はプロジェクト・マネージャーにツアーの礼を述べてから、近くのベトナム料理店まで車を走らせ、ハノイ風つけ麺一人前と濃いコーヒーを一杯注文した。

街から出ていく途中で、私はサンフランシスコ河口研究所に立ち寄った。ロビンが運営しているレジリエント景観プログラムの上級環境科学者であり、水平堤防の構想の立役者、ジェレミー・ロウと話すためだ。ジェレミーは沿岸地形学者であり、三〇年以上におよび気候変動適応に取り組んできた。彼はベネチアの浮遊式水門を設計し、香港空港の沿岸侵食を最小限に抑えようとしてきた。しかしここ一〇年ほどは、西海岸のための自然に基づく海面上昇準備戦略に力を注いでいる。ジェレミーは物腰柔らかで、とても美しいイギリス英語を話す。そして会合がはじまって五分も経たないうちに、どの湿地再生やレジリエンス関係者も言わないことを口にして私を驚かせた。オロ・ロマや、サウスベイ塩田再生プロジェクトや、浚渫《しゅんせつ》物の革新的な使用は、それ自体で解決策とはならない、と。それらが潮の流れを逆流させることはなく、正義をもたらすことはない、と。特効薬は存在しない、と。

私たちは一緒に座って、ジェレミーの研究所が最近発表した湾の地図を見た。そこには、湿地再生や水平堤防や養浜《ようひん》といった、現在進行中のさまざまなレジリエンス・プロジェクトのすべてが記載されている。「私たちは時間を稼いでいるだけだ。大局的に見てこれでうまくいくわけではない、という事実を理解するための、ある種のバッファーに過ぎない」とジェレミーは言う。「いずれはインフラを動かさなくてはいけなくなる。人々を動かさなくてはいけなくなる。とても多くの人々を。その間に、沼をもっとレジリエントにして、責任ある方法で退避する方法を思いつくために、われわれすべて、人間、植物、動物に考える余裕を与えることができるのならば、そうしようじゃないか」

しばらく話をした後、私は彼のオフィスを出て、ロビーへの螺旋《らせん》階段を下り、外に出た。夕刻のそよ風がハコヤナギの葉を回転させていた。私の右側にはコストコ、左側には「アイス・チャンバー」という名称のジムがあった。私の前方ではユキコサギが膝まで湾に浸かって立っていた。ジェレミーのことばが私の耳の中に響いた。なに一つとして「これでうまくいくわけではない」。水平堤防も、土砂懸濁液も。防波堤も、生ける砂丘《リビング・デューン》も。家や道路を持ち上げることも、海水の汲み出しも。洪水保険改革も、ベネチアの二一世紀版も。海はやってくる。そしていずれはある種の敗北を認めざるをえなくなる。重要なことがてっとり早く、簡単であることはまずない。真のレジリエンスとは、海岸線について私たちが抱いているイメージを手放すこと、私たちの生存に不可欠だと長く考えられてきたまさにその場所から立ち去ることを学ぶことなのかもしれない。

組織的な撤退は、適切な謙虚さを備えながら、同時に脅威の大きさを認識する数少ない適応戦略の一つである。水辺に沿った低地に居住するあらゆる人々に、家を嵩上げする資金のある人々にもない人々にも参加を訴える、唯一の適応戦略である。撤退が長期的に、財政的に理に適うようにするためには、そして得られるものが損失を上回るようにするためには、私たち全員が一緒に動かなければならない。その時初めて、道路、電線、雨水インフラ、下水管、学校、バス停、排水処理プラント、そして雨が降るたび、あるいは晴天の時であってさえも水害にあっている数十万の住宅の修理のために、何度も払い続けるのをやめることができるのだ。この徹底的に平等主義的な撤退の性質こそが、私の関心をもっとも引くのだ。なぜなら個人の脆弱性は偶然に生まれたものではなく、私たちをこの混乱に陥れた元凶そのものである、略奪システムの産物だからだ。私たちが撤退を学ばなくてはならないのは、つまるところ、イーストパロアルトやアルビソの住民よりもはるかに脆弱な生き物が存在するからである。私たちが撤退を学ばなくてはならないのは、それが、神々しいほどに美しいサギにも移動するチャンスを与える、唯一の適応戦略だからなのである。

私は湾のはずれにあるピクニック用のテーブルに座って、前日の夕方にアルビソで見たことについて考えた。この小さな集落を囲む堤防の切れ目を抜けて外に出ようとしたら、私はうっかり旧《ふる》いマリーナに入りこんでしまった。最初のうち、それは駐車場、ボートの進水路、狭い泥沼にしか見えなかった。だけど近づいていくと、看板に「責任を持って釣りをしましょう（Fish Smart）」と書かれているのが読めた。そこには有害な重金属を体内に含んでいる複数の生物種が描かれていた。そして塩田と砂利の駐車場をつなぐ、木張りの遊歩道が六本あることに気づいたのだった。

日は沈みかけ、ハマチャヒキがたわみ、光が消えゆく中をティーンエイジャーたちが手をとりあって散歩していた。風に吹かれるイグサとその上空を飛び回る数百の渡り鳥にたどり着くには、訪問者たちはみな家の形をした木製の切り抜きを通っていかなくてはならなかった。家は全部で六つあり、一つ一つが薄い黄色に塗られていた。潮汐湿地は、まるで「わが町」〔ソーントン・ワイルダーの戯曲〕の背景のように、古めかしく世間の大きな動きに邪魔されることのない場所のように見えた。

この村の門の書き割りをくぐるカップルを四組ながめたあと、私もそのあとに続いていくことにした。この木細工の意味や目的を説明する看板があるんじゃないかと期待して。しかしそんなものは一つもなかった。設置の意図を解読する方法を探し求め、家から家へとさまよったけど、鍵は見つからなかった。けれども私は気づいた。どの家もどちら側から見てもまったく同じに見えるのだ。その同一性のため、敷居に来るたび私の足がとまった。その向こうにはマリーナ、そしてアルビソやサンノゼやサンフランシスコの町とその彼方があった。そしてサギやソリハシセイタカシギやサワカヤマウスがいる湿地があり、同じように存在を訴えていた。このインスタレーションは、潮汐地と陸地を等しく扱っていたのだ。

まもなく夜の帳《とばり》が下り、エアビーアンドビーで借りたトレーラーハウスに戻らなくてはならない。でもその前に、私はこの沼の端で身じろぎせずに座り、人間のおしゃべりや自転車のベルが半ダースほどの異なる鳥の鳴き声と混ざり合う音に耳を傾けた。グアテマラからやってきたウィルソンアメリカムシクイ。メキシコからやってきたオオハシシギ。すぐに、深いかすれ声で鳴くミミヒメウが、アンドリューズへと向かう途中かもしれないオリーブチャツグミと一緒に北へ向かった。そこで私は、散り散りになった部族の仲間たちに囲まれていた。見落とされがちな場所に、私のように、必要に迫られて戻ってくるものたち。たとえつかの間であっても、あまりに複雑なため「神聖な」ということばでしか言い表すことができない、生態系に触れるために戻ってくるものたち。遊歩道の上で、私はルペに出くわした。彼女はステーツ・ストリートに私が借りたトレーラーハウスの隣に住んでいて、五〇年以上前にメキシコから移住してきたのだった。数分後に、中国語を話す母娘が通り過ぎた。そして私がその場を離れるすぐ前に、コンピューターコードについて話しながらジョギングをする若いカップルとすれ違った。その会話を盗み聞きしてみたかったけど、私には何一つ理解できなかった。私には識別できない鳥の鳴き声が頭上高くから聞こえた。私はいつも干潟でするように、こう考えた。この湿った土地は、驚くほどコスモポリタンな場所だ、と。はちみつ色のハマチャヒキの群生が揺れ、沈みゆく陽の光の中で緑色に変わり、それから黄色となり、元に戻った。そこからは、ベニヤ板の家の一方の側を他方と区別する違いなど何もなかった。それはどちらもホームだ。少なくともそうでなくなるまでは。

END

あとがき

フランクリン、ガート、ハービー、イルマ、ホセ、カティア、リー、マリア、ネイト、オフィーリア[*1]

私が初めてジャン・チャールズ島を訪れた時、クリス・ブルネットはまるで家族のような親密さで嵐の名前を一ダースほど挙げてみせた。自分の知る唯一の住処との別れの検討を余儀なくさせた、一つ一つの出来事とこのように親密な関係を築くことの意味を、当時私はよく理解できずにいた。

そのあと二〇一七年後半に、立て続けに一〇の嵐がハリケーンへと発達した。最後にこんな事態が起こったのは一八九三年のことだそうだ。しかし当時の技術と追跡は現在のものとは比較にならないぐらい遅れていたため、正確な記録は残っていない。したがって多くの気象学者はその事態に対し懐疑的である。しかし二〇一七年には携帯電話があり、検潮器が作動していた。私たちは一緒に、嵐が立て続けに激しくなっていくのを目撃した。国立気象局が、過酷度を示す色を一つだけでなく二つも新たに考案しなければならないほどだった[*2]。その後数十万の人々が、かつてクリスが直面したものと同じ難しい決断を迫られた。再建するか、撤退するか？

基本的に私はソーシャルメディアを回避している。けれどもハービーがやって来た時には、ツイッターフィードの更新をやめられなかった。当初〇・七六メートルだった降水量が一メートル、それから一・二七メートル、それから一・五二メートルとなっていった[*3]。アメリカ合衆国で一度にこれほど大量の雨が降ったことはこれまでなかった。そうなってしまったらもう画面から目を離すことはできず、ひたすら住民の安全を祈り続けた。多くの道路が冠水したため、住民たちは徒歩や空気注入式ボートやヘリコプターで逃げ出していた。そのわずか一週間前にはあらゆる記録を覆したモンスーンシーズンのために、バングラデシュ全体の三分の一以上が水に浸かっていた。この洪水により南アジア全土で一二〇〇名以上が死亡した。テキサスでの死者数は一〇〇名を下回った。洪水が収まると、ひとつ星の州《テキサス》では全米洪水保険制度がトップニュースとなった。私にはそのことも信じられなかった。沿岸から遠く離れたところに住むアメリカ人が、債務免除や、業界の民営化や、五〇〇年におよび氾濫原であり続けた土地に住む人々への保険加入の義務付けといった、この機関の帳尻を合わせる方法について論じていた。そしてハービーに伴う緊迫感が薄れ始めた頃には、水平線上にはまた別の嵐が生まれつつあった。

　執拗かつ鋭利で宇宙からは黒く見えるハリケーンの目が、カリブ海の島国や石油化学回廊〔バトンルージュからルイジアナまでのミシシッピ川流域〕やペンサコーラやジャン・チャールズ島やプエルトリコ上空を、回転しながら次々と通過していった。長らく被害を受けたことのなかった米国の領土が停電となり、光が奪われた。アイルランドに向かったハリケーンすらあった。その間オレゴンでは野火が燃え広がり、カリフォルニアも燃え上がった。白人至上主義への抗議者が車で轢《ひ》き殺され、カントリーミュージックのファンが銃撃され、世界が終わっていくような気分になった。いつか来るだろう、と感じてはいたけど認めることができずにいた、どこか深いところへと向かう終わりの始まりを、私たちみんなが目撃していた。

　嵐が到来し続ける中、私の身体のさまざまな箇所が不調を訴え、不随となった。ときにはそれは目であった。しかし、私は自分の虚ろな目を開いたままにしておいた。ときにはそれは手であった。

私は仕事を中断して立ち上がり、散歩に出かけた。時にはそれは耳であった。音楽を無音にして座ったり、静寂の中で野菜を切ったりした。ハリケーンが新たに生まれるたび、数多くの大切な人たちが被害を被る危険に晒された。私はライス大学の同業者にメッセージを送った。「大丈夫？」私が知己を得たフロリダ全土の素晴らしい人々にメッセージを送った。「大丈夫？」島にいるクリスにメッセージを送った。「大丈夫？」肯定の返事が来ると、私は一人一人にこう伝えた。「あなたのことを考えている」そしてその秋の間中、とても多くの愛する人々にとても長い間注意を向け、祈りを捧げてきたため、以前とは異なる方法で集団的脆弱さの重みを感じるようになった。なぜならこれほど多くの人々が一度に危険に晒されたことは、これまでになかったからだ。

もちろん沿岸はその形を変えているところであり、嵐の数が増え、襲来する地域が広がっているので、影響を受ける人々の数は増え続けている。私たちの誰もが、クリス・ブルネットの水浸しになった靴の中にいる、と感じるようになっている。あるいはそのような目にあっている人々を知っている。九月の間、アメリカ合衆国市民の約一〇パーセントが、災害宣言の発令された郡に住んでいた。[*4] ヒューストンのすぐ南西にある保護区では、現在生息が確認されている六〇羽のテキサスソウゲンライチョウの四分の三が死んだと発表された。[*5] プエルトリコの九〇パーセント以上がまだ停電していた。一〇月の終わりには、全米洪水保険制度が借入限度となる三〇四億ドルを使い切り、二〇一七年の第三四半期は保険業界市場最大の赤字となるだろう、との予測の一因となった。[*6]

こうした本来ならば例外的なはずの出来事、中でもハービー、イルマ、マリアは、日を追うごとに私たちにとって身近な存在となっていった。クリスにとってのグスタフ、リタ、カトリーナのように、彼ら彼女らは私たちの拡大家族の一員となった。水浸しの二週間の間に米国本土に上陸した、カテゴリー四（またはそれ以上）の三つのハリケーンは、当初は例外的なものだと思えた。そしてそうではなくなった。私たちは驚いたりするべきではなかったのだ。ハリケーンの多くが生まれる熱帯大西洋の海面温度は、二〇一七年には平均よりも華氏一度から三度高かった。[*7] 温暖な海に高気圧が加わると嵐が大きくなり、標準的なハリケーンをとんでもなく破壊的なものにする。こういった条件に満潮や半世紀におよぶ危険な開発が加わると、北米の海岸地帯のかなりの部分にこれまで想像もつかなかった量の水が押し寄せるのである。

「観測史上初の」、「これまでの常識を変える」、「前例のない」今のところは異常なものと思えるかもしれない二〇一七年のハリケーンシーズンは、すぐにありふれたものとなる。[*8]（かつて「四〇〇年に一度の洪水」と考えられていた）サンディに比肩しうる事象は、今世紀末までに二、三年に一度の頻度で起こる可能性があると最近の研究は示している。そして将来この数字は、気候科学の世界におけるその他多くの事柄同様、増大する一方であると賭けてもいい。

このことは一見、破壊的な出来事の繰り返しに結びついている破壊的な事実の繰り返しと思えるかもしれない。けれど、変革の機会でもあるのだ。一九九二年から二〇一〇年までの間に（ヒューストンを擁する）ハリス郡は、都市開発のために湿地の三〇パーセントを失った。こうした天然のスポンジが舗装されていなければ、「バイユーの都市〔ヒューストンの愛称〕」はハービーの間もう少し健闘できたかもしれない。現在ヒューストンではすでに三四〇〇人以上が、土地買収への関心を示している。自宅が買い取られたのちにブルドーザーで整地されること、自分たちが住む土地を非公式な緩衝地へと戻すこと、住民たちが高地に撤退することへの関心が高まっている。この人たちは二〇一七年のハリケーンシーズンによって、限界に達した。そして前途に横たわる長く、苦痛に満ちた数ヶ月の間に、ますます多くの人々が撤退ということばに敗北ではなく解放の響きを聞き取るようになるだろう、と私は感じている。

ハービーとイルマの間に水害を受けた数千の住宅は、全米洪水保険制度が「重度の損害を繰り返し被った不動産（Severe Repetitive Loss Properties）」と呼ぶ単独区分に属している。浸水と再建を一〇回以上繰り返したこれらの住宅は、全米洪水保険制度のポートフォリオの約半分、ならびに支出の一〇パーセント以上を占めている。何年もの間、全米洪水保険制度から支払いを受けるものは誰であれ、その場で再建しなければならない、と災害復旧を規制する法令が定めているからだ。しかし二〇一七年九月上旬、全米洪水保険制度の長であるロイ・ライトは、『ヒューストン・クロニクル』紙にこう語った。「私の部署や弁護士と協力し、損害を繰り返し被った不動産について、〔買い上げオプションを〕前面に出す方策を検討中である」[*9]ひょっとしたらこの連邦機関は、到来する見込みのない解決策を探すよりも予防の方が有効だ、と理解し始めたのかもしれない。

私たちは回避を選ぶことができる。私たちが回避しなければ、私たちが作ってきた、そして作り続けている気象現象が、私たちに代わって決断を下すだろう。私は何も、水辺での生活を放棄することや、海辺のあらゆる不動産の大規模な取り壊しの話をしているわけではない。けれども、私たちの沿岸コミュニティの歴史を振り返る時が来たのでは、とは思っている。とんでもない低地に再建したり、開発を続けることには意味がなくなっているのではないか、と問うべき時が来た、と。私たちのうちでもっとも脆弱な人々、そして人間以外の生物を危険に晒し続けることを、私たちは望んでいるのだろうか？　予防は、恐怖に対する理性を欠いた過剰反応として捉えられがちだけど、そんなことはない、と私たちはいつになったら知るのだろう？　海沿いの生活の将来を考える上で、前向きな変化を示す初期徴候は確かに存在している。けれども私は、ノアとその箱舟のように、ごく少数の選ばれた民だけが救済されるのではないか、と恐れている。

ハリケーン・マリアは、私の懸念が的外れでないことを示唆した。[*10]ハービーのあとでは三万一〇〇〇人、イルマのあとでは四万人の連邦職員が配備されたが、マリアのあとでプエルトリコに派遣された職員はわずか一万人に過ぎなかった。民間企業はハービー後およびイルマ後の復興作業に二億七一〇〇万ドルを寄付したが、プエルトリコ支援のための寄付金額は〔二〇一七年〕一〇月八日の時点で三二〇〇万ドルにとどまっている。ハービーとイルマのあとでは、報道機関は数週間におよび避難者の数を伝えた（それぞれ六万人および一万人）。けれどもマリアのあとでは、水や電気を欠いている人々の数を指標として嵐の影響が語られたのである。そしてある時点では、恐ろしいことにその数字は一〇〇パーセント近くまで迫ったのだった。ハリケーン・マリア以前のプエルトリコは一〇年近い経済危機の最中にあり、インフラはガタガタで、配電網は弱りきっていた。地下の洪水対策システムは、漏れているか存在していないかのどちらかだった。ダムは倒壊寸前で、飲料水は長らく汚染されていた。島の財源不足のため、ハリケーンシーズンにおけるマリアの破壊力はさらに強まった。嵐が破壊したのは、島をかろうじて一つにまとめていた道路、パイプ、電柱だけにとどまらなかった。島の貴重な農作物の圧倒的大部分をなぎ倒し、生活手段を奪った。そのため医療ケアと教育と公平な復興の機会も失われた。

海面上昇について執筆するようになった五年前から、私はベン・ストラウスのこのことばを何度も思い出している。「起こるかどうかではなく、いつそうなるかの問題である」多くの人々にとって、その「いつか」は二〇一七年に「今」となったのだ。

*

多くの嵐に見舞われたその秋の間に、私はオークウッドビーチを再訪した。モルガン・ライブラリー〔マンハッタンにある学術機関兼美術館〕で開かれる撤退についてのパネルディスカッションの司会を依頼されたので、イベント前の週末にスタテンアイランドまで出かけたのである。サンディが襲来したのはちょうど五年前のことだったので、買い上げの進展状況を見ておこうと思ったのだ。研究期間中に何度もこの地区を訪れていた。板張りされ、破壊された家を何軒も目にした。まだ残っていたわずかな住民とも頻繁にことばを交わした。フランカ・コスタはその中の一人だった。彼女は私が訪れるたび、いつも親切にしてくれた。軽食、ボトル入りの水、そして当を得た会話を提供してくれた。そのため私はいつも彼女のコテージを真っ先に訪問したのだった。

けれども最後に私たちが話した時、フランカはこの場を離れることについて語っていた。だから私は車から降りる前に、彼女がいなくなっていることを知っていた。かつてフランカの家のドライブウェイに並んでいたセラミック製の天使たちは全員いなくなっていた。トマトの鉢植え、風車、プラスチックのリースは除去されていた。フランカが残した唯一のものは、災害ツーリストたちが多くなりすぎた時点で立てた看板だった。「カメラ撮影中だから、笑って」私は何もないドライブウェイに駐車し、キッサム通りを端から端まで歩いた。ほとんどすべての家が解体されていた。家の前のオークの木に星条旗がつけられていた緑のコテージはなくなっていた。猛犬のいた嵩上げされた牧場スタイルの家屋はなくなっていた。爪をピンク色に塗ったロシア人女性がいたタウンハウスはなくなっていた。コンクリートの土台すらもなくなっていた。マカダム舗装のドライブウェイはすっかり壊され、運び去られていた。帰宅してフランカにEメールを送ると、ほとんどすぐに返信が来た。彼女はフロリダの家族の近くに引っ越し、不動産管理ビジネスの職に就いたのだった。「キッサムを離れたのは私が最後だった。出て行かざるをえなかった」と彼女は書いていた。「でもフロリダはいいところ。今は次に何をするか考えているところ。家は市に売却したから、やり直すためのわずかな資金とともに出ていくことができたの」

　私は午後の残り時間を、オークウッドを歩き回って過ごした。私は土手を歩き、フォックスビーチ通りを下り、ミル通り、タールトン通りを下った。キッサムに戻り、かつて家が建っていた空き地に出ると、フェンネルとパースニップが放つ甘草のような匂いが鼻孔に届き、メリケンカルカヤ、アキノキリンソウ、シャクの茂みが目に入った。南へと渡るオオカバマダラが休憩し、アザミの花に顔を押しつけていた。近くのヤマモモの枝にとまっている一羽のショウジョウコウカンチョウがこっちに来るよう仲間に呼びかけ、二羽となった。頭上高くではミドリツバメが秋の琥珀色の光の中を急降下し、やがて枯れ木の長く伸びた枝に落ちついた。下を向くと鹿が通った跡があった。残骸と成り果てた道路と平行になっている細い泥道には、ひづめの跡が押しつけられていた。人間のコミュニティがなくなることによって、人間を超えたコミュニティが栄えるチャンスが与えられたようである。少なくとも短期的には。

　私はデスクに戻り、テリー・テンペスト・ウィリアムスの古典となった著作『鳥と砂漠と湖と（Refuge）』を開いた。それは私の母が遺してくれたもので、母は親友からもらっていた。献辞にはこう書かれている。「私たちは魂の生きる場所を知っている。それは私たち、そして大地の中にある」[*11] 私は本のページをめくった。私が残したものと思われる余白の書き込みにざっと目を通して、オークウッドから人間が消えたことと、沼草と渡り鳥が得た多くのものを天秤にかけようとした。私が必要としていたことばは「ウミツバメ」と題された章の中にようやく現れた。母親の乳腺切除手術のニュースを聞くため病院で何時間も過ごしたあとで、ウィリアムスはこのように書く。「私はゆっくりと、苦痛とともに、母の中、祖母の中、それにベア川の鳥たちの中に、私の避難所（refuge）が見つからないことを悟った。私の避難所は、私の愛する能力の中にある。死を愛することを学べるならば、変化の中に避難所を見つけられるようになるだろう」私はタイガーバームの小さな瓶をおもしにして本のページを開いた。ウィリアムスは、物理的な空間に避難所を見つける可能性を示唆してはいない。同書全体を通じて、愛する湿地が記録的な豪雨に飲み込まれるのを彼女は目撃している。その場を彼女が訪れることができたとしても、彼女が求めていた安らぎはもはや得られなかっただろう。

ウィリアムスは関係性の中に避難所を見出すことを考えたあとで、その考えを退けた。関係性も、恐ろしい病によって見慣れぬ形にねじれていったからだ。ウィリアムスが戻っていくことにしたのは、彼女自身の共感する能力である。死であれ、グレートソルト湖を決壊させた制御不能な水であれ、もっとも拒みたいと望むものを受けいれる彼女の能力こそが、最終的に安らぎを感じることを可能としたのだ。

私はウィリアムスの本を閉じ、過去四ヶ月間でかくも多くの生を吹き飛ばしていった一〇のハリケーンの名を口にした。フランクリン、ガート、ハービー、イルマ、ホセ、カティア、リー、マリア、ネイト、オフィーリア。私は嵐を受け入れようとしてきた。そして今でもそう試みている。私たちが長い間大切にしてきた多くの場所と関係性を、彼ら彼女らが破滅させることを知りながら。

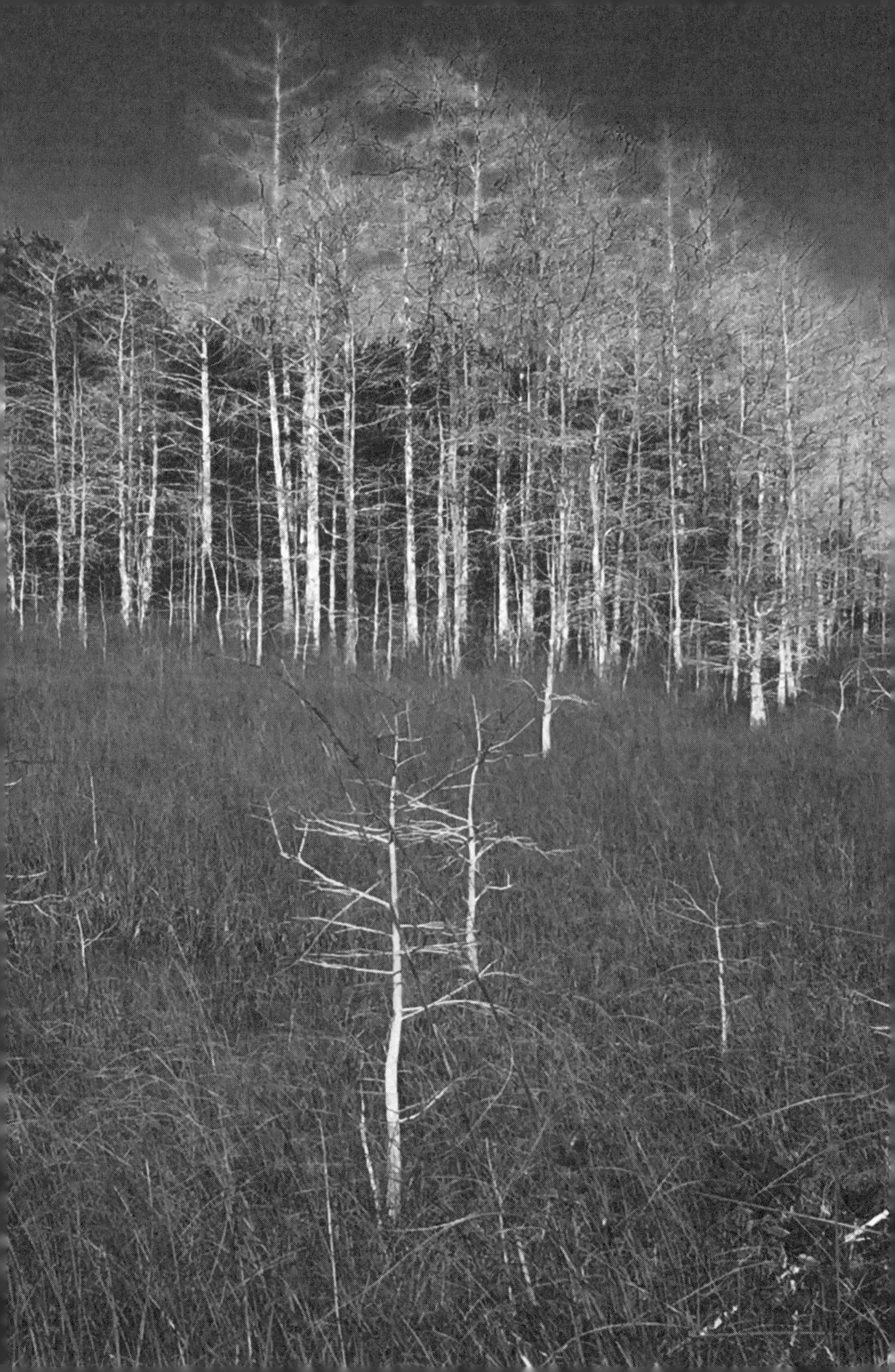

謝辞

書物とは奇妙な獣だ。正確にどこで、いつ、どのような手段によって生まれたかを言うのは難しい。本書を世に出すため、多くの人が協力してくれた。私はその一人一人に心から感謝している。まず、私自身の声とともに本書のページを埋めてくれた声の持ち主たちに感謝したい。あなたたちは私たちの進む道を示す、水辺から生まれた合唱隊《コロス》だと私は思っている。私はあなたたちへの借りを返すことはできないだろう。本書の一部となることを受け入れてくれて、ありがとう。

クリス・ブルネット。あなたの島、そしてあなたの自宅に私を迎えてくれた。それから五年の間に、この潮っぽい島の上で豊かな友情が育《はぐく》まれた。

ニコール・モンタルト。あなたが父の命を奪った嵐について語ってくれた時、洪水の影響を受けた人々の声に手を加えず、テクストの一部とすることが必要であると理解した。あなたの勇気、そして強さが、私に聞くことを教えてくれた。それはとても貴重なレッスンだった。

マリリン・ウィギンス。洪水保険改革の脅威によって、もっとも脆弱なコミュニティがすでに、どのように変わりはじめているか、あなたのおかげで理解できるようになった。危険はつねに、まず身体によって感知されることも、あなたのおかげでわかるようになった。

ローラ・シューワル。沼の果て、そして壊れつつある世界が、あなたとの友情のおかげで自分の家のように感じられた。

ダン・キプニス。ほとんど誰も口にしたがらないことを言ってくれた、あなたの勇気に感謝している。今がまさに、沿岸に私たちが建ててきた家を離れる時である、と。

リチャード・サントス。あなたの誠実さ、そしてコミュニティに対する愛情は私たち全員にとって偉大な模範である。

そして私の同行を許可してくれた大勢の科学者たち。たくさんの愚かな質問をした上、すぐに答えを理解できなかった場合には聞き返すことも許してくれたみんな。とりわけベバリー・ジョンソン、ピート・フレッツァ、ハル・ワンレス、ベン・ストラウス、キャメロン・マコーミック、サラ・フレイ、トーマス・ドイル、ブレット・ハーティル、スティーブ・アッカーズ、ジョン・ブルジョワ、ロビン・グロシンガー、ジェレミー・ロウ、ティファニー・トロクスラーと彼女のチーム。それから本書を支える研究を行ってきた数百名の科学者たち。

大勢の地元ガイドたち。オークウッドビーチのジョセフ・タイロン、フランカ・コスタ、パティ・スナイダー、ロイサン・ケリー。ジャン・チャールズ島のアルバート・ネイキン、エディソン・ダルダー。ショアクレストのニコール・ヘルナンデス・ハマー。ペンサコーラのアルヴィン・ターナー、マリリン・モンゴメリー。H・J・アンドリューズ実験林のブライアン・ドイル、フレデリック・スワンソン、チャールズ・グッドリッチ。サンフランシスコのレン・マターマン、スーザン・シュワルツェンベルグ。

数多くの機関が、作業のための時間と空間、そして時には資金を提供して本書を支援してくれた。アンドリュー・W・メロン財団、ブラウン大学ハワード財団、メトカーフ海洋・環境報告研究所、環境ジャーナリスト協会、ベイツ大学教員開発資金、全米科学ライター協会。加えて、オレゴン州のスプリング川プロジェクトおよびPLAYAは、両地に隣接する自然で汗を流しつつ、執筆するための避難所を私に提供してくれた。

「世界の終わりの沼」の発表機会を与えてくれた『ゲルニカ』誌。ならびに以下の章を、時に異なる形で、発表してくれた雑誌および専門誌。『アトランティック』誌（「振り返る、そして前を向く」）、『ニューリパブリック』誌（「占い棒」）、『クリエイティブ・ノンフィクション』誌（「パスワード」）、『ダーク・マウンテン・プロジェクト』（「柿」）。

ミルクウィードのチーム全体。本書に対してあなたたちが示してくれた心遣いと配慮に感謝している。とりわけダニエル・スレイジャー、ジョアンナ・ドミキエビッチ、アビー・トラビス、ジョルダン・バスコム、ミーガン・バックメイヤー、メアリー・オースティン。そして私のもっとも深い感謝を、担当編集者のジョーイ・マックガービーに捧げたい。あなたが提出した難問が本書を練り上げてくれた。センテンスを完成させた、と私が思った時、あなたは寛大に、かつ注意深く読み返してくれた。スープの中の一搾りのレモンジュースのように、この本を輝かせているのはあなたの見識と言語への熟達である。

ジュリア・ロード。私のエージェント、導きの光であるあなたは、親切かつ賢明に担当作家の成功に尽力してくれた。あなたとの友情、そしてあなたの家族も同席したマンハッタン西九丁目でのロウソクの光に照らされた数々のディナーは、私にとって大切な思い出となっている。

ケイティ・フォード。あなたは私に詩の書き方を教えてくれた。私は詩作についてあなたにすべてを負っている。

ケティ・タウラー、クレイグ・チャイルズ、リック・ケアリー、ボブ・ビギービング、グレチェン・レグラー。あなたたちはみな素晴らしい師である。あなたたちのおかげで、サザン・ニューハンプシャー大学での私の年月は有意義かつ喜びに満ちたものとなった。

リズ・コスロフ、レベッカ・エリオット。あなたたちの論文は本書のページに幾重にも染みわたっている。撤退と洪水保険について私たちが重ねた会話によって、私の思考は正しい方向に進んでいった。あなたたち二人のことを仲間だと思えるのは、とても名誉なことだ。

ジェーン・コストロー、ミーラ・サブラマニアン。あなたたち同志がこの本のために捧げてくれた時間、数え切れないほどの再読、環境について執筆することについて私たちが交わした会話は、本書の構想に大きな影響を与えている。あなたたちの友情と連帯は、私にとって欠かせないものである。

クリステン・スターン、ジャネット・ボーン、そしてベイツ大学若手教員ライティンググループに参加したすばらしき仲間たち。のちにこの本となる初期の草稿および試論を読み、思慮に富んだフィードバックを返してくれたことに感謝している。毎週のミーティングは執筆が共同作業であることを思い出させてくれる、すばらしい機会だった。

ロブ・フランスワース、ジェス・アンソニー、ダニー・ダンフォース、それからベイツ大学のその他のコミュニティ。本書の大半は、あなたたちとの友情によって書かれている。これ以上に励ましとなる、友好的な研究者のグループを私は想像することができない。初めてキャンパスに足を踏み入れた時、ベイツ大学で過ごす時間が特別なものとなることが私にはわかった。そして私は間違っていなかった。

ニューヨーク市立大学スタテンアイランド校、ベイツ大学、ブラウン大学の私の学生たち。あなたたちと一緒にクリエイティブライティングを探求できたことは私の誇りである。それ以上何も言うことはない。あなたたちのエネルギー、熱意、貪欲さは私の糧となった。

エリーズ・ボナー、ローレン・ラナハン。私の人生に同行してくれた旅の仲間たち。あなたたちの友情がなければこの旅ははるかに味気ないものとなったことだろう。それからアンナ・テレス、ゾーイ・ラスカリス、フィオナ・グラッドストーン。私たちが山頂で一緒に過ごした時間は、私の日々に喜びと安らぎを与えてくれた。アカディアの果てで落ち合って以来の友人であるレベッカ・ハーマンとデビッド・ボウルズにも感謝したい。

私の第二の両親、キャロルとビル。あなたたちの支援と愛情は、激しい天候と幸福に満ちた平穏の両方を航海する船の浮標となった。スザンヌ・レクト、リア・ブレッチャー＝コーン、ファビアナ・オリビエ。あなたたち賢女は、私がまだ幼い時から強くあること、そして歌に夢中になることを教えてくれた。

私の両親、ジョンとマーサ。人生の始まりから私を包んでくれたあなたたちの愛は、私を護る盾、そしてエネルギーの源である。そこからは汲めども尽きぬ可能性が溢れている。これだけでなく列挙しきれないすべてに対し、感謝している。

私の愛、フェリペ。あなたの隣で目をさますこと、あなたの心の中の何千ワットもの喜び。それこそがずっと私の求めていたものだった。

私の残りの感謝の念は、輝く海の虹彩、そして夏の終わりの湖に突然訪れる静寂、それから山を下りていくと頭の中の雑音をかき消す、私の身体が奏でるハミングに捧げられる。

訳者あとがき

本書はエリザベス・ラッシュによる、Elizabeth Rush, *Rising: Dispatches from the New American Shore* (2018, Milkweed) の全訳である。本作発表に至るまでラッシュは『ニューヨーク・タイムズ』紙、『ハーパーズ』、『ル・モンド・ディプロマティーク英語版』といった媒体に寄稿する、アジアに詳しいジャーナリストとして活動していた。彼女が二〇一二年に「たまたま海面上昇に関心を持つようになった」(「パスワード」)経緯は本書内で述べられており、二〇一五年には *Still Lifes From a Vanishing City: Essays and Photographs from Yangon* というフォトルポルタージュを Global Directions/Things Asian Press という版元から発表。この間もちろん筆一本で食べているわけではなく、ニューヨーク市立大学スタテンアイランド校やブラウン大学で教鞭を執っていることも本書内で詳しく書かれている。

つまりこれがどういうことかというと、二〇一八年の春に本書を発表した時点でエリザベス・ラッシュはほぼ無名の書き手だった、ということである。しかし本書は発表されるやいなやあっという間に大評判となった。『シカゴ・トリビューン』紙や『パブリッシャーズ・ウィークリー』誌から好意的な批評が得られたことの喜びが、二〇一八年五月二八日付でラッシュの公式ウェブサイトに短く綴られている。その後、二〇一八年六月二八日に英紙『ガーディアン』が「パルス」の抜粋を掲載。八月一七日には『ニューヨーク・タイムズ』紙が激賞といってよい書評を掲載し(評者はＴＥＤの科学部門キュレーター、デビッド・ビエロ)、ラッシュはこの書評を自身のサイトで「ビッグバン」

と呼んでいる。そして二〇一九年のピューリッツァー賞・一般ノンフィクション部門の最終候補作となり、本書の評価は決定的なものとなった。

ラッシュはデビュー作の評価とは無関係に気候変動について書き続ける心構えができていたようで、本書刊行後まもなくして南極のスウェイツ氷河へと向かっている。急速に融解が進み、海面上昇への影響が危惧されている同氷河の研究（The International Thwaites Glacier Collaboration）に、アメリカとイギリスの政府は数百万ドルを拠出している。ラッシュは調査団の一員として二ヶ月間船中の人となり、現在その体験を元にした新作を執筆中とのことである。

＊

気候変動は分極化を招きやすいテーマである。訳者が長年暮らす欧州では、人間による二酸化炭素排出が地球温暖化を引き起こしている、というテーゼそのものは完全にコンセンサスとなっており、それ自体をめぐる政治的・思想的対立は成立しなくなって久しい。気候変動をめぐる対立は「何をすべきか」をめぐって先鋭化する（フランスの「黄色いベスト」はそのような対立の一例である）。けれどもこれはおそらく——二〇二一年時点では——ヨーロッパ的例外とでも言えるもので、アメリカでは事情はまったく異なる。アメリカは、「気候変動と洪水の相関」に「異議を唱える」（「占い棒」）人々が、いまだに数千万単位で存在する国である。こうした国ではうっかりとんでもない温暖化懐疑論者が大統領になってしまい、気候変動抑制に関する国際的な協定から離脱してしまうような事態も発生する。しかしそうした厳しい状況だからこそ、『海がやってくる』のように理性以外に（も）訴える言語で気候変動について語ろうとする試みが生まれ、広く評価されるのかもしれない。

けれども本書が、読み手の胸に迫る詩的でリリカルな文体だけでなくラディカルな主張も備えていることは、絶対に読み過ごしてはならない。本書の核となっている沿岸部からの「撤退（retreat）」のアイデアは、不動産＝私有財産の放棄に他ならないのだからこの上なくラディカルである。けれども個人が自主的に撤退することなど不可能だ、と看破する著者の洞察力とエンパシーが、本書を政治マニフェスト以上のものとしているのだ。

さて、実は海面上昇は主にアジアの問題である。本書にもニューヨーク、サンフランシスコ、マイアミといった大都市が登場するけれど、沿岸のメトロポリスが数百、数千万（！）の人口を抱えるという現象は、圧倒的にアジアに集中している。本書の「多くの発端」（「占い棒」）の一つとなったバングラデシュのダッカ。地盤沈下のためにインドネシア政府が首都機能をよそに移すことになっているジャカルタ。メコン川クルーズを観光資源とするホーチミン市。コルカタ、バンコク、シンガポール、マニラ、広州、上海。そして名古屋、大阪、東京。

こうしたアジアの沈みゆくメトロポリス（とその資産）に、「別れの挨拶」（「さよなら、湾に映る雲」）を告げる方法を学ぶことなど、果たして可能なのだろうか？　もし「無理だ」と思われるなら、おそらく私たちが最初になすべき作業は、東京や大阪の海岸線がどうしてこんな形になっているのか振り返ることだろう。その過程で、カール・フィッシャー（「パルス」）や資源保存市民部隊（「世界の終わりの沼」）や陸軍工兵隊（「柿」ほか）に近い役割を担った人物や組織が、日本の海岸線形成史の中に必ず発見されるはずだ。たとえば大阪の湿地を埋め尽くした豊臣秀吉に、気候変動と海面上昇を見越す能力が備わっていなかったことを嘆いても仕方がないかもしれない。しかし東京オリンピックや大阪万博といった二一世紀に入ってからの巨大プロジェクトで、いまだに埋め立て地が重要であるのは一体どういうことなのか。こうしたプロジェクトの責任者の目はまだ黒い。本書にインスパイアされて日本のどこかで類書が書かれることになれば、訳者にとってこれほど嬉しいことはない。

最後になるが、本文より先に「訳者あとがき」に目を通す習慣のある読者に、一つだけぜひお伝えしておきたいことがある。本書は、目に留まった章から順不同に読むことができる構成とはなっていない。各章は独立しているのだけど、先の章で登場した人物や地名、紹介された学説が、読者にとって既知であることを前提として後の章が書かれている。そのため、たとえばニューヨークやサンフランシスコ湾といったなじみのある地域を扱った後半の章から読み始めてしまうと、有名とは言いがたい人名や地名が何の説明もなく登場するので当惑してしまうことになる。なので、ぜひ頭から順番に読んで欲しい。

本訳書は、河出書房新社の岩本太一さんの尽力ならびに見識なくして日の目を見ることはなかった。ここでの訳業にわずかでも美点があるとすれば、それはすべて、至らぬ訳者にうんざりすることなく（していたかもしれないけど）、辛抱強く付き合ってくださった岩本さんの適切な助言から生まれたものである。他方、あらゆる不備は例外なく訳者のものであることを記しておく。

二〇二一年春、パリにて

佐々木夏子

註

エピグラフ

＊1 「気候変動と私たちが語る物語」と題された授業プロジェクトの一環として、2016年4月30日に私の学生2名（ハドレー・モローとアビガリ・ホリスバーガー）が行ったジョン・ベア・ミッチェルとのインタビューからの抜粋。私たちは共同でインタビューの書き起こし・編集を行った。長いバージョンはhttp://www.bates.edu/climatechangeで閲覧可能。

パスワード

＊1 ロードアイランド先住民の歴史、特に湾との関係については、Sarah Schumann, *Rhode Island's Shellfish Heritage: An Ecological History*（Rhode Island Sea Grant, 2015）. を参照。

＊2 A.J. Hendershott, "The Other Swamp Tree," Missouri Conservationist, November 2001, https://www.xplormo.org/conmag/2001/11/other-swamp-tree.

＊3 Rebecca Solnit, *The Faraway Nearby*（New York: Penguin Books, 2014）.

＊4 "States and Territories Working on Coastal Management," Office for Coastal Management, National Oceanic and Atmospheric Administration, October 14, 2016, https://coast.noaa.gov/czm/mystate/

＊5 この数字をきちんと検証することは難しい。私は三つの報告書を用い、その中でも丁寧な分析が行われているものを重視して平均値を出した。まず、米国農務省管轄の自然資源保全局による「米国内の湿地の状態と近年の傾向（The Status and Recent Trends of Wetlands in the United States）」（2010）と題された報告書がある。これは三つの中でもっとも信頼性が低い報告書であり、ロードアイランド州の30パーセントが湿地に分類される、としている。一方、ロードアイランド州環境管理局は、同州の約13パーセントが湿地である、と示唆している。同局による2015年の報告書、第二章を参照。"Rhode Island's Fish and Wildlife Habitat", http://www.dem.ri.gov/programs/bnatres/fishwild/swap/chap2draft.pdf.　最後に、合衆国魚類野生生物局は、同州の10パーセントが湿地である、としている。同局による1989年の報告書内のロードアイランド州の項目を参照。"National Wetlands Inventory," https://www.fws.gov/wetlands/Documents%5CWetlands-of-Rhode-Island.pdf

＊6 この数字は前掲、"Rhode Island's Fish and Wildlife Habitat" から出ている。同報告書は、干潟、塩沼、汽水性湿地ならびにさまざまな沿岸草地を含む、河口生息地全容についてのもっとも正確な推定値を含んでいる。

＊7 ロードアイランドの塩沼の過去と未来については、米国海洋大気庁が発表した "Rhode Island Sea Level Affecting Marshes Model（SLAMM）" プロジェクトを参照。2015年のパターンについては、以下を参照。http://www.crmc.ri.gov/maps/maps_slamm.html

＊8 ここで私が念頭においているのは、アジムス・ランド・クラフト（Azimuth Land Craft）の「クライメート・クロノグラフ」である。近年、米国国立公園局の「未来のためのメモリアル」デザインコンペティションで受賞した。

＊9 s.v. "rampike," 2018年3月19日にアクセス。http://www.dictionary.com/browse/rampike

＊10 この胸を熱くする作品の題名は「自然について語ること（Speaking of Nature）」であり、Orion

誌、2017年3／4月号に掲載されている。https://orionmagazine.org/article/speaking-of-nature/

＊11 海面上昇は1970年代初頭に加速し始め、20世紀の終わりにその速度がますます速まった、と一般に考えられている。Thomas W. Doyle et al., "Assessing the Impact of Tidal Flooding and Salinity on Long-term Growth of Baldcypress under Changing Climate and Riverflow," in *Ecology of Tidal Freshwater Forested Wetlands of the Southeastern United States*（Dordrecht, Netherlands: Springer, 2008）も参照。

＊12 この情報は、2015年9月10日に行われた、プリューデンス島のナラガンセット湾国立河口研究指定地の主任研究者、ケニー・ラポサのインタビューから得られたものである。

＊13 2015年8月14日に行われたブリストルのオーデュボン協会研究員、キャメロン・マコーミックのインタビューより。本章におけるキャメロンの発言も、すべて同日のインタビューのものである。

＊14 想像できる通り、14世紀のヨーロッパの総人口ならびに疫病による死者数を割り出すことは困難である。「3分の1」という統計値は最小の見積もりであり、出典はMike Ibeji, "Black Death," BBC, March 10, 2011, http://www.bbc.co.uk/history/british/middle_ages/black_01.shtml. 一方、疾病対策センターは人口の60パーセントが死亡した、と推定している。https://www.cdc.gov/plague/history/index.html

＊15 Alex Kuffner, "Drowning Marshes: Where Does a Species Go When the Nursery Floods," Providence Journal, April 9, 2016, http://www.providencejournal.com/article/20160409/NEWS/160409256

＊16 この数字の出典は、合衆国魚類野生生物局による、オンラインの絶滅危惧種リストである。このリストは毎年更新される。2015年、2016年、2017年には、新たに数百種が一覧に加わった。リストへのアクセスは、https://ecos.fws.gov/ecp/

＊17 絶滅危惧種の分布の重複については、以下を参照。"Recovering Threatened and Endangered Species: Fiscal Years 2005–2006," US Fish & Wildlife Service, https://www.fws.gov/endangered/esa-library/pdf/summary_2005-6Recovery.pdf

＊18 大量絶滅については、エリザベス・コルバート『6度目の大絶滅』（鍛原多惠子・訳）2015年、NHK出版が詳しい。

＊19 Gary Snyder, "The Etiquette of Freedom," in *The Wilderness Condition: Essays on Environment and Civilization*, ed. Max Oelschlaeger（Washington, DC: Island Press, 1992）.

＊20 Christopher Craft et al., "Forecasting the Effects of Accelerated Sea Level Rise on Intertidal Marshes," Frontiers in *Ecology and the Environment* 7, no. 2（2009）, https://doi.org/10.1890/070219

＊21 Kenneth B. Raposa et al., "Elevation Change and the Vulnerability of Rhode Island（USA）Salt Marshes to Sea-Level Rise," *Regional Environmental Change* 17, no. 2（February 2017）, https://doi.org/10.1007/s10113-016-1020-5

＊22 融解する各氷床が、地球上の特定の場所に与える具体的な影響は、氷床の「フィンガープリント」として知られている。この現象についての情報を得るには、GRACE衛星データを用いる最新研究を参照。世界中から選ばれた氷床の、ただ一つの「フィンガープリント」を明らかにしている。特に以下を参照。Chia-Wei Hsu and Isabella Velicogna, "Detection of Sea Level Fingerprints Derived from GRACE Gravity Data," *Geophysical Research Letters* 44, no. 17（September 2017）, https://doi.org/10.1002/2017GL074070

＊23 Asbury H. Sallenger Jr. et al., "Hotspot of Accelerated Sea-Level Rise on the Atlantic Coast of North America," *Nature Climate Change* 2（June 2012）, https://doi.org/10.1038/nclimate1597

＊24　2014年に、世界的な海面上昇研究者たち（ロバート・コップ、ラドリー・ホートン、クリストファー・リトル、ジェリー・ミトロビカ、マイケル・オッペンハイマー、D・J・ラスムッセン）が共同で、オープンアクセスの論文をEarth's Futureに発表した。"Probabilistic 21st and 22nd Century Sea-Level Projections at a Global Network of Tide-Gauge Sites," at https://doi.org/10.1002/2014EF000239. 中でも、海面上昇モデリングと異なる場所で異なる上昇速度が体験される理由についてのすぐれた入門を提供している。

＊25　これらの素晴らしいレンダリングは誰もが見ることができる。あなたの近くの町にもあるかもしれない。https://www.choices.climatecentral.org（現在はリンク切れ）

＊26　本書執筆中に、地球規模での気候変動にどのように対応するか、国際社会が議論を開始したところであった。パリ協定として知られる審議中の提案では、今世紀末までに摂氏3.5度までの温暖化となる可能性が高い、と報道された。同協定は2016年11月4日に発効したが、2017年6月にドナルド・トランプは、協定から米国が離脱する意思を表明した。

＊27　Peter Altman, "Killer Summer Heat: Projected Death Roll from Rising Temperatures in America Due to Climate Change," Natural Resources Defense Council, 2012, https://www.nrdc.org/sites/default/files/killer-summer-heat-report.pdf, and Richard C. Keller, *Fatal Isolation: The Devastating Paris Heat Wave of 2003*（Chicago: University of Chicago Press, 2015）.

＊28　こうしたことについて、私はエリザベス・コルバートの『6度目の大絶滅』で読んだ。

＊29　Eduardo Cadava, "Trees, Hands, Stars, and Veils: The Portrait in Ruins," in *Fazal Sheikh: Portraits*（G.ttingen, Germany: Steidl, 2011）からインスパイアされた。

第一章　枯れ木

柿

＊1　島民たちは、コミュニティの歴史についての一次資料収集という素晴らしい仕事を成し遂げた。こちらでその一部を見ることができる。https://www.isledejeancharles.com

＊2　テレボーン郡の過去についての描写の多くは、ジャン・チャールズ島内および周辺で、2013年8月および2016年8月に、1ヶ月におよび行われたインタビュー、およびMike Tidwell's *Bayou Farewell: The Rich Life and Tragic Death of Louisiana's Cajun Coast*（New York: Vintage, 2004）に依拠している。

＊3　Nikki Buskey, "As Coast Erodes, Names Wiped Off the Map," Houma Today, May 1, 2013, http://www.houmatoday.com/article/DA/20130501/News/608077352/HC/（現在はリンク切れ）

＊4　石油産業と島内での活動開始の背景情報のほとんどは、クリス・ブルネットが自宅に保管していた新聞の切り抜きのコピーから得られている。彼は島の歴史家であると言っていい。ここで出典となっている新聞の切り抜きをいくつか挙げておく。"Pirate's Island Rigged for Gold," *New Orleans Times-Picayune*, May 18, 1952. "Miles from the End-of-the-Road There's a Community Where Peace, Calm Reign" と題された記事も*Times-Picayune*に掲載されていたが、年は判読できない。

＊5　Ricardo A. Olea and James L. Coleman, "A Synoptic Examination of Causes of Land Loss in Southern Louisiana as Related to the Exploitation of Subsurface Geologic Resources," *Journal of Coastal Research* 30,

no. 5 (2014), https://doi.org/10.2112/JCOASTRES-D-13-00046.1

＊6　ルイジアナの湿地に石油業界が及ぼした影響の包括的研究については、以下を参照。Donald F. Boesch et al., "Scientific Assessment of Coastal Wetland Loss, Restoration and Management in Louisiana," *Journal of Coastal Research*, special issue no. 20 (1994), http://www.jstor.org/stable/25735693.

＊7　ほとんどそうだ、と言える。もっと知るには、NOAAの報告書を参照。"Common Bottlenose Dolphin (Tursiops truncatus truncatus) Barataria Bay Estuarine System Stock," published in May 2016, at https://www.nefsc.noaa.gov/publications/tm/tm238/319_f2015_bodoBaratariaBay.pdf

＊8　この情報は、族長アルバート・ネイキンとの直接インタビューから得られた。ハリケーンと洪水が人々に移住を強いるようになる1970年代半ばに島の人口はピークを迎え、350人から400人であった、とネイキンは推定している。2013年に私が訪問した時には、定住者がまだ40名ほど残っている、と推定していた。

＊9　Nikki Buskey, "2010 Will See Unprecedented Levee Spending," *Daily Comet*, December 27, 2009, http://www.dailycomet.com/news/20091227/2010-will-see-unprecedented-levee-spending（現在はリンク切れ）

＊10　海水の氾濫と嵐を原因とする、ルイジアナ沿岸部の広域に及ぶサイプレスの死に関するさらなる情報については、ルイジアナ州ラファイエットにある米国地質調査所（USGS）湿地水産研究センター副所長、トーマス・W・ドイルの仕事を参照。

＊11　"No Place Like Home: Where Next For Climate Refugees?," Environmental Justice Foundation, 2009, https://ejfoundation.org/reports/no-place-like-home-where-next-for-climate-refugees

＊12　Bob Marshall et al., "Losing Ground," ProPublica, August 2014, http://projects.propublica.org/louisiana/

＊13　Brady R. Couvillion et al., "Land Area Change in Coastal Louisiana from 1932 to 2010," USGS, 2011, https://pubs. usgs.gov/sim/3164/

＊14　Bob Marshall et al., "Louisiana's Moon Shot," ProPublica, December 2014, https://projects.propublica.org/larestoration

＊15　Bob Marshall et al., "Losing Ground".

＊16　これについての例を画像で見るには、"The Mississippi River Flood of 1927: Showing Flooded Areas and Field Operations,"の地図を参照。沿岸および測地調査所が編纂・印刷しており、国立公文書館に保管されている。

＊17　Garcilaso de la Vega, *The Florida of the Inca; the Fabulous de Soto Story*, trans. John and Jeannette Varner (Austin: University of Texas Press, 1981). ガルシラーソ・デ・ラ・ベーガ自身は、彼が執筆していることの遠征に参加していなかった。

＊18　どれだけの土地が、どれだけの期間にわたって浸水していたかについての推定には幅があるが、およそ7万平方キロメートル弱が、1927年の4月から8月にかけて浸水していた、と多くの報告書が示唆している。Christine A. Klein and Sandra B. Zellmer, *Mississippi River Tragedies: A Century of Unnatural Disasters* (New York: New York University Press, 2014).

＊19　Jason S. Alexander, Richard C. Wilson, and W. Reed Green, "A Brief History and Summary of the Effects of River Engineering and Dams on the Mississippi River System and Delta," USGS Circular 1375, 2012, https://pubs.usgs.gov/circ/1375/C1375.pdf

＊20　Bennett H. Wall, ed., Louisiana: A History (Santa Ana, CA: Forum Press, 1990).

＊21　Lewis H. Morgan, "Indian Migrations," *North American Review* 110, no. 226 (January 1870).

＊22　Vernon J. Parenton and Roland J. Pellegrin, "The 'Sabines': A Study of Racial Hybrids in a Louisiana Coastal Parish," *Social Forces* 29, no. 2 (December 1950), https://doi.org/10.2307/2571663

＊23　Laura Parker, "Arctic Warming Is Shrinking This Adorable Shorebird," *National Geographic*, May 12, 2016, https://news.nationalgeographic.com/2016/05/160512-arctic-warming-shrinking-shorebirds-climate-red-knot/（現在はリンク切れ）

＊24　Researchers recently found Jan A. van Gils et al., "Body Shrinkage Due to Arctic Warming Reduces Red Knot Fitness in Tropical Wintering Range," *Science* 352, no. 6287（May 23, 2016）, https://doi.org/10.1126/science.aad6351

＊25　Li-Young Lee, "Persimmons," in Rose（New York: BOA Editions, 1986）

感謝について

＊1　この聞き書きは、2度にわたって行われたローラ・シューワルの直接インタビューを再構成したものである。ローラ・シューワルはベイツ＝モース山岳保存区域の管理者であり、近隣のスモールポイント住民である。1回目のインタビューは、ショートリッジの沿岸センターで2016年5月11日に行われた。2回目のインタビューは、2016年10月1日にローラの自宅で行われた。

世界の終わりの沼

＊1　本章の一般的背景情報は以下より得られている。Beverly J. Johnson et al., "The Ecogeomorphology of Two Salt Marshes in Midcoast Maine: Natural History and Human Impacts," Maine Geological Survey, October 2016, http://digitalmaine.com/mgs_publications/26/

＊2　Kimbra Cutlip, "For the World's Wetlands, It May Be Sink or Swim. Here's Why It Matters," *Smithsonian*, January 13, 2016, https://www.smithsonianmag.com/smithsonian-institution/worlds-wetlands-it-maybe-sink-or-swim-heres-why-it-matters-180957808/

＊3　Ariana Sutton-Grier, "Coastal Blue Carbon," interview by Troy Kitch, February 12, 2016, in *Making Waves*, NOAA, podcast, https://oceanservice.noaa.gov/podcast/may14/mw124-bluecarbon.html

＊4　現在ニューヨーク市がある場所では、ウィスコンシン氷床の厚さが300メートル強だった。州北部では氷床の厚みは、1.5キロメートルにものぼった。同地域の地質についての詳しい情報については、ニューヨーク市公園局による論文を参照。"Hot Rocks: A Geological History of New York City Parks," https://www.nycgovparks.org/about/history/geology

＊5　ジョン・マクフィーは、『かつての世界の年代記』において、先カンブリア時代について述べるために「深い時間（ディープタイム）」という表現を生みだした。ここで紹介した地質学上の発見史は、『年代記』中の『ベイスン・アンド・レンジ』という本の中に収められている情報を圧縮したものである。*Basin and Range*（New York: Farrar, Straus and Giroux, 1981）.

＊6　Cinzia Cervato and Robert Frodeman, "The Significance of Geologic Time: Cultural, Educational, and Economic Frameworks," *Geological Society of America Special Papers* 486（2012）, https://doi.org/10.1130/2012.2486(03)

＊7　地質学カレンダー内の事象の出典は以下。"The Geologic Time Scale," University of Kentucky, https://www.uky.edu/KGS/education/geologictimescale.pdf, and Eleanor Ainscoe, "Every Second Counts," Environmental Research Doctoral Training Fellowship, University of Oxford, https://www.environmental-research.ox.ac.uk/every-second-counts/（現在はリンク切れ）. デビッド・ブラワーは

長きにわたって、この圧縮された地球史を自身の講義で紹介してきた。講義名は「垂訓」。地球史を「創世記」の長さになぞらえた冗談である。

＊8　"Biosphere," *National Geographic*, https://www.nationalgeographic.org/encyclopedia/biosphere/

＊9　海面上昇についての適切な科学的紹介については、以下を参照。John A. Church and Neil J. White, "Sea-Level Rise from the Late 19th to the Early 21st Century," *Surveys in Geophysics* 32, no. 4–5 (September 2011), https://doi.org/10.1007/s10712-011-9119-1.

＊10　ここで挙げられている数字は、IPCCが提供するものよりも大きい。それらはジェリー・X・ミトロビカの講義から得られたものである。ハーバード大学フランク・B・ベアード・ジュニア記念科学教授であるミトロビカは、IPCCは1900年から1990年までの上昇を高く見積もり過ぎ、1990年以降の上昇を低く見積もり過ぎている、と論じている。ミトロビカのデータが示しているのは、上昇速度そのものが、私たちがかつて考えていたよりも急速に加速している、ということである。ミトロビカによる以下の二つの論文を参照。Jerry X. Mitrovica et al., "Probabilistic Reanalysis of Twentieth-Century Global Sea-Level Rise," *Nature* 517 (January 2015), https://doi.org/10.1038/nature14093, and Jerry X. Mitrovica et al., "Reconciling Past Changes in Earth's Rotation with 20th Century Global Sea-Level Rise: Resolving Munk's Enigma," *Science Advances* 1, no. 11 (December 2015), https://doi.org/10.1126/sciadv.1500679

＊11　ここでの言及は、イブリン・B・シェールによる沿岸湿地の包括的調査に多くを負っている。Evelyn B. Sherr, *Marsh Mud and Mummichogs: An Intimate Natural History of Coastal Georgia* (Athens: University of Georgia Press, 2015).

＊12　塩水浸水が潮汐湿地におよぼす影響についてはフロリダ国際大学のティファニー・トロクスラーと彼女の学生たちがエバーグレーズで行った研究を参照。たとえば以下。"Biogeochemical Effects of Simulated Sea Level Rise on Carbon Loss in an Everglades Mangrove Peat Soil," *Hydrobiologia* 726, no. 1 (March 2014), https://doi.org/10.1007/s10750-013-1764-6

＊13　Michael Kennish, "Coastal Salt Marsh Systems in the U.S.: A Review of Anthropogenic Impacts," *Journal of Coastal Research* 17, no. 3 (Summer 2001), http://www.jstor.org/stable/4300224

＊14　Warren S. Bourn and Clarence Cottam, "Some Biological Effects of Ditching Tidewater Marshes," US Fish and Wildlife Service, 1950. By way of Jo Ann Clarke et al., "The Effect of Ditching for Mosquito Control on Salt Marsh Use by Birds in Rowley, Massachusetts," *Journal of Field Ornithology* 55, no. 2 (Spring 1984), http://www.jstor.org/stable/4512881. 1700年代初頭には、溝掘りは一般的であったことを記しておく必要がある。当時この地域の農民たちは、この方法を使って塩性植物の秣の生産を高めていた。

＊15　Ron Rozsa, "Human Impacts on Tidal Wetlands: History and Regulations," in *Tidal Marshes of Long Island Sound: Ecology, History and Restoration*, ed. Glenn D. Dreyer and William A. Niering (New London: Connecticut College Arboretum, 1995).

＊16　Warren S. Bourn and Clarence Cottam, "Some Biological Effects of Ditching Tidewater Marshes," and C. R. Lesser, F. J. Murphy, and R. W. Lake, "Some Effects of Grid System Mosquito Control Ditching on Salt Marsh Biota in Delaware," *Mosquito News* 36, no. 1 (1976).

＊17　死後、人体に起こることについてもっと知るには、以下を参照。Mo Costandi, "Life after Death: The Science of Human Decomposition," *The Guardian*, May 15, 2015, https://www.theguardian.com/science/neurophilosophy/2015/may/05/life-after-death

＊18　残念ながら紙幅の都合で、ケイリーン・ガンによる興味深い発見を本章に収録することはで

きない。排水溝が築かれた沼が修復されると、それ以前よりも有意に少ない量のメタンを放出することを、ケイリーンの論文は示している。もっと詳しく知るには、ケイリーンの卒業論文を参照。"Methane Emissions along a Salinity Gradient of a Restored Salt Marsh in Casco Bay, Maine", at https://scarab.bates.edu/honorstheses/175/

＊19 Kimbra Cutlip, "For the World's Wetlands, It May Be Sink or Swim. Here's Why It Matters".

＊20 Gayathri Vaidyanathan, "How Bad of a Greenhouse Gas Is Methane?," *Scientific American*, December 22, 2015, https://www.scientificamerican.com/article/how-bad-of-a-greenhouse-gas-is-methane/

＊21 これらの数値はダナ・コーエンの卒業論文から取られている。これらの数値は、実際にはこの夏の別の日に集められた。サイエンスボックスから得られた数値は、私たちが出向いた日には、これほど決定的ではなかった。おそらく、私たちが遭遇した、ラインに水が溜まった問題に関係していると思われる。

＊22 ジェイムズ・ハンセンの論文は共同執筆である。"Ice Melt, Sea Level Rise and Superstorms: Evidence from Paleoclimate Data, Climate Modeling, and Modern Observations That 2°C Global Warming Could Be Dangerous," *Journal of Atmospheric Chemistry and Physics* 16, no. 6（March 2016）, https://doi.org/10.5194/acp-16-3761-2016

＊23 "Out on the islands" Robert McCloskey, Time of Wonder（New York: Puffin Books, 1977）.

＊24 Colin Woodard, "Big Changes Are Occurring in One of the Fastest-Warming Spots on Earth," *Portland Press Herald*, October 25, 2015, https://www.pressherald.com/2015/10/25/climate-change-imperils-gulfmaine-people-plants-species-rely/

＊25 Victoria J. Fabry et al., "Impacts of Ocean Acidification on Marine Fauna and Ecosystem Processes," ICES *Journal of Marine Science* 65, no.3（April 2008）, https://doi.org/10.1093/icesjms/fsn048, and Haruko Kurihara, "Effects of CO2-Driven Ocean Acidification on Early Developmental Phases of Invertebrates," *Marine Ecology Progress Series* 373（December 2008）, https://doi.org/10.3354/meps07802

パルス

＊1 この情報は1890年の国勢調査から得られている。（フロリダキーズをのぞく）南フロリダの人口は、（当時はパルムビーチも含まれていた）デイド郡、リー郡、デソト郡、そして島嶼以外のモンロー郡の総人口を合わせて算出されていた。この計算によると、実際の人口は7255人である。以下の国勢調査資料を参照。"Supplement for Florida: Population, Agriculture, Manufacturers, Mines and Quarries", https://www2.census.gov/prod2/decennial/documents/41033935v9-14ch01.pdf

＊2 R. H. Caffey and M. Schexnayder, "Coastal Louisiana and South Florida: A Comparative Wetland Inventory," Interpretive Topic Series on Coastal Wetland Restoration in Louisiana, Coastal Wetland Planning, Protection, and Restoration Act, National Sea Grant Library, 2003, https://lacoast.gov/new/Data/Reports/ITS/Florida/pdf（現在はリンク切れ）

＊3 Paul Attewell et al., "The Black Middle-Class: Progress, Prospects, and Puzzles," in *Free at Last?: Black America in the Twenty-First Century*, ed. Juan Battle, Michael Bennett, and Anthony Lemelle（New York: Routledge, 2006）.

＊4 ライト兄弟は毎秒0.013キロメートルの平均対気速度を達成した。1977年に打ち上げられた無人探査機、ボイジャー1号は、毎秒17キロメートルで移動した。Richard Wagner, *Designs on Space: Blueprints for 21st Century Space Exploration*（New York: Simon & Schuster, 2000）

＊5　"Annex 5A: Trends in International Carbon Dioxide Emissions," *Energy - Its Impact on the Environment and Society*, National Archives of the United Kingdom, https://webarchive.nationalarchives.gov.uk/20060715135302/dti.gov.uk/files/file20356.pdf.

＊6　William Stanton, *The Rapid Growth of Human Populations, 1750–2000: Histories, Consequences, Issues, Nation by Nation* (Brentwood, UK: Multi-Science Publishing Co. Ltd., 2004).

＊7　Nina Burleigh, "Florida Is Sinking. Where Is Marco Rubio?," *Mother Jones*, February 1, 2016, https://www.motherjones.com/environment/2016/02/marco-rubio-climate-change-florida/

＊8　IPCCのあらゆる予測の中心となっているのは「排出シナリオ」である。将来の炭素排出量について低・中・高の予測が行われている。0.6メートルの数字を出す上で、IPCCが中程度モデルを用いた予測を平均した。IPCCによる海面上昇についての報告は、以下を参照。John A. Church et al., "Sea Level Change," in *Climate Change 2013: The Physical Science Basis: Working Group I Contribution to the Fifth Assessment Report of the Intergovernmental Panel on Climate Change* (Cambridge: Cambridge University Press, 2013), https://www.ipcc.ch/pdf/assessmentreport/ar5/wg1/WG1AR5_Chapter13_FINAL.pdf

＊9　Justin Gillis, "Climate Panel Cites Near Certainty on Warming," *New York Times*, August 19, 2013, http://www.nytimes.com/2013/08/20/science/earth/extremely-likely-that-human-activity-is-driving-climate-change-panel-finds.html

＊10　Rebecca Lindsey, "Climate Change: Global Sea Level," Climate.gov, September 11, 2017, https://www.climate.gov/news-features/understanding-climate/climate-change-global-sea-level

＊11　ちょうどこの年、全米科学アカデミーは、およそ20年ごとに海面上昇の速度が2倍ぐらいとなっていることを示す論文を発表した。R. S. Nerem et al., "Climate-Change-Driven Accelerated Sea Level Rise Detected in the Altimeter Era," *PNAS* (February 12, 2018), https://doi.org/10.1073/pnas.1717312115. 前述のジェリー・X・ミトロビカの近年の仕事は、ハロルド・R・ワンレスが講演で説明した加速を示している。以下の論文に、同講演の内容の多くが含まれている。Harold R. Wanless, "The Coming Reality of Sea Level Rise: Too Fast Too Soon," *Sea Level Rise: What's Our Next Move?* (Tucson: Institute on Science for Global Policy, 2016), http://scienceforglobalpolicy.org/wp-content/uploads/56e30928039ff-ISGP%20Sea%20Level%20Rise.pdf

＊12　Lydia Barnett, "The Theology of Climate Change: Sin as Agency in the Enlightenment's Anthropocene," *Environmental History* 20, no. 2 (April 2015), https://doi.org/10.1093/envhis/emu131

＊13　Thomas M. Cronin, "Rapid Sea-Level Rise," *Quaternary Science Reviews* 56 (November 2012), https://doi.org/10.1016/j.quascirev. 2012.08.021. Also see Jean Liu et al., "Sea-Level Constraints on the Amplitude and Source Distribution of Meltwater Pulse 1A," *Nature Geoscience* 9, no. 2 (February 2016), https://doi.org/10.1038/ngeo2616

＊14　M. E. Weber et al., "Millennial-Scale Variability in Antarctic Ice-Sheet Discharge during the Last Deglaciation," *Nature* 510 (June 5, 2014), https://doi.org/10.1038/nature13397

＊15　この現象についてもっと知るには、以下を参照。Masaki Kanao et al., "Greenland Ice Sheet Dynamics and Glacial Earthquake Activities," in Ice Sheets: *Dynamics, Formation and Environmental Concerns*, ed. Jonas Müller and Luka Koch (Hauppauge, NY: Nova Science Publishers, 2012), https://www.higp.hawaii.edu/~rhett/PDFs/Kanao_etal_2012_Greenland_Ice_Sheet_Dynamics_and_Glacial_Earthquake_Activities_ICE_SHEETS.pdf

＊16　Vivien Gornitz, *Rising Seas: Past, Present and Future* (New York: Columbia University Press, 2012).

＊17　スザンヌが私に電話をくれたのは、実際には私がマイアミの取材旅行から戻ってから1週間後のことだった。電話がきた時、私は家に向かって車を運転していたので、彼女と話すために駐車場に車を停めたのだった。だから、私はマイアミの摩天楼を目にしていたわけではないけれど、それについて考えていたことは間違いない。そして海面上昇についての知識があるにもかかわらず、狂ったように行われている沿岸部の開発についても。クリエイティブ・ノンフィクションの一環として行われる、パーソナルナレーションの凝縮についてもっと知るには、以下の重要な本を参照。John D'Agata and Jim Fingal, *The Lifespan of a Fact*（New York: W. W. Norton & Company, 2012）. 嵩上げされたさまざまな住宅の写真が見られる、スザンヌ・ラッティエーリの素晴らしいTumblrサイトは以下。http://post-line.tumblr.com/（現在はリンク切れ）

＊18　Jenny Staletovich, "Mayor: Shrinking South Florida Beaches Need Help," *Miami Herald*, July 9, 2015, http://www.miamiherald.com/news/local/environment/article26903749.html

＊19　Andres Viglucci, "The 100-Year Story of Miami Beach," Miami Herald, March 25, 2015, http://www.miamiherald.com/news/local/community/miami-dade/miami-beach/article15798998.html. マイアミビーチ開発についてもっと知るには、以下を参照。Wallace Kaufman and Orrin H. Pilkey Jr.'s *The Beaches Are Moving: The Drowning of America's Shoreline*, a prophetic little book published by Duke University Press in 1983.

＊20　沼沢地法についてもっと知るには、以下を参照。Ann Vileisis, *Discovering the Unknown Landscape: A History of America's Wetlands*（Washington, DC: Island Press, 2012）.

＊21　これについても、Ann Vileisis, Discovering the Unknown Landscapeが参考となる。以下も参照。Stephen S. Light and J. Walter Dineen, "Water Control in the Everglades: A Historical Perspective" in *Everglades: The Ecosystem and Its Restoration*, ed. Steven M. Davis and John C. Ogden（Boca Raton: St. Lucie Press, 1994）. 沼沢地法制定後の開発によって、土地がどれほどの変容を被ったかについては、出典に若干の違いが見られるけれども、同法がフロリダ州をどれほど変えたかについて、それぞれが独自の知見を提供している。

＊22　Susan Cerulean and Jono Miller, "The Everglades: An Ecology in Five Parts," in *The Book of the Everglades*, ed. Susan Cerulean（Minneapolis: Milkweed Editions, 2002）.

＊23　以下で引用されている。Michael Grunnwald, "A Requiem for Florida, the Paradise That Should Never Have Been," *Politico*, September 8, 2017, https://www.politico.com/magazine/story/2017/09/08/hurricane-irma-florida-215586

＊24　フロリダにおける柑橘類の生産については、フロリダ州柑橘類局およびフロリダ大学の研究結果を参照。Christa D. Court et al., "Economic Contributions of the Florida Citrus Industry in 2015–16," May 9, 2017, http://fred.ifas.ufl.edu/pdf/economic-impact-analysis/Economic_Impacts_of_the_Florida_Citrus_Industry_2015_16.pdf. リック・スコット州知事は自身のウェブサイトにおいて、タイムシェア法への署名を正当化するために、フロリダの観光産業を称えている。https://www.flgov.com/governor-scott-applauds-floridas-tourism-marketing-2/. 最後に、ブロワード郡はウェブサイトで、フロリダの老人が地域経済の刺激となっていると指摘している。http://www.adrcbroward.org/economicimpact.php

＊25　南フロリダの不動産市場に海面上昇が与える潜在的影響についての、以下の優れた分析をぜひ読んでほしい。Nathan Brooker, "Miami Beach: Property Market Braced for Change in Climate," *Financial Times*, January 4, 2017, https://www.ft.com/content/de73b604-c12b-11e6-81c2-f57d90f6741a

＊26　2000年以降のマイアミビーチにおける、洪水増加についてのきわめて正確かつ重要な研究で

ある、以下を参照。Shimon Wdowinski et al., "Increasing Flooding Hazard in Coastal Communities Due to Rising Sea Level: Case Study of Miami Beach, Florida," *Ocean & Coastal Management* 126 (June 2016), https://doi.org/10.1016/j.ocecoaman.2016.03.002

＊27　ジョナサン・コルムはこの現象についてのインタラクティブ作品を最近制作した。"A Sharp Increase in 'Sunny Day' Flooding," *New York Times*, September 3, 2016, https://www.nytimes.com/interactive/2016/09/04/science/global-warming-increases-nuisance-flooding.html

＊28　Robert A. Renken et al., "Impact of Anthropogenic Development on Coastal Ground-Water Hydrology in Southeastern Florida, 1900–2000," USGS, 2005, https://pubs.usgs.gov/circ/2005/circ1275/

＊29　マイアミ市による5億ドル規模の洪水対策については、以下のインタラクティブを参照。"Pump It," by Fusion Media Group, http://interactive.fusion.net/pumpit/. より技術的なものでは、マイアミビーチ市の"Stormwater Management Master Plan"を推奨する。CDM Smithが制作し、2012年に以下のURLで発表された。http://www.miamibeachfl.gov/city-hall/city-manager/master-plans/. 2015年におけるマイアミビーチの不動産価値は50億ドルに相当する、と『マイアミ・ヘラルド』紙は推定している。以下を参照。Joey Flechas, "Property Values Surge in Miami Beach with $1.1 Billion in New Construction," Miami Herald, June 3, 2016, http://www.miamiherald.com/news/local/community/miami-dade/miami-beach/article81419997.html.

＊30　「不平等マッピング」と名づけられたアーカイブで、赤線引きのために住宅所有者資金貸付会社が使用する多くのマップを閲覧できる。そこにはマイアミの地図も含まれている。以下のURLでリッチモンド大学がホストしている。https://dsl.richmond.edu/panorama/redlining/#loc=4/36.71/-96.93&opacity=0.8&text=intro

＊31　赤線引きが有色人種のコミュニティに与える影響についてもっと知るには、以下の衝撃的な論考を参照。Ta-Nehisi Coates, "The Case for Reparations," The Atlantic, June 2014, https://www.theatlantic.com/magazine/archive/2014/06/the-case-for-reparations/361631/

＊32　このテクストは、ウェンデル・ベリーが1988年に書いた「サバス・ポエム」第2篇、"II: It is the destruction of the world"の最初の三行である。以下で読むことができる。Wendell Berry, *This Day: Collected and New Sabbath Poems* (Berkeley: Counterpoint, 2013).

＊33　"The Pliocene Epoch," University of California Museum of Paleontology, http://www.ucmp.berkeley.edu/tertiary/pliocene.php

＊34　"The Last Time CO2 Was This High, Humans Didn't Exist," Climate Central, May 3, 2013, http://www.climatecentral.org/news/the-last-time-co2-was-this-high-humans-didnt-exist-15938

＊35　農耕がいつ開始したか、正確なところを言うのは難しい。多くの場合、定住生活の発達と結びつけて考えられている。早くも2万3000年前には、原始的農業が始まっていたかもしれない、と示唆する情報源もある。Ainit Snir et al., "The Origin of Cultivation and Proto-Weeds, Long before Neolithic Farming," *PLoS One* (July 22, 2015), https://doi.org/10.1371/journal.pone.0131422. 肥沃な三日月地帯で1万2000年前に農耕が開始した、という説の方がより広く受け入れられている。農耕の開始とメルトウォーターパルスの関連性についてもっと知るには、以下を参照。James C. Scott's *Against the Grain: A Deep History of the Earliest States* (New Haven: Yale University Press, 2017).

＊36　この数字は概算である。以下の論文は、豚の最初期の家畜化は、1万2000年前よりも前のことだった、と示唆している。Jean-Denis Vigne et al., "Pre-Neolithic Wild Boar Management and Introduction to Cyprus More Than 11,400 Years Ago", *PNAS* 106, no. 38 (September 2009), https://

doi.org/10.1073/pnas.0905015106

＊37　多くの場合種の絶滅は、地球全体で起こる前に「局所的に」起こる。およそ3万年前から5000年前までの、最後の氷河期から完新世への移行期に、数百の巨大哺乳類の種が消滅した。これはしばしば「第四期の大量絶滅」と呼ばれる。研究は、こうした絶滅を（メルトウォーターパルス1Aなどの）劇的な環境変化、ならびに人間の世界的な広がりに関連があるのではないか、としている。以下はこのトピックについての優れた概説となっている。Paul L. Koch and Anthony D. Barnosky, "Late Quaternary Extinctions: State of the Debate," *Annual Review of Ecology, Evolution, and Systematics* 37（2006）, https://doi.org/10.1146/annurev.ecolsys.34.011802.132415. 局所的絶滅の詳細に関心があれば、以下を読まれたい。S. David Webb, ed., *The First Floridians and Last Mastodons: The Page-Ladson Site in the Aucilla River*（Dordrecht, Netherlands: Springer, 2006）.

＊38　Katie Ford, "Flee," in *Colosseum*（Minneapolis: Graywolf Press, 2008）.

報いについて

＊1　この聞き書きは、2016年3月4日に行われたダン・キプニスの電話インタビューを書き起こしたものである。ダンはマイアミビーチ海洋・沿岸保護局の局長である。2017年の終わりに、再び彼と話す機会があった。その時点で、ダンはまだ家を売却していなかった。そして彼のブロックにある多くの家が売り出し中であり、市場が飽和し、引っ越しを難しくしていることに気づいていた。彼は何度か売却希望価格を下げ、沿岸の住宅市場が崩壊する前に売却することはできないのではないか、と恐れている。

＊2　ダン・キプニスは誇張しているのではない。以下を参照。"Income & Poverty in Miami-Dade County: 2013," Department of Regulatory & Economic Resources, Miami-Dade County, June 2015, https://www.miamidade.gov/business/library/reports/2013-income-poverty.pdf（現在はリンク切れ）

第二章　リゾーム

嵐について

＊1　2014年10月30日に行われたニコール・モンタルト（現在の姓はブオナマノ）のインタビューの聞き書き。ニコールが言及している記事（Fox Beach Fades to Green: After Superstorm Sandy, Staten Island Neighbors Give Their Homes to Nature）を私はアルジャジーラ・アメリカに寄稿した。彼女の家の写真が、記事のトップに置かれている。http://projects.aljazeera.com/2014/fox-beach/

占い棒

＊1　サンディがどれほど前代未聞であったかについてもっと知るには、以下を読むこと。Adam Sobel, *Storm Surge: Hurricane Sandy, Our Changing Climate, and Extreme Weather of the Past and Future*（New York: Harper Wave, 2014）.

＊2　買い取りの資金源は多様である。州政府および地域政府は、連邦政府から割り当てられた復興資金（地域開発総合補助金の形をとることが多い）を通常使用し、危険緩和助成プログラ

ムに参加する上でFEMAが要求する25パーセントのマッチを提供する。復興戦略の歴史についてより深く知るための概要には、以下がある。Robert Freudenberg et al., "Buy-In for Buyouts: The Case for Managed Retreat from Flood Zones," Lincoln Institute of Land Policy, 2016, https://www.lincolninst.edu/sites/default/files/pubfiles/buy-in-for-buyouts-full.pdf. もっと具体的にスタテンアイランドの資金については、サンディの影響を受けた住宅を買い取りおよび解体するため、クオモ知事が2013年2月に用意した。Thomas Kaplan, "Cuomo Seeking Home Buyouts in Flood Zones," *New York Times*, February 3, 2013, http://www.nytimes.com/2013/02/04/nyregion/cuomo-seeking-home-buyouts-inflood-zones.html. 当初のオークウッドビーチ の「買取区域」は、のちにオーシャンブリーズやグラハムビーチまで広げられることになる。

＊3 "Chapter Fifteen: East and South Shores of Staten Island," in *A Stronger, More Resilient New York*, New York City Special Initiative for Rebuilding and Resiliency, June 2013, http://www.nyc.gov/html/sirr/html/report/report.shtml. 以 下 も 参 照。Makan A. Karegar, Timothy H. Dixon, and Simon E.Engelhart, "Subsidence along the Atlantic Coast of North America: Insights from GPS and Late Holocene Relative Sea Level Data," *Geophysical Research Letters* 43, no. 7 (April 2016), https://doi.org/10.1002/2016GL068015

＊4 ニューヨーク市の生態系についての背景情報のほとんどは、以下から得られている。Ted Steinberg, *Gotham Unbound: The Ecological History of Greater New York* (New York: Simon & Schuster, 2015).

＊5 Plan NYC, "New York City's Wetlands Strategy, " Mayor's Office of Long-Term Planning and Sustainability, May 2012, http://www.nyc.gov/html/planyc2030/downloads/pdf/nyc_wetlands_strategy.pdf

＊6 この地域の工業化以前の生態系については、以下の優れた著作を参照。Eric W. Sanderson, *Mannahatta: A Natural History of New York City* (New York: Abrams, 2009). ニューヨーク地域計画協会は、ニューヨーク市から失われた湿地を示す、湿地に特化したインタラクティブマップ、The Region's Coastal Wetlands: Past to Presentを作成した。以下からアクセス可能。https://rpany.maps.arcgis.com/apps/StorytellingSwipe/index.html?appid=bf6bdccb1af345ad99c4d01b9c2629ac. スタテンアイランドの湿地についてもっと知るには、注20を参照。

＊7 Thomas E. Dahl and Gregory J. Allord, "History of Wetlands in the Conterminous United States," *National Water Summary on Wetland Resources*, United States Geological Survey, March 1997, https://water.usgs.gov/nwsum/WSP2425/history.html

＊8 この情報は二つの別々の対話によってもたらされた。一つは2014年9月18日のテッド・スタインバーグとの対話。もう一つは2014年9月16日のニューヨーク大学パブリック・ナレッジ研究所長、エリック・クリネンバーグとのものである。

＊9 Michael Taussig, *My Cocaine Museum*, (Chicago: University of Chicago Press, 2004) には、沼地の文化史についての章がいくつかある。

＊10 本章の情報源となっているのは、撤退についてのリズ・コスロフによる優れた仕事である。ぜひ彼女の論考を読んでもらいたい。Liz Koslov "The Case for Retreat," Public Culture 28, no. 2 (2016), https://doi.org/10.12.15/08992363-3427487. シカゴ大学出版局から出る予定のリズの近刊、*Retreat: Moving to Higher Ground in a Climate-Changed City*も紹介に値する意欲作である。

＊11 John Rudolf et al., "Hurricane Sandy Damage Amplified by Breakneck Development of Coast," *Huffington Post*, November 2012, https://www. huffingtonpost.com/2012/11/12/hurricane-sandy-damage_n_2114525.html (現在はリンク切れ)

＊12　ここで問題となっている法律は、ニューヨーク州の「潮汐湿地法」であり、同法は1972年に制定された連邦の「水質浄化法（Clean Water Act）」に基づいている。この二つについてもっと知るには、以下を参照。“New York City's Wetlands: Regulatory Gaps and Other Threats,” Plan NYC, 2009, http://www.nyc.gov/html/om/pdf/2009/pr050-09.pdf

＊13　この情報はアラン・ベニモフとの会話から得られたものであり、1888年にUSGSによって作成された、スタテンアイランドの広大な湿地を示している以下の驚くべき地図も裏付けとなっている。“Staten Island, Survey of 1888–89 and 1897, Ed. of 1900, Repr. 1908,” https://digitalcollections.nypl.org/items/ba0dabff-e7b5-ecfc-e040-e00a18061295

＊14　Matthew Schuerman, “Deadly Topography: The Staten Island Neighborhood Where Eleven Died during Sandy,” WNYC, February 25, 2013, https://www.wnyc.org/story/271288-tricked-topography-how-staten-island-neighborhood-became-so-dangerous-during-sandy/

＊15　Matthew L. Kirwan, “Tidal Wetland Stability in the Face of Human Impacts and Sea-Level Rise,” *Nature* 504, no. 7478 (December 5, 2013), https://doi.org/10.1038/nature12856

＊16　Umberto Quattrocchi, “*Spartina Shreber,*” *CRC World Dictionary of Grasses: Common Names, Scientific Names, Eponyms, Synonyms and Entomology* (Boca Raton: Taylor & Francis, 2006).

＊17　Cristian Violatti, “Greek Mathematics,” *Ancient History Encyclopedia*, https://www.ancient.eu/article/606/greek-mathematics/

＊18　“The Red Rope,” British Museum, http://www.ancientgreece.co.uk/athens/challenge/cha_set.html

＊19　Hans Michael Schellenberg, “Catapult,” in *Conflict in Ancient Greece and Rome: The Definitive Political, Social, and Military Encyclopedia*, ed. Sara E. Phang et al. (Santa Barbara: ABC-CLIO, 2016).

＊20　ここでも私は、Evelyn B. Sherrの*Marsh Mud and Mummichogs*に多くを負っている。

＊21　海面上昇と泥炭崩壊を結びつける現在進行中の研究についてもっと知るには、フロリダ国際大学でティファニー・トロクスラーが行っている研究を参照。中でも以下が重要である。Lisa G. Chambers, Stephen Davis, and Tiffany G. Troxler, “Sea Level Rise in the Everglades: Plant-Soil-Microbial Feedbacks in Response to Changing Physical Conditions,” in *Microbiology of the Everglades Ecosystem*, ed. James A. Entry et al. (Boca Raton: CRC Press, 2015).

＊22　Cheol Seong Jang et al., “Functional Classification, Genomic Organization, Putatively Cis-Acting Regulatory Elements, and Relationship to Quantitative Trait Loci, of Sorghum Genes with Rhizome-Enriched Expression,” *Plant Physiology* 142, no. 3 (November 2006), https://doi.org/10.1104/pp.106.082891.

弱さについて

＊1　この聞き書きは、2016年8月20日ならびに2017年1月25日の2度にわたって行われた、マリリン・ウィギンスのインタビューを書き起こしたものである（1度目は直接インタビュー、2度目は電話インタビュー）。

＊2　下水処理場と蚊駆除施設がコミュニティにもたらした影響については、以下を参照。Jim Little, “Opening Delayed for Pensacola's Corinne Jones Park,” *Pensacola News Journal*, May 10, 2017, http://www.pnj.com/story/news/2017/05/10/opening-delayed-pensacolas-corinne-jones-park/101483940/

リスク

＊1　本章に登場するすべての人物は全員、さまざまな理由で別名に変えられている。アルヴィン・ターナーとゾーイについては、内密に打ち明けてくれた人物の身元を保護するためである。ロバート・ブラウンについては、私が発見できなかった人物の身元を保護するためである。サミュエルについては、法的責任が発生する可能性を回避するため、そうするよう出版社が勧めてくれた。

＊2　本章の歴史的情報には出典が2つある。"A History of the Pensacola Police Department," compiled by Sergeant Michael Simmons, available at http://www.cityofpensacola.com/947/History-of-the-Pensacola-Police-Departme ならびに Scott Satterwhite, "On the Pensacola Waterfront," *Pensacola Independent News*, August 2, 2007, http://inweekly.net/article.asp?artID=5023（現在はリンク切れ）

＊3　Russell Burdge and Brandon Tidwell, "Bruce Beach（Pensacola, FL）Restoring Community and Habitat along the Historic City of Pensacola's Bayfront"（poster, Restore America's Estuaries National Conference and Expo, Tampa, FL, October 20–24, 2012）ならびに地図製作者、Joseph Purcellによる以下の地図も参照。*A Plan of Pensacola and Its Environs in Its Present State, from an Actual Survey in 1778*, 51 x 72 cm, Library of Congress, https://www.loc.gov/item/73691620/. そして最後に、タンヤードで活動していた企業についての情報は、以下を参照。Lawrence S. Rowland, Alexander Moore, and George C. Rogers Jr., *The History of Beaufort County, South Carolina: Vol. 1, 1514–1861*（Columbia: University of South Carolina Press, 1996）.

＊4　Felicity Barringer and Andrew C. Revkin, "HURRICANE IVAN: THE OVERVIEW; Hurricane's Fury Kills 23 Along Gulf," *New York Times*, September 17, 2004, https://query.nytimes.com/gst/fullpage.html?res=9E0DE3D61639F934A2575AC0A9629C8B63&sec=&spon=&pagewanted=1

＊5　Rod Giblett, *Postmodern Wetlands: Culture, History, Ecology* (Edinburgh: Edinburgh University Press, 1996). Lawrence N. Powell, *The Accidental City: Improvising New Orleans* (Cambridge: Harvard University Press, 2012) も参照。

＊6　William Byrd, quoted in Rod Giblett, *Postmodern Wetlands.*

＊7　この章はレベッカ・エリオットの仕事に多くを負っている。私たちは電話やEメールで多くの対話を重ねた。また、以下の彼女の優れた論考を参照。Rebecca Elliott, "Who Pays for the Next Wave? The American Welfare State and Responsibility for Flood Risk," *Politics & Society* 45, no. 3（September 2017）, https://doi.org/10.1177/0032329217714785

＊8　Stuart Mathewson et al., "The National Flood Insurance Program: Past, Present . . . and Future?," American Academy of Actuaries, 2011, https://www.actuary.org/pdf/casualty/AcademyFloodInsurance_Monograph_110715.pdf

＊9　この数字は、比較の起点として、全米洪水保険制度創設の8年前となる、1960年の氾濫原にある住宅の推定数を用いている。Caroline Peri, Stephanie Rosoff, and Jessica Yager, "Population in the U.S. Floodplains," NYU Furman Center, December 2017, https://furmancenter.org/files/Floodplain_PopulationBrief_12DEC2017.pdf

＊10　Caroline Peri, Stephanie Rosoff, and Jessica Yager, "Population in the U.S. Floodplains." 以下にも注意。貧困線以下の生活を送る人々の割合は、全国平均と氾濫原において同じであり、15パーセントとなっている。

＊11　嵐が発生する可能性が高まるにつれ、「100年に1度の氾濫原」という用語の使用を控えるこ

とを推進している。誤った安心感を植え付ける可能性がある、というものが推進者の論である。現在「100年に1度の氾濫原」（現在は「特別洪水危険地域」と呼ばれることが多い）内に住んでいる人々は、統計的に、70年に1度洪水にあうことが想定されており、事象の間隔は近い将来にますます狭まることが想定されている。換言するとこういうことになる。35年ローンを組んでいる場合、ローン返済中に不動産が洪水にあう可能性は26パーセントとなるのだ。

＊12　Brooke Jarvis, "When Rising Seas Transform Risk Into Certainty," *New York Times*, April 18, 2017, https://www.nytimes.com/2017/04/18/magazine/when-rising-seas-transform-risk-into-certainty.html

＊13　この部分は、以下の作品を反復している。Jamaal May's always-gutting poem "Ode to the White-Line-Swallowing Horizon," in *The Big Book of Exit Strategies*（Farmington, ME: Alice James Books, 2016）

＊14　この部分における引用は、すべて以下より。Leslie Jamison, "*The Empathy Exams,*" in The Empathy Exams（Minneapolis: Graywolf Press, 2014）.

＊15　Ginger M. Allen and Martin B. Main, "Florida's Geological History," Publication WEC189, Wildlife Ecology and Conservation Department, University of Florida, April 2005, http://edis.ifas.ufl.edu/uw208

＊16　私の背中にタトゥーされたこの詩行は、E・E・カミングスの三冊目の詩集、*is 5*（New York: Liveright, 1926）に収録された"since feeling is first"からのものである。

＊17　このトピックについては、再びレベッカ・エリオットの仕事を参照すること。ならびに以下を参照。Rachel Cleetus, "Overwhelming Risk: Rethinking Flood Insurance in a World of Rising Seas," Union of Concerned Scientists, August 2013, https://www.ucsus.org/global_warming/science_and_impacts/impacts/flood-insurance-sea-level-rise.html#.WocogJO7-qQ.（現在はリンク切れ）

＊18　この点については、ハービーについての以下の論考に負っている。Jason Samenow and Matthew Cappucci, "Rains from Harvey Obliterate Records, Flood Disaster to Expand," Washington Post, August 28, 2017, https://www.washingtonpost.com/news/capital-weather-gang/wp/2017/08/28/rains-from-harvey-obliterate-records-flood-disaster-to-expand/?utm_term=.3f219934e70f および"FEMA Expects More Than 450,000 Harvey Disaster Victims to File for Assistance," CNBC, August 28, 2017, https://www.cnbc.com/2017/08/28/femaexpects-more-than-450000-harvey-disaster-victims-to-file-for-assistance.html（現在はリンク切れ）

＊19　この数字の出典は、ハリス郡洪水制御区域（https://www.hcfcd.org/hurricane-harvey/）。米本土におけるハービーにともなう総降水量は、『ワシントン・ポスト』紙によると33兆ガロンに迫った。同紙は、33兆ガロンの水というのがどんなものかを示す興味深いグラフィックも作成している。以下で見ることが可能。Angela Fritz and Jason Samenow, "Harvey Unloaded 33 Trillion Gallons of Water in the U.S.," Washington Post, September 2, 2017, https://www.washingtonpost.com/news/capital-weather-gang/wp/2017/08/30/harvey-has-unloaded-24

＊20　Michael Thrasher, "The Private Flood Insurance Market Is Stirring after More Than 50 Years of Dormancy," *Forbes*, August 26, 2016, https://www.forbes.com/sites/michaelthrasher/2016/08/26/the-private-flood-insurancemarket-is-stirring-after-more-than-50-years-of-dormancy/#4c2794736dda（現在はリンク切れ）

＊21　Matthew J. Clavin, Aiming for Pensacola: Fugitive Slaves on the Atlantic and Southern Frontiers（Cambridge: Harvard University Press, 2015）.

＊22　Jane Landers, *Black Society in Spanish Florida*（Champaign: University of Illinois Press, 1999）.

＊23　"Preservation District Guidelines & Recommendations: Pensacola, Florida," University of West Florida Historic Trust, 2014, http://www.cityofpensacola.com/AgendaCenter/ViewFile/Agenda/07062015-936

＊24　2016年8月の間、メキシコ湾岸には大量の雨が降り注いだ。この情報は、アルヴィンの居間で行われた会話の際のノートに由来している。しかし、24時間以内の推定降水量は若干誇張されていると思われる。バトンルージュから32キロメートル離れているルイジアナ州、ワトソンでは、1日に79センチメートルの雨が降った。Tom Di Liberto, "August 2016 Extreme Rain and Floods along the Gulf Coast," Climate.gov, August 19, 2016, https://www.climate.gov/news-features/event-tracker/august-2016-extreme-rain-and-floods-along-gulf-coast

＊25　Bill Cotterell, "U.S. Gulf Coast Hit by Flooding after Twenty-Four Hours Non-stop Rain," *Reuters*, April 29, 2014, https://www.reuters.com/article/us-usa-tornado-weather/u-s-gulf-coast-hit-by-flooding-after-24-hours-non-stop-rain-idUSBREA3R08320140430.

＊26　Molly Wallace, *Risk Criticism: Precautionary Reading in an Age of Environmental Uncertainty*（Ann Arbor: University of Michigan Press, 2016）は、異なる種類のリスクが、どのようにして20世紀初頭以降の世界の文学的表象を形成してきたか、についての優れた入門書となっている。

＊27　Merriam-Webster, s.v. "risk," 2018年2月16日アクセス。https://www.merriam-webster.com/dictionary/risk

＊28　Rebecca Elliott, "Who Pays for the Next Wave? The American Welfare State and Responsibility for Flood Risk".

＊29　Skye Gould and Jonathan Garber, "Mapped: The 10 Costliest Hurricanes in US History," *Business Insider*, September 8, 2017, http://www.businessinsider.com/hurricane-irma-costliest-hurricanesus-history-map-2017-9

＊30　Jia Tolentino, "How Men Like Harvey Weinstein Implicate Their Victims in Their Acts," *New Yorker*, October 11, 2017, https://www.newyorker.com/culture/jia-tolentino/how-men-like-harvey-weinstein-implicatetheir-victims-in-their-acts. 本パラグラフ後半も、トレンティーノの文章に基づいて構成されている。

＊31　ドナルド・トランプと『アクセス・ハリウッド』〔NBCの芸能ニュース番組〕のビリー・ブッシュの会話全文を読むには、以下を参照。"Transcript: Donald Trump's Taped Comments About Women," *New York Times*, October 8, 2016, https://www.nytimes.com/2016/10/08/us/donald-trump-tape-transcript.html

＊32　Susan Sontag, *AIDS and Its Metaphors*（New York: Farrar, Straus and Giroux, 1989）.

＊33　James Baldwin, *The Devil Finds Work*（New York: Vintage, 1976）.

＊34　Eileen Patten, "Racial, Gender Wage Gaps Persist in the U.S. despite Some Progress," Pew Research Center, July 1, 2016, http://www.pewresearch.org/fact-tank/2016/07/01/racial-gender-wage-gaps-persist-in-u-s-despitesome-progress/

＊35　Marilyn Montgomery, "Affordability of Flood Insurance in Pensacola, Florida," prepared for the Florida Department of Emergency Management, Escambia County, and City of Pensacola. この研究は、AEゾーン内にある住宅の30パーセントが、全米洪水保険制度が提供する、リスクベースの洪水保険に手が届かないことを示している。AEゾーンとは、住宅が洪水にあう可能性が高いが、波動活動の影響はあまり受けない地区のことであり、タンヤードの大部分が該当する。さらに、追加の高潮対策が必要とされる地域に住宅がある場合は、保険料の支払いが行えない世帯の割合は58パーセントまで上がる。

＊36　この情報は、コーラルストリップパークウェイに住むカップルのインタビューから得られたものである。彼らは最近、大がかりな住宅嵩上げを行ったばかりであった。インタビューは

対面および電話で2度、2016年8月23日および同年9月14日に行われた。

＊37　この文章には、ケイティ・フォードの詩、「逃走（Flee）」がこだましている。彼女のColosseumは、ハリケーン・カトリーナと被災後のニューオリンズについての叙情的な記述となっており、必読である。

＊38　本章の読後に、安全の終焉した時代を私たちが生きていることを私に思い出させてくれた、ジェーン・コストローに感謝する。

＊39　ames Baldwin, "Words of a Native Son," in *Collected Essays* (New York: Library of America, 1998).

機会について

＊1　2016年8月23日にジャン・チャールズ島で行われたクリス・ブルネットの直接インタビューの聞き書き。

さよなら、湾に映る雲

＊1　本章は、2016年8月に行われた2度目の調査旅行の成果であり、ベイツ大学教員開発基金から一部支援を受けた。

＊2　同基金についてもっと知るには、住宅都市開発省の情報交流ウェブサイト、特に「災害レジリエンス」のエントリーを参照。https://www.hudexchange.info/programs/cdbg-dr/resilient-recovery/

＊3　移住に参加するよう求められるのが厳密に誰であるのか、という点は、今でも激しく争われている。

＊4　この講演会は、ハッポルド財団主催で、2017年4月5日にニュースクールで開かれた。タイトルは「再建か移住か：気候変動への応答方法（Rebuilding or Relocating: How to Respond to Climate Change）」である。

第三章　海面上昇

点と点をつなぐ

＊1　アカフトオハチドリについての事実は、ハチドリを扱っているウェブサイトからかき集められている。それには全米オーデュボン協会（http://www.audubon.org/field-guide/bird/rufous-hummingbird）、合衆国魚類野生生物局（https://www.fws.gov/pollinators/Features/Rufous.html）、アリゾナ＝ソノラ砂漠博物館（https://www.desertmuseum.org/pollination/）が含まれる。

＊2　近年ますます多くのアカフトオハチドリがアメリカの南部で見られるようになっており、フロリダのような東の果てでも確認されている。50年前にはめったに見られない現象であった。アカフトオハチドリがつねにこのあたりで越冬していたか、あるいは越冬地が変化しているのか、それははっきりしていない。もっと詳しく知るには、コーネル大学鳥類学研究所、とりわけ「北米の鳥」に収録されている "Rufous Hummingbird" by William Calderを参照。オンラインで読める。https://birdsna.org/SpeciesAccount/bna/species/rufhum/introduction. 鳥の越冬地および移動ルートの変化についての、以下の詳しい研究も参照。Geoffrey E. Hill, Robert R. Sargent,

and Martha B. Sargent, "Recent Change in the Winter Distribution of Rufous Hummingbirds," The Auk 115, no. 1 (January 1998), https://doi.org/10.2307/4089135

＊3　この数字は、ジャン・チャールズ島とH・J・アンドリューズ実験林の間を自転車で往復する距離（8091キロメートル）から計算された。なぜならアカフトオハチドリの飛翔ルートは直線ではないように思われるからである。メキシコにあるもっとも南に位置する越冬地と、アラスカにあるもっとも北に位置する繁殖地の間、片道6437キロメートルを移動するアカフトオハチドリもいる。以下を参照。"Rufous Hummingbird and Spring Migration," Journey North, https://www.learner.org/jnorth/tm/humm/sl/17/article.html（現在はリンク切れ）

＊4　この数字は、ジャン・チャールズ島とH・J・アンドリューズ実験林の間を 往復する距離（上記の通り8091キロメートル）から計算された。それをフィートに換算し（26547840フィート）、KINGSOの1000ヤード（3000フィート）の糸巻きで割った。

＊5　本プログラムの最初の10年のあとをたどる、エッセイ集は必読である。*Forest Under Story: Creative Inquiry in an Old-Growth Forest*, ed. Nathaniel Brodie, Charles Goodrich, and Frederick J. Swanson (Seattle: University of Washington Press, 2016).

＊6　同研究についての情報の多くは、サラ・フレイおよび彼女の研究者たちとフィールドで過ごした時間、および以下のサラの論文から集められた。"Microclimate Predicts Within-Season Distribution Dynamics of Montane Forest Birds," *Diversity and Distributions* 22, no. 9 (September 2016), https://doi.org/10.1111/ddi.12456

＊7　"Climate Endangered: Rufous Hummingbird," The Climate Report, Audubon Society, http://climate.audubon.org/birds/rufhum/rufous-hummingbird. 多くのアカフトオハチドリが赤道近辺の熱帯地方、特にメキシコの低木地で冬を過ごすが、この研究は米国に限定されている。以下も参照。Andrew Lawler, "Rufous Hummingbirds Turning Up in Unusual Places," *Audubon* (March–April 2010), http://www.audubon.org/magazine/march-april-2010/rufous-hummingbirds-turning-unusual-places

＊8　William Calder, "Rufous and Broadtailed Hummingbirds: Pollination, Migration, and Population Biology," in *Conserving Migratory Pollinators and Nectar Corridors in Western North America*, ed. Gary Paul Nabhan (Tucson: University of Arizona Press, 2004).

＊9　Robert M. Wilson, *Seeking Refuge: Birds and Landscapes of the Pacific Flyway* (Seattle: University of Washington Press, 2010).

＊10　"State of North America's Birds 2016," North American Bird Conservation Initiative, 2016, http://www.stateofthebirds.org/2016/

＊11　アカフトオハチドリの個体数は着実に減少している。北米繁殖鳥調査によると、1966年以降アカフトオハチドリの数は62パーセント減少している。けれども絶滅危惧種には登録されていない。

＊12　このパラグラフでの思考は、以下の力強いエッセイに多くを負っている。Srinivas Aravamudan, "The Catachronism of Climate Change" in the special climate change edition of *diacritics* (2013), https://doi.org/10.1353/dia.2013.0019

＊13　この情報、および本章に収められている太平洋岸北西部に生育する植物についてのほぼすべての情報は、以下の適切な書名を持つ、優れた案内書から得られている。Jim Pojar and Andy MacKinnon, *Plants of Coastal British Columbia including Washington, Oregon & Alaska* (Vancouver: Lone Pine Publishing, 2005). この地域では、カルト的な地位を確立している古典である。

＊14　この発想は、アニー・ディラードのピューリッツァー賞受賞作、『ティンカー・クリークのほ

とりで』（金坂留美子、くぼたのぞみ・訳）めるくまーる、1991年から得られている。

＊15　後期白亜紀における海面の高さの推定値は、現在よりも40メートルから250メートル以上の高さと幅がある。私は以下の著作で推定されている平均値を採用することを決定した。R. Dietmar Müller et al. “Long-Term Sea-Level Fluctuations Driven by Ocean Basin Dynamics,” *Science* 319, no. 5868（March 2008）, http://www.jstor.org/stable/20053529

＊16　この概算は、以下を出典としている。*Encyclopedia Britannica Online*, s.v. “Cretaceous Period,” accessed March 21, 2018, https://www.britannica.com/science/Cretaceous-Period

＊17　相互依存としての科学的観察という発想については、ロビン・ウォール・キマラーによる思慮に富み必要性の高い著作において、かなりの紙数が割かれている。『植物と叡智の守り人』（三木直子・訳）、築地書館、2018年。

＊18　「注意を払うこと」についての思索は、ローラ・シューワルとの数多くの対話から得られたものである。

＊19　この発想は、以下のトマス・ベリーの著作（トーマス・クラークとの共著）においてさらに追求されている。*Befriending the Earth: A Theology of Reconciliation between Humans and the Earth*（Mystic, CT: Twenty-Third Publications, 1991）.

＊20　この統計値は、以下から得られている。“Basic Facts about Northern Spotted Owls,” Defenders of Wildlife, https://defenders.org/northern-spotted-owl/basic-facts. アンドリューズにいることが知られているつがいの数は、同地を本拠とするニシアメリカフクロウ研究チームの主任、スティーブ・アッカーズとの会話から得られた。

＊21　アンドリューズの歴史についての情報は、2016年5月30日に行われたオレゴン州立大学森林生態系・社会学科教授フレデリック・H・スワンソンとの対話、および*Forest Under Story*（前掲）から得られている。

＊22　木材産業は1980年代中頃からの不況によって衰退していたことに注意が必要である。この命令による老齢樹林の伐採禁止によって、木材関連の雇用が短期間落ち込んだことは確かであるが、全体的な低下率は同年の終わりには正常化することになる。以下を参照。Josh Lehner, “Historical Look at Oregon's Wood Product Industry,” Oregon Office of Economic Analysis, January 23, 2012, https://oregoneconomicanalysis.com/2012/01/23/historical-look-at-oregons-wood-product-industry/

＊23　オレゴン州の野外レクリエーション産業についてもっと知るには、以下を参照。“Oregon,” Outdoor Industry Association, 2017, https://outdoorindustry.org/wpcontent/uploads/2017/07/OIA_RecEcoState_OR.pdf

＊24　Ken Rait, “The Economic Value of ‘Quiet Recreation’ on BLM Lands,” Pew Charitable Trusts, March 31, 2016, http://www.pewtrusts.org/en/research-and-analysis/analysis/2016/03/31/theeconomic-value-of-quiet-recreation-on-blm-lands. 以下の報告書も参照。“West Is Best: How Public Lands in the West Create a Competitive Economic Advantage,” Headwaters Economics, December 2012, https://headwaterseconomics.org/economic-development/trends-performance/west-is-best-value-of-public-lands/

＊25　この保全戦略についてもっと知るには、以下を参照。Mark G. Anderson and Charles E. Ferree, “Conserving the Stage: Climate Change and the Geophysical Underpinnings of Species Diversity,” *PLoS ONE* 5, no. 7（July 14, 2010）, https://doi.org/10.1371/journal.pone.0011554

＊26　Jim Robbins, “Resilience: A New Conservation Strategy for a Warmer World,” *Yale Environment* 360（July 13, 2015）, http://e360.yale.edu/features/resilience_a_new_conservation_strategy_for_a_warming_world

＊27 Sara Reardon, "In Warming World, Critters Run to the Hills," *Science*, August 18, 2011, http://www.sciencemag.org/news/2011/08/warming-world-critters-run-hills

＊28 Pseudotsuga menziesii（和名ベイマツ）についてもっと知るには、以下を参照。Richard K. Hermann and Denis P. Lavender, "Douglas-Fir," US Forest Service, https://www.srs.fs.usda.gov/pubs/misc/ag_654/volume_1/pseudotsuga/menziesii.htm（現在はリンク切れ）

＊29 「パスワード」における絶滅危惧種と湿地への依存についての注も参照。また、サウスベイ塩田再生プロジェクトによる「ファクトシート」も参照。http://www.southbayrestoration.org/Fact%20Sheets/FS2.html. 以下も参照。S. L. Pimm et al., "The Biodiversity of Species and Their Rates of Extinction, Distribution, and Protection," *Science* 344, no. 6187（May 2014）, https://doi.org/10.1126/science.1246752

回復について

＊1 2017年4月18日にアルビソのタコ・デル・オロで行われたリチャード・サントスの直接インタビュー、ならびに2017年9月12日に行われた電話インタビューの聞き書き。

振り返る、そして前を向く

＊1 ベイエリアの歴史的情報のほとんどは、正確で、徹底的に調査された、すぐれた洞察に満ちた以下の本から得られている。Matthew Booker, *Down by the Bay: San Francisco's History between the Tides*（Berkeley: University of California Press, 2013）. 本書で私が取り上げたすべての地域について、もしマチューが同様の調査を行っていれば、私の仕事は10倍ないしは100倍楽になっていただろう。私は本章で彼の仕事に大変多くを負っている。

＊2 サウスベイ塩田再生プロジェクトのウェブサイトを参照。http://www.southbayrestoration.org/Project_Description.html（現在はリンク切れ）

＊3 この画期的な投票法案についてもっと知るには、以下を参照。John Upton, "Bay Area Voters Approve Tax to Fix Marshes As Seas Rise," Climate Central, June 8, 2016, http://www.climatecentral.org/news/bayarea-voters-approve-tax-fix-marshes-seas-rise-20420. また、Ballotpedia内における同法案のオンラインエントリーも参照。https://ballotpedia.org/San_Francisco_Bay_Restoration_Authority_%E2%80%9CClean_and_Healthy_Bay%E2%80%9D_Parcel_Tax,_Measure_AA_（June_2016）.

＊4 このセクションは、以下の二つを出典としており、前者は包括的、後者は没入型である。Marc Reisner, *Cadillac Desert: The American West and Its Disappearing Desert*（New York: Penguin, 1986）およびDavid Owen, "Where the River Runs Dry," New Yorker, May 25, 2015, https://www.newyorker.com/magazine/2015/05/25/the-disappearing-river

＊5 Matthew Booker, *Down by the Bay.*

＊6 Chuck Striplen, "Indigenous Tribes and Languages of the San Francisco Bay Area," pamphlet, *Fisher Bay Observatory Essays/San Francisco Exploratorium*, March 21, 2016. 以下でこのエッセイの補足となっている地図を見ることができる。http://www.sfei.org/news/native-languages-map-bay-exploratorium#sthash.PEe2AM78.dpbs

＊7 Matthew Booker, *Down by the Bay.*

＊8 Ibid.

＊9 *Infinite City*: A San Francisco Atlas, ed. Rebecca Solnit（Berkeley: University of California Press, 2010）に収録されている地図、“Once and Future Waters”の地図製作者であるベン・ピースに感謝する。同書に収録されているすべての地図をぜひ参照してほしい。そのうちの一つは、のちに私が言及するエッセイ、“The Names before the Names.”の補足となっている。

＊10 『ナショナルジオグラフィック』が2015年に発表した、よくできたインフォグラフィックを参照。“Which California Crops Are Worth Their Weight in Water?”：https://news.nationalgeographic.com/2015/05/150508-which-california-exports-cropsare-worth-the-water/

＊11 報告書全文は1000ページを超えるものとなっている。タイトルは“South San Francisco Shoreline Study Final Integrated Interim Feasibility Study and Environmental Impact Statement/Environmental Impact Report”. 以下で全文を読むことができる。http://www.spn.usace.army.mil/Portals/68/docs/FOIA%20Hot%20Topic%20Docs/SSF%20Bay%20Shoreline%20Study/Final%20Shoreline%20Main%20Report.pdf

＊12 人類初の月旅行の準備をしたアポロ11号の宇宙飛行士の訓練については、YouTubeに数多くのドキュメンタリーが存在している。以下も参照。Mark Wolverton, “The G Machine,” *Air & Space*, May 2007, https://www.airspacemag.com/history-of-flight/the-g-machine-16799374/ および“Fact Sheets: NASA Langley Research Center's Contributions to the Apollo Program,” https://www.nasa.gov/centers/langley/news/factsheets/Apollo.html

＊13 この情報はMatthew Booker, *Down by the Bay*および*Infinite City*（前掲）に収録されているLisa Conradのエッセイ、“The Names before the Names”から得られている。

＊14 この背景情報のほとんどは、スーザン・シュワルツェンベルグから得られた。また、私が追加したわずかな情報は、イアン・フラトーによるK・C・コールのインタビューから得られている。コールは、著名なオッペンハイマー兄弟の弟の方の伝記作者である。*Something Incredibly Wonderful Happens: Frank Oppenheimer and the World He Made Up*（New York: Houghton Mifflin Harcourt, 2009. コールのインタビューはこちらで読める。“Exploratorium Founder Profiled in New Book,” National Public Radio, August 7, 2009, https://www.npr.org/templates/story/story.php?storyId=111658432

＊15 ジョセフ・マッカーシーの栄枯盛衰について手っ取り早く知るには、「ヒストリーチャンネル」による紹介がある。“*Joseph McCarthy*,” 2009, https://www.history.com/topics/cold-war/joseph-mccarthy. もっと詳しく知りたければ、近年上院が、陸軍・マッカーシー公聴会の転写をオンラインで公開している（全部で3000ページほど）。https://www.senate.gov/artandhistory/history/common/generic/McCarthy_Transcripts.htm

＊16 米国太平洋岸沿いの歴史的な海面上昇について詳しく知るには、米国学術研究会議の報告書を参照。“Sea-Level Rise for the Coasts of California, Oregon, and Washington: Past, Present, and Future,” 2012, https://www.nap.edu/read/13389/chapter/3#14

＊17 たとえば、米国学術研究会議、カリフォルニア・オレゴン・ワシントン州海面上昇委員会の2012年の報告書“Sea-Level Rise for the Coasts of California, Oregon, and Washington: Past, Present, and Future,”を、2017年に発表されたフォローアップと比較してみよう。また、海面上昇速度についての以下の新しい研究を参照。同研究は観察データに依拠しており、2100年までの予測総上昇は2倍となる、と示唆している。R. S. Nerem et al., “Climate-Change-Driven Accelerated Sea Level Rise Detected in the Altimeter Era”.

＊18 この箇所の情報の多くは、以下から得られている。Richard Rhodes, “The Atomic Bomb and Its

Consequences" (lecture, Hanford Site, Washington), reprinted in James Conca, "Why Did We Make the Atomic Bomb?," Forbes, December 7, 2013, https://www.forbes.com/sites/jamesconca/2013/12/07/why-did-we-make-the-atomic-bomb/#760442bd6e90. それ以外の情報は、ロスアラモスにおける死者数を挙げた一次資料から得られており、それは以下で読むことができる。*Los Alamos Project Y, Book II: Army Organization, Administration, and Operation*, copy in *Manhattan Project: Official History and Documents* [microform] (Washington, DC: University Publications of America, 1977), reel 12. 以下も参照。Alex Wellerstein, "The Demon Core and the Strange Death of Louis Slotin," *New Yorker*, May 21, 2016, https://www.newyorker.com/tech/elements/demon-core-the-strangedeath-of-louis-slotin. 核弾頭製造過程で雇用されたさまざまな人々の驚くべき名簿については、アトミックヘリテージ財団のウェブサイトを参照。https://www.atomicheritage.org/

＊19　この所感は以下の人物によって共有されていた。サンフランシスコ湾保全および開発委員会の元エグゼクティブ・ディレクター、ウィル・トラビスは2017年4月19日にバークレーのスターバックスで行われたインタビューで語った。サンマテオ郡第一区の行政官、デイブ・パインならびに彼のスタッフは、2017年4月18日に行われた郡役所での正式会議で語った。どちらの例でも、撤退について聞いた時、ジョンのように彼らも驚いた。

＊20　ここにおける事実の多くは以下を出典としている。"Harriet Tubman," *Africans in America* Resource Bank, PBS, http://www.pbs.org/wgbh/aia/part4/4p1535.html およびハリエット・タブマン歴史研究会のウェブサイト、http://www.harriet-tubman.org/。それ以外は、以下より。Catherine Clinton, Harriet Tubman: *The Road to Freedom* (New York: Back Bay Books, 2005).

＊21　このセクションの情報は多くの資料から集められているが、中でも重要となったのは、以下のピューリッツァー賞受賞作である。Robert Caro, *The Power Broker: Robert Moses and the Fall of New York* (New York: Vintage, 1975). 他には、以下も一読に値する。Matthew Power, "The Cherry Tree Garden: A Rural Strongold in South Bronx," Granta (May 2008) および Robert Caro, "Robert Caro Wonders What New York Is Going to Become," interview by Christopher Robbins, *Gothamist*, February 17, 2016, http://gothamist.com/2016/02/17/robert_caro_author_interview.php. ニューヨーク市の分断された学区制度についての情報は、以下から得られた。John Kucsera, "New York State's Extreme School Segregation: Inequality, Inaction, and a Damaged Future," Civil Rights Project, UCLA, March 26, 2014, https://www.civilrightsproject.ucla.edu/research/k-12-education/integration-and-diversity/ny-norflet-report-placeholder

＊22　以下の作品に感謝する。タナハシ・コーツ『世界と僕のあいだに』(池田年穂・訳) 慶應義塾大学出版会、2017年。同作の反復的手法からこのセクションはインスパイアされており、その内容は私の執筆中に頭の中で公平性を保ってくれた。

＊23　"Environmental Impact Report—Facebook Campus Project," City of Menlo Park, https://www.menlopark.org/648/Environmental-Impact-Report

＊24　Oliver Milman, "Facebook, Google Campuses at Risk of Being Flooded Due to Sea Level Rise," *The Guardian*, April 22, 2016, https://www.theguardian.com/technology/2016/apr/22/silicon-valleysea-level-rise-google-facebook-flood-risk. また、同キャンパスのオープン直後に、ハッシュタグ #mpk20firstlookを使って従業員がインスタグラムに投稿した写真も参照。総工費は、2013年、2014年、2015年、2016年にメンローパーク市建設許可局によって推定された。

＊25　オロ・ロマは、実際に、前途有望かつ進歩的である。もっと知るには、オロ・ロマのウェブサイトを参照。https://oroloma.org/horizontal-levee-project/

あとがき

＊1　このあとがきのタイトルは、2017年のハリケーンシーズンに発生した嵐を発生順にすべて挙げている、以下の記事から着想を得ている。Maggie Astor, "10 Hurricanes in 10 Weeks: With Ophelia, a 124-Year-Old Record is Matched," *New York Times*, October 11, 2017, https://www.nytimes.com/2017/10/11/climate/hurricane-ophelia.html

＊2　Bill Chappell, "National Weather Service Adds New Colors So It Can Map Harvey's Rains," National Public Radio, August 28, 2017, https://www.npr.org/sections/thetwo-way/2017/08/28/546776542/national-weather-service-adds-new-colors-so-it-can-map-harveys-rains

＊3　"60 Inches of Rain Fell from Hurricane Harvey in Texas, Shattering U.S. Storm Record," *Washington Post*, September 22, 2017, https://www.washingtonpost.com/news/capital-weather-gang/wp/2017/08/29/harvey-marks-the-most-extreme-rain-event-in-u-s-history/?utm_term=.e86f3882bd5d

＊4　Jeffrey M. Stupak, "Economic Impact of Hurricanes Harvey and Irma," *Congressional Research Service Insight*, October 2, 2017, https://fas.org/sgp/crs/misc/IN10793.pdf

＊5　"Hurricane Harvey Decimates Wildlife Habitats on Texas Coast," Public News Service, September 27, 2017, http://www.publicnewsservice.org/2017-09-27/environment/hurricane-harvey-decimateswildlife-habitats-on-texas-coast/a59592-1

＊6　Luke Gallin, "Q3 2017 Could Be the Costliest Quarter Ever for Natural Catastrophes," *Reinsurance News*, October 9, 2017, https://www.reinsurancene.ws/q3-2017-costliest-month-ever-natural-catastrophes-aon/. 以下も参照。Matthew Lerner, "Insurers Can Absorb Storm, Quake Losses: Report," *Business Insurance*, September 26, 2017, http://www.businessinsurance.com/article/20170926/NEWS06/912316090/Morgan-Stanley-Fitch-Scor-assesshurricanes-losses-Maria-Harvey-Irma

＊7　Sabrina Shankman, "6 Questions about Hurricane Irma, Climate Change and Harvey," *InsideClimate News*, September 10, 2017, https://insideclimatenews.org/news/06092017/hurricane-irma-harvey-climate-change-warm-atlantic-ocean-questions

＊8　Ning Lin et al., "Hurricane Sandy's Flood Frequency Increasing from Year 1800 to 2100," *Proceedings of the National Academy of Sciences* 113, no. 43（October 2016）, https://doi.org/10.1073/pnas.1604386113

＊9　Roy Wright, quoted in David Hunn and Mihir Zaveri, "FEMA Wants to Speed Purchases of Houston Homes Hit by Repeat Floods," *Houston Chronicle*, September 7, 2017, https://www.houstonchronicle.com/business/article/FEMA-considers-faster-way-to-buy-out-Houston-12181846.php

＊10　Eric Levenson, "3 Storms, 3 Responses: Comparing Harvey, Irma and Maria," CNN, September 27, 2017, https://www.cnn.com/2017/09/26/us/response-harvey-irma-maria/index.html. 以下も参照。Carter Sherman, "Puerto Rico Has Recieved Millions Less in Donations Than the Mainland," *Vice News*, October 8, 2017, https://news.vice.com/en_us/article/4347bp/compared-to-harvey-very-few-companies-have-given-toward-maria-relief. 以下も参照。Luis Ferr.-Sadurn., "Irma Grazes Puerto Rico but Lays Bare an Infrastructure Problem," *New York Times*, September 10, 2017, https://www.nytimes.com/2017/09/10/us/irma-puerto-rico-infrastructure.html. 最後に、秋と冬の間マリアについてのタブを保ち、ツイッターフィードを連日更新してくれた*Grist*への寄稿者、エリック・ホルトハウスに感謝したい。

＊11　テリー・テンペスト・ウィリアムス『鳥と砂漠と湖と』（石井倫代・訳）宝島社、1995年。同書は、人間と環境について書くようになった私自身の旅における、最初期にして最重要の入り口であった。まだ未読の読者はぜひ読んで欲しい。

URLは2021年5月6日確認。

エリザベス・ラッシュ
Elizabeth Rush

ノンフィクション作家・写真家。リード大学で英文学士号、サザンニューハンプシャー大学で美術学修士号を取得。2021年現在、ブラウン大学英文学部客員講師。ニューヨーク・タイムズ、ハーパーズ、アルジャジーラなどに寄稿。本書『海がやってくる（原題：Rising）』はピューリッツァー賞一般ノンフィクション部門の最終候補作品となるほか、シカゴ・トリビューン、ガーディアン、パブリッシャーズ・ウィークリーなどで2018年の年間ベストに選出される。著書に *Still Lifes From a Vanishing City: Essays and Photographs From Yangon*（2015, Things Asian Press）など。

佐々木夏子
Sasaki Natsuko

翻訳業。立教大学大学院文学研究科博士前期課程修了。共訳書にデヴィッド・グレーバー『負債論——貨幣と暴力の5000年』（以文社）など。2007年よりフランス在住。

海がやってくる

気候変動によってアメリカ沿岸部では
何が起きているのか

2021年6月20日　初版印刷
2021年6月30日　初版発行

著　者　エリザベス・ラッシュ
訳　者　佐々木夏子
装　丁　川名潤
発行者　小野寺優
発行所　株式会社河出書房新社
〒151-0051
東京都渋谷区千駄ヶ谷2-32-2
電話　03-3404-1201（営業）
　　　03-3404-8611（編集）
https://www.kawade.co.jp/
組　版　株式会社キャップス
印　刷　株式会社亨有堂印刷所
製　本　大口製本印刷株式会社

Printed in Japan　ISBN978-4-309-25425-8